théorie des fonctions algébriques d'une variable

MATHESIS

Directrice : Hourya BENIS SINACEUR

Richard DEDEKIND et Heinrich WEBER

théorie des fonctions algébriques d'une variable

PARIS

LIBRAIRIE PHILOSOPHIQUE J. VRIN

6 place de la Sorbonne, V^e

2019

© *Librairie Philosophique J. VRIN*, 2019

Imprimé en France

ISSN 1147-4920
ISBN 978-2-7116-2864-3

www.vrin.fr

À Mic Detlefsen.

PRÉFACE

Le texte dont nous présentons la traduction, *Théorie des fonctions algébriques d'une variable* [1], a été publié en 1882 par les mathématiciens allemands Richard Dedekind (1831-1916) et Heinrich Weber (1842-1913), dans le *Journal für reine und angewandte Mathematik*. Cet article – soumis en octobre 1880 mais dont la publication a été retardée par Leopold Kronecker (1823-1891) – transfère les concepts et méthodes introduits par Dedekind en théorie des nombres afin de proposer une nouvelle approche de la théorie des fonctions algébriques telle qu'on la trouve dans les travaux de Bernhard Riemann (1826-1866). Dedekind et Weber traduisent la théorie des fonctions dans le langage des corps et des idéaux, et proposent une nouvelle définition de la notion de surface de Riemann et des notions fondamentales de la théorie riemannienne des fonctions. Aujourd'hui considéré comme l'une des pierres angulaires de la géométrique algébrique, *Fonctions algébriques* introduit une approche complètement nouvelle, fondatrice de la géométrie algébrique moderne [2].

Dans *Fonctions algébriques*, Dedekind et Weber poursuivent un but double. D'une part, ils souhaitent fournir une approche plus rigoureuse de la théorie de Riemann. D'autre part, ils constatent (et déplorent) que depuis les travaux de Riemann en 1851 et 1857 [3], les travaux en théorie des fonctions ne suivent pas ce qu'ils considèrent comme les principes établis

---

1. Je me référerai à cet article par *Fonctions algébriques*.
2. Pourtant, peu de commentaires détaillés ont été faits sur cet article. Citons tout d'abord, bien entendu, Noether (1919). Plus récemment, Geyer (1981), Strobl (1982), les notes introductives de Stillwell (2012), et Haffner (2017b) fournissent également des détails sur le contexte et le contenu mathématique de l'article. On retrouve également des études plus brèves de *Fonctions algébriques* dans des travaux plus larges, comme Dieudonné (1974) ou Houzel (2002).
3. Riemann (1851, 1857). Les références aux travaux de Riemann sont à la traduction française de 1898.

par Riemann : une approche générale, traitant des classes entières de fonctions d'un seul geste, sans considérer d'exceptions ou cas particuliers, et fondée non pas sur des manières d'écrire ou des calculs, mais sur les propriétés fondamentales des concepts (comportement aux pôles et aux limites). Ils souhaitent également éviter le recours à toute sorte de représentation géométrique.

La structure de leur article est la suivante : tout d'abord, Dedekind et Weber étudient les propriétés des corps de fonctions algébriques puisqu'un corps de fonctions « coïncide complètement » avec une surface de Riemann. Dans cette première partie arithmético-algébrique, ils étudient les propriétés de divisibilité d'un corps de fonctions algébriques d'une variable complexe en établissant la théorie de ses idéaux, et mettent en place un arsenal qui sert ensuite à la définition et l'étude de la surface de Riemann. Sur cette base, dans la seconde partie de l'article, ils montrent ladite « coïncidence » en établissant une correspondance entre le corps et la surface pour définir la surface et les notions afférentes, comme son genre. Les méthodes arithmétiques utilisées pour la théorie des idéaux sont alors transférées à la surface. Grâce à ces nouvelles définitions, Dedekind et Weber donnent de nouvelles preuves de résultats connus de la théorie des fonctions, dont la première preuve rigoureuse du théorème de Riemann-Roch.

Une grande partie de cette préface sera centrée sur les travaux et idées de Dedekind. Cela ne signifie pas pour autant que Weber n'a joué qu'un rôle négligeable dans l'élaboration de leur approche de la théorie des fonctions algébriques. Au contraire, nous verrons que l'élaboration de leur théorie s'est faite en grande partie par lettres et que Weber y joue un rôle essentiel. En effet, en 1879 et 1880, Dedekind et Weber échangent plusieurs dizaines de lettres discutant la mise en place de ce que Weber appelle une « théorie des idéaux pour les fonctions algébriques »[1].

---

1. Les lettres publiées par Scheel se trouvent à la Niedersächsische Staats- und Universitätsbibliothek Göttingen (Cod. Ms. R. Dedekind) et aux archives de la Technische Universität Braunschweig (G 98:11-13). Certaines de ces lettres avaient été données à Emmy Noether par Paul Epstein Dedekind (1930-1932), tome III, p. 483. Dans Kimberling (1972, 1996), Kimberling explique comme il a retrouvé une partie de la correspondance de Dedekind que Noether avait emportée aux États-Unis. Dans ces lettres, qui ont été données aux Archiv der Technische Universität Braunschweig, se trouvent les lettres de Weber de 1879. Il est difficile de dire avec certitude ce qui a pu arriver aux lettres de l'année 1880 (excepté deux fragments, publiés dans les Œuvres de Dedekind, mais qui ne concernent pas l'article de 1882). Par ailleurs, il a pour l'instant été impossible de localiser le *Nachlass*

Bien que l'article ait été rédigé essentiellement par Weber, ce que nous indiquent les lettres et certains éléments de langage (l'utilisation ponctuelle, par exemple, des expressions « *Spezies* » ou « grandeurs algébriques », que l'on retrouve dans ses travaux mais jamais dans ceux de Dedekind), la forme finale prise par l'article, résultat d'une longue réflexion commune, est typiquement dedekindienne en ce qu'elle suit, parfois mot à mot, l'approche de Dedekind en théorie algébrique des nombres [1]. L'expertise de Weber sur les travaux de Riemann et la théorie des fonctions algébriques en général a certainement été plus qu'essentielle dans l'élaboration de *Fonctions algébriques*. Ses travaux en théorie des nombres et en théorie des fonctions, quelques années plus tard, bien qu'exploitant les concepts introduits par Dedekind, s'éloignent toutefois des caractéristiques dedekindiennes que sont l'utilisation des idéaux comme fondement et le primat d'une méthodologie arithmétique.

Fonctions algébriques est un élément singulier dans l'œuvre de Dedekind, qui est toute entière consacrée aux nombres. À Göttingen, Dedekind est le dernier étudiant de Gauss [2] et un ami proche de Riemann – dont il suit les cours, lorsqu'ils sont tous deux *Privatdozenten*. Après le décès de Gauss en 1855, c'est J. P. G. Lejeune-Dirichlet (1805-1859) qui obtient sa chaire, et la rencontre avec Dirichlet est décisive pour l'intérêt de Dedekind pour la théorie des nombres. Durant ces années, Dedekind est également le premier à enseigner la théorie de Galois [3]. Alors qu'il est en poste à l'École Polytechnique de Zurich, Dedekind est chargé d'éditer les *Vorlesungen über Zahlentheorie* de Dirichlet dont la première édition paraît en 1863 [4]. Il y ajoute des suppléments de sa main, développant certaines preuves ou résultats plus récents. C'est dans cet ouvrage, comme Supplément X, que Dedekind choisit de publier ses travaux sur la décomposition en éléments premiers pour les nombres algébriques dans lesquels sont introduits les concepts de corps, module et idéal [5]. En 1877 paraît une version française remaniée de sa théorie des

de Weber ou de déterminer ce qui lui est arrivé Scheel (2014), p. 16 et communications personnelles. Ainsi, beaucoup de lettres de Dedekind à Weber (quasiment toutes, pour la période qui nous intéresse) sont impossibles à trouver.
    1. Dedekind (1876-1877).
    2. Dedekind soutient en 1852 une thèse de doctorat sur les intégrales eulériennes Dedekind (1852) et son *Habilitation* en 1854 Dedekind (1854a,b), la même année que Riemann.
    3. Voyez Dedekind (1856-1858).
    4. Lejeune-Dirichlet, (1863 [2e éd. 1871, 3e éd. 1879, 4e éd. 1894]).
    5. Dedekind (1871).

nombres algébriques [1]. Ce travail est traduit en allemand dans la troisième édition des *Vorlesungen* [2] comme Supplément XI. Dedekind y mentionne son travail en cours avec Heinrich Weber utilisant la théorie des idéaux pour les fonctions algébriques, comme une raison supplémentaire de publier cette théorie remaniée [3]. C'est également ce travail de 1877 qui sert de base pour *Fonctions algébriques*. Entretemps, Dedekind a publié *Continuité et nombres irrationnels* [4], sa célèbre définition des nombres irrationnels par les coupures, qu'il présente comme un fondement « purement arithmétique et complètement rigoureux [des] principes du Calcul infinitésimal » [5]. Dedekind s'était également associé à Heinrich Weber pour publier les *Gesammelte Werke* de Riemann, un travail qui leur avait pris plusieurs années et marqué le début de leur longue amitié. La publication de *Fonctions algébriques* se nourrit ainsi des travaux de théorie des nombres et d'arithmétisation du continu linéaire de Dedekind, ainsi que de sa collaboration avec Weber. Certains des résultats sur le discriminant du corps et sur la ramification sont re-transférés par Dedekind en théorie des nombres, en 1882 [6]. En 1888, Dedekind publie *Que sont et à quoi servent les nombres ?*, un essai dans lequel il propose un fondement ensembliste, très général, des entiers naturels – qui exhibe une conception des nombres et de l'arithmétique comme intrinsèquement liés à la nature de la pensée humaine, ce qui leur confère une puissance et une fécondité spécifiques.

Fonctions algébriques est donc à la fois un travail singulier mais typiquement dedekindien par ses méthodes. Il constitue une véritable *arithmétisation* de la théorie des fonctions de Riemann, en un sens propre et distinct de celui que l'on retrouve dans les travaux de Kronecker ou de Felix Klein (1849-1925).

1. Dedekind (1876-1877).
2. Dedekind (1879).
3. La quatrième et dernière édition des *Vorlesungen*, en 1894, contient également une nouvelle version, complètement remaniée, de la théorie des nombres algébriques de Dedekind Dedekind (1894), qui y intègre de nombreuses considérations autour de la théorie de Galois.
4. Dedekind (1872).
5. *Ibid.*, p. 60.
6. Dedekind (1882).

LA THÉORIE DES FONCTIONS D'UNE VARIABLE COMPLEXE
DE RIEMANN

La théorie des fonctions de Riemann est exposée dans deux travaux principaux. Les idées essentielles de sa théorie des fonctions sont d'abord introduites dans sa thèse de doctorat, « Principes fondamentaux pour une théorie générale des fonctions d'une grandeur variable complexe »[1], soutenue en 1851 à l'université de Göttingen sous la direction de C. F. Gauss (1777-1855). Six ans plus tard, et trois ans après son *Habilitation*[2], Riemann publie une version remaniée de sa théorie des fonctions avec une application aux fonctions abéliennes[3].

Éléments sur la définition de la « surface de Riemann »

Dans sa thèse de doctorat, Riemann propose une approche totalement nouvelle de la théorie des fonctions d'une variable complexe, reposant sur un concept très général de fonction, et sur le désir de joindre les considérations analytiques (sur les singularités des fonctions et les conditions sur les parties réelles et imaginaires) et géométriques (représentation des fonctions). À ces deux aspects est liée la demande de définir les fonctions sur la seule base de conditions nécessaires et suffisantes, afin d'éviter certaines des redondances qui apparaissent dans les traitements purement analytiques. Les réflexions de Riemann reposent sur la distinction entre « fonction » et « expression », qui prend source dans une volonté de considérer des fonctions complètement « arbitraires »

1. Riemann (1851).
2. « Sur les hypothèses qui servent de base à la Géométrie » Riemann (1854).
3. Riemann (1857). Les fonctions abéliennes sont des cas particuliers de fonctions elliptiques, qui reposent elles-mêmes sur les intégrales elliptiques. Les intégrales elliptiques, qui trouvent leur source dans la volonté de calculer la longueur d'arcs d'une ellipse, sont des intégrales de la forme $\int F(x, \sqrt{s(x)})dx$, où F est une fonction rationnelle à deux variables et s un polynôme de degré 3 ou 4 sans racines multiples. Les intégrales elliptiques ont été notamment étudiées par Legendre, Gauss, Jacobi, ainsi qu'Abel, qui introduit la notion de fonction elliptique. Cette notion prend le problème dans l'autre sens : si l'on a une intégrale elliptique $w = \int_0^u F(x, y)dx$, w est une fonction de u et l'on peut définir $u = \phi(w)$ la fonction réciproque de w, qui est appelée fonction elliptique. L'intérêt pour les fonctions et intégrales elliptiques est largement responsable de celui pour les fonctions algébriques.

que l'on trouvait déjà dans les travaux de Dirichlet, dont Riemann est ici
très proche. Ainsi, la définition de la fonction donnée par Riemann est
d'une grande généralité :

> Si l'on désigne par z une grandeur variable qui peut prendre successi-
> vement toutes les valeurs réelles possibles, alors, lorsqu'à chacune de
> ses valeurs correspond une valeur unique de la grandeur indéterminée
> w, l'on dit que w est une fonction de z, et, tandis que z parcourt
> d'une manière continue toutes les valeurs comprises entre deux valeurs
> fixes, lorsque w varie également d'une manière continue [*stetig oder
> continuirlich*], l'on dit que cette fonction w est continue dans cet
> intervalle [1].

La représentation géométrique est un élément essentiel de l'approche de
Riemann. Sa théorie met en place un lien intime entre les conceptions
géométrique et analytique des fonctions. Pour caractériser et étudier
les fonctions, et éviter un traitement purement analytique, Riemann
introduit ce que nous appelons aujourd'hui le concept de « surface de
Riemann ». Plutôt que de définir une fonction complexe dans le plan
d'Argand-Cauchy [2], il propose de considérer une surface avec des feuillets
'empilés', correspondant chacun à une branche de la fonction multiforme.
La surface (que l'on appelle aussi variété) et la fonction deviennent alors
inséparables, puisque c'est la surface qui permet de déterminer les valeurs
de la fonction, et ce sans recourir à une représentation explicite par des
« opérations sur les quantités » comme le développement en séries [3].
L'idée essentielle est alors une relation intrinsèque entre la fonction et la
surface elle-même, qui matérialise la correspondance fonctionnelle. Le
concept de surface de Riemann permet, en particulier, de comprendre
le caractère multiforme de certaines fonctions en lui donnant un sens
géométrique.

Une fonction algébrique est définie de la manière suivante : f est
une fonctions algébrique de z (z variable complexe) si elle satisfait une
équation polynomiale $F(f, z) = 0$ avec :

(1) $$F(f, z) = a_0 f^n + a_1 f^{n-1} + \ldots + a_{n-1} f + a_n$$

1. Riemann (1851), p. 1.
2. Le plan complexe, aussi appelé plan d'Argand-Cauchy est un plan muni d'un repère
orthonormé et dont chaque point (a, b) représente un nombre complexe unique $z = a + ib$.
3. Le concept de variété (*Mannigfaltigkeit*), comme l'a montré Scholz (1992), a
été développé par Riemann entre 1851 et 1854, alors qu'il souhaitait trouver une
conceptualisation acceptable de la notion de surface introduite en 1851.

dans laquelle les coefficients $a_0, a_1, \ldots, a_n$ sont des polynômes en z à coefficients rationnels et sans diviseurs communs. Les fonctions algébriques, comme la fonction racine carrée, sont souvent des fonctions multiformes [1]. La fonction racine carrée sera alors définie par

$$(2) \qquad f^2(z) - z = 0$$

Pour $z \neq 0$, il existe donc deux valeurs possibles pour $f(z)$: la surface de Riemann représentant la fonction aura donc deux feuillets. La multiplicité des valeurs est alors en quelque sorte remplacée par la multiplicité des feuillets.

L'élément clef est ce que Riemann appelle les points de branchement (ou points de ramification, « *Windungspunkte* »), qui sont les points multiples de la surface, où plusieurs feuillets sont joints. Les feuillets de surface représentant la fonction racine carrée sont donc reliés en un seul point, 0. En 1857, Riemann explique que

> [p]our simplifier le langage, les différents prolongements d'une fonction pour la même partie du plan des x seront dits les *branches* [*Zweige*] de la fonction et une valeur de x, autour de laquelle une branche se prolonge en une autre, sera désignée sous le nom de *valeur de ramification* [*Verzweigungsstelle*] ; pour une valeur où n'a lieu aucune ramification la fonction est dite *uniforme* ou *monodrome* [*einändrig oder monodrom*] [2].

Pour expliquer de quelle manière les branches se joignent au voisinage d'un point de ramification σ, Riemann propose de considérer un point mobile se déplaçant le long de la frontière de la surface T. Alors :

> [l]e point mobile autour de σ revient alors après m circuits sur la même portion de surface, et sa marche est limitée à m des parties de surfaces superposées qui se réunissent en un point unique sur σ. Ce point, nous le nommerons un point de ramification d'ordre $(m-1)$ de la surface T [3].

Le point mobile décrit un chemin (*Umlauf*) autour du point σ et permute les feuillets de la surface. Après un certain nombre de tels « circuits », la fonction retourne à sa valeur initiale. S'il faut effectuer m tels circuits, le point de ramification est dit d'ordre $m - 1$. La surface de Riemann de la fonction racine carrée possède un point de ramification en 0, qui est d'ordre 1. Pour une caractérisation complète de la surface T, Riemann considère sa « frontière » et sa ramification :

---

1. On pourra se référer à Houzel (2002) et Bottazzini et Gray (2013) pour plus de détails sur les contextes des travaux autour des fonctions algébriques.
2. Riemann (1857), p. 63.
3. Riemann (1851), p. 8.

Lorsque la forme et la direction du contour de T, ainsi que la position de ses points de ramification sont données, T est ou bien parfaitement déterminée, ou bien limitée à un nombre fini de figurations distinctes ; ce dernier point résulte de ce que ces données peuvent être relatives à des portions différentes de surfaces superposées[1].

La surface T caractérise complètement la fonction. L'étude de la surface revient alors à l'étude de sa frontière et de ses points singuliers.

Enfin, et c'est un point essentiel pour Riemann comme pour Dedekind et Weber, la théorie de Riemann ne se contente pas de permettre la caractérisation d'*une* fonction, mais de « classes de fonctions » possédant des caractéristiques (les singularités et la frontière) similaires. Ces « classes de fonctions » sont des collections de fonctions déterminées par les conditions aux bords et par les points singuliers. Riemann travaille donc sur des ensembles de fonctions $F(\theta, z)$ que l'on peut exprimer rationnellement en termes de θ et z et parle de « classe d'équations polynomiales équivalentes par transformation rationnelles de deux variables » pour désigner ce que l'on appelle « surface » ou « variété analytique complexe ».

Réception des travaux de Riemann

Les travaux de Riemann sont d'une grande ampleur et d'une grande fécondité, mais manquent souvent de précision et de clarté. Dans la présentation des *Gesammelte mathematische Werke und wissenschaftlicher Nachlass* (1876) de Riemann pour le *Repertorium der literarischen Arbeiten aus dem gebiete der reinen und angewandten Mathematik* de Koenigsberger et Zeuner[2], Weber, qui a édité ces *Gesammelte Werke* avec Dedekind, en dit que « l'exposition écrite et méthodique de ses recherches a toujours été une tâche difficile et ses découvertes étaient toujours en avance sur sa rédaction »[3], rendant leur lecture difficile. Dedekind fait une remarque semblable dans la biographie qu'il rédige pour les *Gesammelte Werke*, et note que Riemann possédait une « pensée brillante et profonde » qui l'amenait fréquemment à faire de « grands pas que les autres ne pouvaient suivre si facilement »[4]. Néanmoins, entre les années 1860 et les

1. Riemann (1851), p. 8.
2. Ce texte a été traduit en français et publié dans le *Bulletin des sciences mathématiques et astronomiques* en 1877.
3. Weber (1877), p. 7-8.
4. Riemann (1876), p. 518-519.

années 1880, de nombreux travaux en théorie des fonctions peuvent être considérés comme des exégèses des travaux de Riemann. La densité et la richesse des travaux de Riemann a mené à une réception à de nombreuses facettes : plusieurs aspects y ont été considérés comme féconds ou comme problématiques donnant lieu à de nombreux prolongements ou adaptations de ses travaux chez des auteurs comme Alfred Clebsch, Carl Neumann, Paul Gordan, Gustav Roch mais également, dans une certaine mesure, Weierstrass et ses étudiants [1].

Bien qu'opposé à l'approche dite « conceptuelle » de Riemann et au manque de rigueur patent qu'il y voyait, Karl Weierstrass (1815-1897) a reconnu la valeur des travaux de Riemann. Après la parution des travaux de Riemann sur les fonctions abéliennes, il a retardé la publication de l'un de ses articles sur le même sujet afin de s'assurer qu'il en saisissait pleinement tous les aspects. Soulignons également que Weierstrass encourageait ses étudiants à travailler sur certains aspects des travaux de Riemann, et, comme l'expliquent Bottazzini et Gray, « re-dériver les résultats de Riemann avec de meilleures (c'est-à-dire Weierstrassiennes) méthodes » [2]. Weierstrass a ainsi importé certaines des idées de Riemann dans la tradition berlinoise, les insérant dans son propre cadre méthodologique et mathématique et les adaptant à son propre point de vue et à ses propres méthodes.

Alfred Clebsch (1833-1872), qui a nommé le concept de « genre » (désigné comme le nombre p chez Riemann), et ses étudiants, notamment Max Noether (1844-1921), ont souhaité donner une traduction algébrique des idées de Riemann pour les utiliser en géométrie projective algébrique. Clebsch et Paul Gordan (1837-1912), de même que Noether, et Alexander von Brill (1842-1935), considèrent la généralité inhérente à l'approche de Riemann comme trompeuse, déroutante pour le chercheur [3]. En 1894, Brill et Noether qualifient la généralité de ce concept de fonction comme « incompréhensible et vaporeuse » [4]. L'approche qu'ils favorisent repose alors sur les équations mêmes. Dans les travaux de Clebsch, Gordan, Brill et Noether, les résultats et les preuves de Riemann sont réécrits sous une forme considérée comme plus acceptable. Moins qu'une appropriation semblable à celle de Weierstrass, puisque Riemann était

---

1. On pourra consulter Houzel (2002), Chorlay (2007), Bottazzini et Gray (2013).
2. Bottazzini et Gray (2013), p. 11.
3. Clebsch et Gordan (1866), p. v-vi.
4. Brill et Noether (1892), p. 265.

crédité des résultats, leur reformulation est motivée par l'idée que l'algèbre possède la clef pour une approche innovante et rigoureuse de l'étude des courbes planes. Mais la concentration sur les équations algébriques mène à formuler une théorie des courbes planes attachée à des équations déterminées. De cette manière, c'est dans les équations que les propriétés caractéristiques, comme le genre ou les singularités, doivent être déterminées – un point que les mathématiques de Riemann tentaient d'éviter.

La théorie riemannienne des fonctions s'est donc diffusée, d'une part, via la réappropriation de ses idées par Weierstrass à Berlin, et d'autre part, par la reformulation sous forme algébrique par Clebsch, Gordan, Brill et Noether. L'aspect « conceptuel » et très général des travaux de Riemann est loin d'être un avantage pour ces mathématiciens, et doit être contrôlé. C'est précisément sur ce point que Dedekind et Weber s'opposent à leurs travaux.

ÉLÉMENTS SUR LA GENÈSE DE L'ARTICLE DE DEDEKIND ET WEBER

L'édition des Gesammelte Werke de Riemann

Après le décès de Riemann en 1866, l'édition de ses *Gesammelte Werke* est confiée à Dedekind, selon le souhait de Riemann lui-même. Dedekind a d'abord été épaulé par Clebsch. Mais le décès soudain de celui-ci met l'édition en difficulté. En novembre 1874, Dedekind prend contact avec Heinrich Weber pour lui demander de prendre en charge le reste de l'édition. Les *Gesammelte Werke* de Riemann sont finalement publiées en 1876, dix ans après sa mort. Entre le 1 novembre 1874 et la fin 1876, Dedekind et Weber échangent plus de soixante-dix lettres. Ils s'échangent également les manuscrits de Riemann, leurs notes les concernant et des travaux qu'ils considéraient comme liés à certains textes [1]. Ce travail d'édition est la première étape d'une longue et féconde

---

1. Ces documents sont dans le *Nachlass* de Riemann (Cod. Ms. Riemann) à la Niedersächsische Staats- und Universitätsbibliothek Göttingen. Haffner (2017a, 2018) donnent quelques détails sur le contexte de cette édition.

correspondance et d'une longue amitié jusqu'au décès de Weber en 1913. Leurs échanges sont mathématiquement très riches, et l'un des résultats en est l'article de 1882.

Weber souligne, dans la préface des *Gesammelte Werke* de Riemann, l'importance de la parution de cet ouvrage : les travaux de Riemann étaient considérés parmi les « outils les plus essentiels des mathématiciens » et la parution de ce volume devait permettre de contrer l'idée que ces travaux sont trop difficiles. Dans l'annonce des *Gesammelte Werke* de Riemann, Weber mentionne également que les éditeurs ont « corrigé quelques légères inexactitudes qui sont parvenues à la connaissance de l'éditeur et qui pouvaient être regardées comme certaines » et rédigé quelques additions « d'après des remarques manuscrites de Riemann ». De plus, « des éclaircissements nécessaires ont trouvé place dans des notes finales »[1]. Le travail d'édition des *Œuvres* de Riemann a donc été plus qu'une simple mise en forme des textes. L'une des raisons de ce travail est propre à l'écriture de Riemann, en particulier pour l'édition de ses textes inédits dont la rédaction était souvent inachevée.

Cette difficulté des travaux de Riemann va clairement à l'encontre de l'approche de Dedekind et Weber. Dedekind, en particulier, insiste souvent sur l'importance de déplier soigneusement et explicitement chaque étape des raisonnements. Cette approche, effectivement mise en œuvre dans ses travaux mathématiques, est aussi appliquée à sa lecture de Riemann. Dans les années 1854-58, déjà, Dedekind rédige 20 à 30 pages de recherches analytiques sur la thèse d'habilitation de Riemann[2] afin de mieux saisir ses idées[3]. Cette lecture précise, parfois laborieuse, se retrouve dans le travail d'édition. Dedekind et Weber s'attachent à relire tous les textes de Riemann qu'ils éditent, et éventuellement à les compléter et corriger en s'appuyant sur le *Nachlass* de Riemann. Ce travail a donc été, pour Dedekind et Weber, un véritable travail mathématique qui s'est traduit en un processus de lecture en profondeur et d'appropriation des textes. C'est en particulier le cas en ce qui concerne les manuscrits extraits du *Nachlass* de Riemann, qu'ils ont dû déchiffrer, clarifier et parfois reconstruire. Cela participe également au développement de leurs travaux mathématiques. L'étude et la manipulation des textes de Riemann, qui viennent s'ajouter aux affinités

---

1. Weber (1877), p. 7-8.
2. Riemann (1854).
3. Ces recherches ont été publiées dans Sinaceur (1990).

pour ses travaux déjà présentes chez Dedekind et Weber, semblent alors non seulement leur avoir donné une connaissance intime des travaux de Riemann, mais également s'être accompagnées d'une certaine réappropriation de ces travaux.

Les motivations de Dedekind et Weber

Cette première coopération entre Dedekind et Weber est le fondement de leur collaboration future et de leur lecture commune des travaux de Riemann. Bien qu'il n'existe aucune évidence textuelle du fait que leur volonté de réécrire la théorie des fonctions de Riemann ait effectivement sa source dans leur travail d'édition, on trouve toutefois déjà dans leurs échanges une affirmation de Dedekind, dans une lettre du 11 novembre 1874, indiquant qu'un tel travail lui paraît important et peut-être possible :

> Je ne suis pas le grand expert des travaux de Riemann que vous me pensez être. Je connais certainement ces travaux, et j'y crois, mais je ne les maîtrise pas, et je ne les maîtriserai pas tant que je n'aurais pas surmonté à ma manière, avec la rigueur coutumière à la théorie des nombres, toute une série d'obscurités [1].

Cette affirmation rejoint la volonté de Dedekind, souvent exprimée dans ses propres travaux, de ne sauter aucune étape des raisonnements, d'avoir une approche extrêmement rigoureuse – rigueur qu'il associe, comme c'est assez commun à cette époque, à la théorie des nombres.

Weber a lui aussi, quelques années auparavant, abordé certains aspects de la théorie riemannienne des fonctions du point de vue d'une rigorisation. En 1870, Weber a tenté de donner une preuve du « principe de Dirichlet » (qui énonce l'existence d'une fonction minimisant une certaine intégrale), dans un article dans lequel il explique que

> Le principe de Dirichlet, dont l'application par Riemann en théorie des fonctions abéliennes a donné de si grands résultats, et dont un développement futur peut promettre de si grands succès, a récemment été contesté de manière répétée sur sa rigueur et sa généralité. Les doutes sont dirigés principalement contre l'autorisation d'appliquer le calcul des variations à une fonction dont les propriétés sont *a priori* complètement inconnues [2].

---

1. Scheel (2014), p. 50.
2. Weber (1870), p. 29.

Dans cet article, Weber a mis en avant, avant Weierstrass, le problème de l'utilisation de fonctions arbitraires dans le principe de Dirichlet. Mais une telle critique est large, et le cœur du problème réside plus précisément dans le fait que le principe de Dirichlet montre seulement l'existence d'une fonction sans offrir d'information concrète ou de construction explicite pour ladite fonction. Weber explique qu'il ne souhaite pas, ici, prouver le principe de Dirichlet sur la base de « fondations essentiellement nouvelles », mais plutôt « compléter, à certains points vulnérables, la preuve qui a été plus suggérée qu'effectuée par Riemann »[1]. Il s'attaque ainsi à un problème de premier plan, avec l'intention de développer une fondation plus rigoureuse mais sans, néanmoins, se départir de la proposition initiale de Riemann. De la même manière, dans la plupart de ses travaux autour des fonctions algébriques, abéliennes, etc., Weber n'adopte pas les positions méthodologiques ou mathématiques de ses contemporains qui tenaient à s'éloigner de certains aspects « trop généraux » des travaux de Riemann. Au contraire, on observe dans ses articles que Weber choisit une démarche qui poursuit la volonté riemannienne de ne baser la recherche sur aucune représentation formelle des fonctions et d'adopter un point de vue général (c'est-à-dire valide pour n'importe quelle fonction algébrique).

Chez les deux auteurs se trouve donc une volonté affirmée de reprendre et poursuivre les travaux de Riemann, en tentant d'une part de les rigoriser, mais également d'autre part de ne pas se départir des principes riemanniens. C'est ce qu'ils mettent en œuvre dans *Fonctions algébriques*. Dedekind a souvent insisté sur la valeur et la fécondité qu'il considérait être attachées aux principes épistémologiques et méthodologiques ayant guidé Riemann, et qu'il s'est efforcé de suivre lui-même dans ses travaux[2] :

> Il est préférable, comme dans la théorie moderne des fonctions, de chercher à tirer les démonstrations, non plus du calcul, mais immédiatement des concepts fondamentaux caractéristiques, et d'édifier la théorie de manière qu'elle soit, au contraire, en état de prédire les résultats du calcul (...)[3].

---

1. *Ibid.*
2. On trouve peu d'affirmations de ce type chez Weber, qui est moins prolixe que Dedekind en déclarations méthodologiques, mais la correspondance et ses travaux publiés suggèrent qu'il rejoint Dedekind sur ce point.
3. Dedekind (1876-1877), p. 92.

D'après Riemann lui-même, son approche a montré la possibilité d'établir les valeurs de la fonction indépendamment des formes d'écriture ou de représentation comme les équations algébriques. Il devient ainsi possible de plutôt se concentrer sur une « définition générale » dans laquelle sont précisés « seulement les caractères nécessaires pour déterminer la fonction particulière » (ici, les singularités et le comportement aux bords de la surface de Riemann) [1]. C'est seulement ensuite, continue Riemann, que « de cette théorie l'on passerait à l'étude des différentes expressions dont la fonction est susceptible » [2] : la théorie ne doit pas reposer sur les formes d'écriture et les calculs, ceux-ci doivent se présenter comme conséquences des concepts.

Ces principes sont essentiels pour Dedekind, qui a souvent présenté Riemann comme une influence majeure dans sa réflexion épistémologique et méthodologique pour ses propres travaux en théorie des nombres. Le 10 juin 1876, il écrivait à Lipschitz qu'il a cherché en théorie des nombres à

> appuyer la recherche non pas sur des formes de présentation ou des expressions fortuites, mais sur des concepts fondamentaux simples ; je cherche par là à atteindre dans ce domaine – même si cette comparaison peut sembler présomptueuse peut-être – quelque chose de semblable à ce qu'a fait Riemann dans le domaine de la théorie des fonctions [3].

Lorsque Dedekind et Weber entreprennent de mettre en place une nouvelle fondation pour la théorie des fonctions algébriques, ces préceptes guident également leur approche. Dedekind et Weber considèrent que ces principes constituent une part essentielle du travail de Riemann mais ont été délaissés par les mathématiciens travaillant en théorie des fonctions. Ils visent alors la mise en place d'une théorie qui replace ces préceptes au cœur du travail mathématique. Dans une lettre à Lipschitz, du 6 juin 1876, Dedekind exprimait son mécontentement face aux traitements de la théorie des fonctions après Riemann :

> la plupart des auteurs, y compris même, par exemple, dans les œuvres les plus récentes sur les fonctions elliptiques, n'appliquent pas de façon conséquente, à mon avis, les principes de Riemann. Les théories les plus

---

1. Riemann (1851), p. 47.
2. *Ibid.*, p. 48.
3. Lettre reproduite dans Dedekind (1930-1932) tome III, p. 468-469, traduite dans Dedekind (2008), p. 261.

simples sont toujours rapidement défigurées par l'inutile immixtion de formes de présentation qui ne devraient être à vrai dire que le résultat et non pas l'instrument de la théorie [1].

La nouvelle approche de la théorie des fonctions de Riemann dans *Fonctions algébriques*, qui d'après la correspondance commence à être discutée en janvier 1879, répond également à cette insatisfaction. Il est particulièrement important, pour Dedekind et Weber, de ne pas abandonner la généralité de l'approche de Riemann, c'est-à-dire de continuer à développer une théorie visant à traiter des classes entières de fonctions sans distinction de cas particuliers et indépendamment de formes d'expression explicites. Les approches de la théorie des fonctions attachées à des équations définies ou des représentations en séries imposent des restrictions sur les conditions initiales définissant les fonctions traitées (par exemple sur leurs pôles). C'est ce type de restrictions que Dedekind et Weber souhaitent éviter, lorsqu'ils affirment vouloir une théorie « générale ». Ils souhaitent donner les fondements d'une théorie pouvant traiter d'un seul geste des classes entières de fonctions, comme le proposait initialement Riemann, en évitant d'une part les hypothèses restrictives, et d'autre part de morceler l'étude en distinctions de cas ou cas « exceptionnels ». De plus, ils souhaitent également éviter le recours à une représentation géométrique, en particulier lorsque celle-ci est prise comme raison pour admettre la vérité de certains théorèmes sur les fonctions (comme la possibilité de les développer en série).

Face à ce qu'ils considèrent comme des manques de rigueur et de généralité manifestes, ils proposent donc de reformuler les concepts fondamentaux de la théorie riemannienne. Ainsi, en offrant une nouvelle fondation à la théorie de Riemann, les développements futurs pourront éviter les écueils dénoncés et embrasser la généralité riemannienne sans perdre en rigueur. Pour cela, ils importent, dans la théorie des fonctions, les concepts et méthodes introduits par Dedekind en théorie des nombres algébriques [2], c'est-à-dire les concepts de corps, module et idéal et les méthodes de preuves associées. Le cœur de leur approche est la définition d'opérations arithmétiques pour les idéaux donnant la possibilité de « calculer » avec les idéaux. La notion de corps de fonctions « coïncide alors complètement avec celui de classe de fonctions

---

1. *Ibid.*
2. Dedekind (1871, 1876-1877).

algébriques de Riemann ». La première étape de leur travail est d'étudier en profondeur les propriétés du corps. Suite à cela, dans la seconde partie de l'article, ils exhibent ladite « coïncidence » en établissant une correspondance biunivoque entre le corps et la surface. Les méthodes arithmétiques utilisées pour la théorie des idéaux sont alors transférées à la surface de Riemann. Ainsi, la surface de Riemann reste le cœur de leur théorie (malgré de longs préliminaires techniques). En revanche, toute composante géométrique est éliminée de la théorie. Dedekind et Weber abandonnent également le « principe de Dirichlet » sans même le mentionner [1]. La caractérisation infinitésimale et l'idée d'un point mobile joignant les feuillets de la surface disparaissent également.

La théorie des nombres algébriques de Dedekind

La théorie des entiers algébriques, sur laquelle Dedekind commence à publier en 1871 [2], est le lieu de naissance des concepts de corps, module et idéal. Initialement publié comme partie du Supplément X aux *Leçons de théorie des nombres* de Dirichlet, ce travail connaît plusieurs versions. Celle qui est transférée à la théorie des fonctions dans *Fonctions algébriques* est publiée en français, en 1876-77, dans le *Bulletin des Sciences astronomiques et mathématiques*. Elle est traduite en allemand et publiée comme Supplément XI dans la troisième édition des *Leçons de théorie des nombres* – avec une référence explicite à *Fonctions algébriques* dont Weber et Dedekind sont en train de terminer la rédaction. Une quatrième et dernière version est publiée en 1894, à nouveau comme Supplément XI aux *Leçons* de Dirichlet.

Dedekind, ici, prend la suite les travaux de Kummer sur le théorème de factorisation unique en éléments premiers pour certains domaines d'entiers complexes [3]. Il entreprend de généraliser les résultats de Kummer afin de prouver l'existence d'une décomposition en éléments premiers pour n'importe quel domaine de nombres algébriques. Pour cela, il

1. On pourra consulter l'introduction de Stillwell (2012), en particulier p. 27-31, pour les détails mathématiques sur ce point.
2. Dedekind (1871).
3. Kummer (1846, 1851, 1856, 1859).

commence par définir la notion de nombre algébrique comme racine θ d'une équation algébrique de degré fini n :

$$(3) \qquad \theta^n + a_{n-1}\theta^{n-1} + \ldots + a_0 = 0$$

avec a_i des nombres rationnels. La notion d'entier algébrique est définie comme vérifiant une équation de la forme (3) où les coefficients sont des entiers [1]. Les nombres algébriques

> joui[ssent] de la propriété fondamentale que leurs sommes, leurs différences, leurs produits et leurs quotients appartiendront tous aussi au même complexe Ω [2].

Cela signifie qu'ils forment un *corps* Ω, défini par Dedekind comme un « système infini de nombres réels ou complexes qui est fermé et complet en soi, tel que l'addition, la soustraction, la multiplication et la division de deux nombres quelconques produise toujours un nombre du même système ». Dans de tels domaines, la propriété des entiers d'être décomposables de manière unique en éléments premiers cesse d'être généralement valide : il existe des décompositions en éléments premiers qui ne sont pas uniques [3]. Ainsi, par exemple, dans le domaine de nombres complexes $\{x + y\sqrt{-5},\ x,\ y \in \mathbb{Z}\}$, on a :

$$(4) \qquad 9 = 3.3 = (2 + \sqrt{-5})(2 - \sqrt{-5})$$

3, $2 + \sqrt{-5}$ et $2 - \sqrt{-5}$ sont tous premiers mais la décomposition de 9 n'est évidemment pas unique. La stratégie proposée par Kummer consiste à définir des « facteurs idéaux », c'est-à-dire des facteurs fictifs définis

---

1. Dedekind et Kronecker ont identifié, indépendamment, la même notion d'entier. Voyez Edwards (1980).

2. Dedekind (1876-1877), p. 279-280.

3. Le premier geste important, qui est fait par Kummer, est une redéfinition de la notion de primalité. En effet, un nombre premier p peut être défini comme un nombre irréductible (c'est-à-dire divisible par 1 et lui-même) ou par la propriété suivante, appelée lemme d'Euclide : p est premier si quand p divise un produit ab, alors p divise a ou p divise b. Pour les entiers rationnels, ces deux propriétés sont équivalentes. En revanche, pour les entiers complexes, il existe des nombres qui ne sont jamais *irréductibles* (par exemple pour α un entier quelconque, $\sqrt{\alpha}$ est encore un entier). Le lemme d'Euclide est alors retenu comme *définition* pour les nombres premiers puisque plus généralement valide. La perte de l'équivalence entre primalité et irréducibilité est une des raisons essentielles des problèmes qui émergent autour de la factorisation unique en éléments premiers.

exclusivement par des conditions de divisibilité. Ici, les facteurs idéaux sont β_1 et β_2 définis par

$$\beta_1^2 = 2 + \sqrt{-5} \; ; \; \beta_2^2 = 2 - \sqrt{-5} \; ; \; \beta_1\beta_2 = 3$$

Alors, on a

(5) $9 = \beta_1^2 \beta_2^2$

ce qui est une factorisation unique en éléments premiers. Cependant, l'approche proposée par Kummer se généralise mal en l'état, et sa méthode n'est vraiment efficace que pour les entiers cyclotomiques. En effet, explique Dedekind, l'approche souffre de deux faiblesses. D'une part, elle présume de l'analogie avec les nombres rationnels, se laissant guider par elle plutôt que prouvant la persistance des lois dans le domaine élargi. D'autre part, elle se base sur l'expression de « nombres idéaux déterminés et de leurs produits », manquant donc de généralité. Ces deux défauts présentent le risque l'on « soit entraîné à des conclusions précipitées et par là à des démonstrations insuffisantes, et en effet cet écueil n'est pas toujours complètement évité » [1]. De plus, la généralisation de la méthode à tous les corps de nombres algébriques pose des problèmes que Dedekind soupçonne d'être « insurmontables » (difficulté et longueur des calculs, en particulier).

L'identification des facteurs idéaux se fait à l'aide de congruences et tests de divisibilité. Kummer décrit ainsi un facteur idéal p en définissant, en quelque sorte, ce que signifie être divisible par p pour un nombre quelconque. Kummer ne définit donc pas les facteurs idéaux à proprement parler, mais *la divisibilité* (d'un entier cyclotomique, par exemple) par un certain facteur idéal. C'est sur cela que s'appuie Dedekind pour élaborer la notion d'idéal qui porte sa généralisation des travaux de Kummer. Dedekind propose donc ne plus considérer un *facteur* (idéal ou existant) p, mais plutôt l'ensemble des nombres *divisibles par p*. Un tel ensemble, appelé un *idéal* et noté $\mathfrak{a}$, possède les propriétés suivantes :

---

1. Dedekind (1876-1877), p. 283.

I. Les sommes et les différences de deux nombres quelconques du système a sont toujours des nombres du même système a.

II. Tout produit d'un nombre du système a par un nombre du système o [des entiers du corps] [1] est un nombre du système [2] a.

Ces deux propriétés, explique Dedekind, sont des conditions nécessaires et suffisantes pour qu'un ensemble de nombres soit un idéal. Ces conditions sont alors choisies comme définition du concept d'idéal, permettant d'obtenir une définition générale indépendante d'un facteur p déterminé qui était présent dans la caractérisation initiale des idéaux. Les propriétés des idéaux sont établies de telle manière que les déductions ne reposent pas sur des calculs ou modes d'écriture liés à des nombres idéaux spécifiques, mais sur ces seules conditions nécessaires et suffisantes.

Pour étudier les « lois générales de la divisibilité qui régissent » un système d'entiers algébriques [3], Dedekind propose de transférer l'étude de la divisibilité aux idéaux eux-mêmes :

> Si α est contenu dans [l'idéal] a, nous dirons que α est *divisible par* a, et que a *divise* α, car, par cette manière de s'exprimer, on gagne en facilité [4].

De même, un idéal a divise un idéal b si b $\subset$ a. Dedekind instaure ainsi un double mouvement de redéfinition des relations arithmétiques : tout d'abord, la divisibilité des nombres algébriques est définie en termes ensemblistes par une relation entre idéaux, puis cette relation entre idéaux est exprimée en termes arithmétiques. La mise en place d'un nouveau niveau de divisibilité pour les idéaux permet de prouver que les théorèmes connus pour la divisibilité des entiers rationnels sont toujours valides pour

---

1. Soulignons que Dedekind ne travaille pas ici dans un anneau mais dans ce que l'on appellera plus tard la clôture intégrale. La clôture intégrale d'un anneau est l'ensemble de ses entiers sur son corps de fractions. En général, la clôture intégrale d'un anneau A est un anneau qui contient A, mais Dedekind travaille seulement dans ce que l'on appelle aujourd'hui des anneaux de Dedekind. Un tel anneau est commutatif, unitaire, intègre (c'est-à-dire ne possédant aucun diviseur de 0), noetherien (c'est-à-dire tel que toute suite d'idéaux est constante à partir d'un certain rang), tel que tout idéal premier non nul est maximal, et enfin intégralement clos, c'est-à-dire qu'il est sa propre clôture intégrale.

2. *Ibid.*, p. 288.

3. *Ibid.*, p. 280.

4. Dedekind (1871), p. 452, je traduis.

les entiers algébriques, en transférant l'étude de la divisibilité aux idéaux.

En effet, il existe, alors, une correspondance entre divisibilité des nombres et divisibilité des idéaux [1] :

- Un idéal $\mathfrak{b}$ est divisible par un idéal $\mathfrak{a}$ quand $\mathfrak{b} \subset \mathfrak{a}$.
- Un nombre α est divisible par une idéal $\mathfrak{a}$ quand $\alpha \in \mathfrak{a}$.
- Un idéal $\mathfrak{a}$ est divisible par un nombre α quand $\mathfrak{a}$ est divisible par l'idéal principal $\mathfrak{o}\alpha$ engendré par α (donc si $\mathfrak{a} \subset \mathfrak{o}\alpha$).
- Un nombre α est divisible par un nombre β quand $\mathfrak{o}\alpha$ est divisible par $\mathfrak{o}\beta$ i.e., $\mathfrak{o}\alpha \subset \mathfrak{o}\beta$.
- En particulier si $\mathfrak{a}$ divise $\mathfrak{b}$, alors pour tout $\alpha \in \mathfrak{a}$ et $\beta \in \mathfrak{b}$, α divise β.

Le transfert de (l'étude de) la divisibilité des nombres aux idéaux repose sur l'objectification des idéaux, que Dedekind considère comme des objets en eux-mêmes, comme des touts – et non comme des agrégats. En particulier, la nature individuelle des éléments contenus dans les idéaux n'entre en jeu ni dans la définition, ni dans les preuves [2]. Sur les idéaux en tant qu'objets, Dedekind définit donc une nouvelle arithmétique, dont il étudie les lois de manière analogue à l'arithmétique des nombres rationnels. Les idéaux ne sont pas pour autant considérés comme une extension de la notion de nombre. Ici, il s'agit plutôt d'étendre la notion de divisibilité, et par là d'étendre l'arithmétique, pour y inclure les idéaux. Ainsi est établi un nouveau niveau d'arithmétique : l'arithmétique des idéaux (cf. le tableau ci-contre).

Les théorèmes sont énoncés en suivant une analogie stricte avec la théorie des nombres rationnels, et les méthodes de preuve miment également l'arithmétique rationnelle [3]. La théorie ainsi développée repose exclusivement sur les relations de divisibilité entre idéaux, et donc entre

---

1. Cela est possible en raison de la correspondance entre divisibilité des nombres et divisibilité des idéaux dans un anneau de Dedekind, où tout idéal premier non nul est maximal.
2. Soulignons toutefois qu'il ne définit pas de concept *général* d'idéal, mais travaille toujours avec des idéaux *de nombres* dans des corps *de nombres* (et, plus tard, de fonctions algébriques). La même chose est valable pour les corps, les modules, ou même les groupes. Il faudra attendre les travaux d'Emmy Noether pour les concepts généraux.
3. La preuve du théorème d'existence d'une décomposition unique en éléments premiers, par exemple, suit exactement la même méthode et la même stratégie que la preuve bien connue d'arithmétique élémentaire. C'est également le cas dans *Fonctions algébriques*.

Nombres entiers	Idéaux
Un nombre premier p est un entier différent de 1 et divisible seulement par 1 et p.	Un idéal premier $\mathfrak{p}$ est un idéal différent de la clôture intégrale $\mathfrak{o}$ et divisible seulement par $\mathfrak{o}$ et $\mathfrak{p}$.
Tout entier rationnel plus grand que 1 est divisible par un nombre premier.	Tout idéal $\mathfrak{a}$ différent de $\mathfrak{o}$ est divisible par un idéal premier.
Si un nombre premier p divise le produit ab, p divise a ou b.	Si un idéal premier $\mathfrak{p}$ divise le produit $\mathfrak{ab}$, alors $\mathfrak{p}$ divise $\mathfrak{a}$ ou $\mathfrak{b}$.
Un entier a est divisible par un entier b s'il existe un unique entier c tel que $a = bc$	Si un idéal $\mathfrak{a}$ est divisible par un idéal $\mathfrak{b}$, alors il existe un unique idéal $\mathfrak{c}$ satisfaisant $\mathfrak{a} = \mathfrak{bc}$.
Tout entier plus grand que 1 est soit un nombre premier, soit peut être écrit de manière unique comme produit de nombres premiers.	Tout idéal $\mathfrak{a}$ différent de $\mathfrak{o}$ est soit un idéal premier, soit peut être écrit comme de manière unique comme produit d'idéaux premiers.
Soient deux entiers a et b premiers entre eux, alors pour tout entiers c_1, c_2, le système de congruences $x \equiv c_1 \pmod{a}$ $x \equiv c_2$ $\pmod{b}$ a une solution, et toutes les solutions de ce système sont telles que $x \equiv c_1 \pmod{a}$ $\Longleftrightarrow$ $x \equiv c \pmod{ab}$ $x \equiv c_2$ $\pmod{b}$ $\Longleftrightarrow$ $x \equiv c \pmod{ab}$	Si $\mathfrak{a}$ et $\mathfrak{b}$ sont deux idéaux relativement premiers, alors pour ϱ, σ dans $\mathfrak{o}$, le système de congruences $\omega \equiv \varrho$ $\pmod{\mathfrak{a}}$ $\omega \equiv \sigma \pmod{\mathfrak{b}}$ a toujours des racines ω, et toutes ces racines sont de la forme $\omega \equiv \tau$ $\pmod{\mathfrak{ab}}$ où τ représente une classe de nombres modulo $\mathfrak{ab}$ qui est déterminée par ϱ et σ, ou par les classes modulo $\mathfrak{a}$ et $\mathfrak{b}$ correspondantes respectivement.

Correspondance entre les propriétés de divisibilité des entiers et des idéaux

nombres. Dedekind développe sa théorie en la fondant effectivement sur ce qu'il considère comme des propriétés essentielles (car la divisibilité « sert de fondement » à l'arithmétique), et non pas sur des calculs (comme les conditions de divisibilité permettant de définir les facteurs idéaux) ou des formes de représentations spécifiques (comme en implique l'utilisation des variables indéterminées, par exemple, dans le travail de Kronecker).

De plus, ces propriétés et les méthodes de preuves afférentes sont *générales* dans le sens où elles ne dépendent pas des nombres en tant qu'individus, et peuvent être appliquées à un corps de nombres Ω de degré quelconque tout en contournant les difficultés (parfois insurmontables, écrit Dedekind) que créeraient les calculs.

Il est toutefois important de souligner que les objets de la théorie des nombres résistent à la suppression complète du recours aux formes de représentations [1]. Dedekind, lui-même, explique dans une lettre à Lipschitz, dans laquelle il discute le choix d'une variable pour décrire les éléments d'un « corps fini », que les corps finiment engendrés peuvent être définis de plusieurs manières différentes : comme correspondant à une équation, comme ayant une base finie, ou comme ayant un nombre fini de sous-corps (que Dedekind appelle diviseurs). Cette dernière définition est, pour Dedekind, « la meilleure » possible, celle qui repose sur des propriétés fondamentales du concept de corps. En revanche, cette définition pose des difficultés importantes à l'usage, notamment car elle s'appuie trop sur la théorie des corps et éloigne la théorie des notions et méthodes habituelles et bien connues de théorie de nombres. Dedekind fait donc le choix de définir le corps finiment engendré par l'équation qui lui est associée [2]. En utilisant la forme de représentation qu'est l'équation, Dedekind contourne sa propre règle afin de faciliter le développement de la théorie des nombres algébrique (et, plus tard, des fonctions algébriques). Le même problème se présente dans *Fonctions algébriques*, où l'arsenal arithmétique élaboré par Dedekind et Weber dépend d'une variable indépendante z, puisque l'anneau lui-même en dépend [3]. En dépit de cette « concession », Dedekind s'efforce donc de suivre les principes énoncés par Riemann, en développant sa

1. Voyez Avigad (2006), p. 170-171.
2. Lettre du 10 juin 1876, dans Lipschitz (1986), p. 60.
3. Dedekind et Weber sont conscients de cela, puisqu'ils listent les notions dépendantes de la variable z à la fin de la première partie de *Fonctions algébriques*.

théorie de telle manière qu'elle soit valide pour des 'classes' entières de nombres (ici, le corps de nombres algébriques), et repose des « propriétés caractéristiques » plutôt que des calculs, dont la théorie devrait être en état de prédire les résultats – par exemple, la composition des formes décomposables de tous les degrés. En effet, la théorie des nombres algébriques de Dedekind, fondée ici sur la théorie des idéaux, a pour vocation de permettre que les développements futurs de la théorie des nombres soient facilités.

C'est cette théorie que Dedekind et Weber transfèrent à la théorie des fonctions, afin de mettre en place une nouvelle fondation pour la théorie de Riemann. Ce qui semble justifier ce transfert, c'est le fait que les corps, idéaux et modules sont définis sans relation avec la nature individuelle des éléments. Il est alors possible de vérifier facilement que les fonctions algébriques forment un corps et d'introduire les concepts de module et d'idéal de fonctions, poursuivant ainsi l'analogie bien connue entre corps de nombres et corps de fonctions. Une fois défini le concept de corps de fonctions algébriques, il s'agit alors de reprendre, pas à pas, les étapes de la mise en place de la théorie des idéaux établie dans la théorie des nombres algébriques en l'adaptant aux fonctions, et de développer *une nouvelle théorie* : la théorie des idéaux pour les fonctions algébriques – ce qui se reflète dans le fait que Dedekind et Weber redémontrent systémati- quement chaque résultat énoncé. Ici, le transfert ne repose pas sur une analyse des structures mathématiques mais sur la possibilité, comme l'expliquent les auteurs dans leur introduction, d'isoler des « groupes de fonctions auxquelles reviennent les propriétés caractéristiques des polynômes ayant un diviseur commun » et de relier « les théorèmes afférents aux fonctions rationnelles non pas au diviseur lui-même mais au système de fonctions divisibles par celui-ci », suivant l'idée qui avait initialement guidé l'introduction des idéaux en théorie des nombres.

Recherches épistolaires pour la mise en place d'une nouvelle théorie des fonctions algébriques

Environ deux ans après l'édition des *Œuvres* de Riemann, Dedekind et Weber commencent à échanger autour de l'établissement d'une « théorie des idéaux pour les fonctions algébriques » [1]. Tout au long de l'année 1879, et sans doute une partie de l'année 1880, la correspondance entre

1. Scheel (2014), p. 220.

Dedekind et Weber est en grande partie consacrée aux recherches autour de cette nouvelle théorie. On compte une quinzaine de lettres dans Scheel (2014), qui ne reproduit que les lettres de Weber de 1879 et trois fragments de lettres envoyées par Dedekind. Weber envoie parfois une lettre toutes les deux semaines. Certaines de ces lettres nous informent que Dedekind et Weber se sont également rencontrés pour discuter de ces questions. La première lettre de Weber faisant référence à ce travail, le 18 janvier 1879, indique que l'idée initiale d'une « théorie des idéaux pour les fonctions algébriques » vient de Dedekind, qui a envoyé ses réflexions sur le sujet à Weber, lequel les accueille avec un enthousiasme indéniable :

> Bien que je n'ai pas complètement terminé d'étudier ton dernier envoi, je voulais déjà t'en remercier aujourd'hui, et t'informer que cela m'intéresse extrêmement. Cela promet de grands bénéfices pour la théorie des fonctions abéliennes. Peut-être est-il possible de cette manière d'obtenir une forme plus utilisable de la forme normal des fonctions abéliennes [1].

L'application aux fonctions abéliennes s'avèrera plus difficile que prévue (et, de fait, est largement absente de l'article de 1882), mais le sujet revient régulièrement sous la plume de Weber.

Sa lettre suivante, datée du 2 février 1879, reprend visiblement chaque point soulevé par Dedekind. Certaines des idées développées dans *Fonctions algébriques* semblent déjà être présentes, mais l'articulation conceptuelle entre idéaux, fonctions et surface n'a pas encore été établie telle que présentée dans la publication. En particulier, pendant la majorité de l'année 1879, la théorie qu'ils tentent de mettre en place ne prend pas les idéaux comme fondement, mais les fonctions elles-mêmes.

Weber commence par introduire ce qu'il appelle une « base normale » :

> Je propose d'appeler *base normale* du corps Ω une base formée par des fonctions entières $\omega_1, \omega_2 \ldots \omega_n$ quand elle a la propriété que $\omega = x_1\omega_1 + \ldots x_n\omega_n$ est une fonction entière *seulement* pour des fonctions entières x. Le discriminant d'une base normale a le plus bas degré possible parmi tous les discriminants des bases constituées de nombres entiers de Ω, mais si le discriminant d'une base a le plus bas degré, alors c'est une base normale [2].

1. Scheel (2014), p. 220.
2. *Ibid.*

Cette notion correspond, en réalité, à ce que Dedekind appelle une
« *Grundreihe* » dans sa théorie des nombres algébriques [1] – ce que Weber
note lui-même dans sa lettre du 22 mars 1879 – et qu'il faut, en réalité,
rapprocher de la base de o définie dans le §3 (voyez ci-après p. 86). Il ne
précise pas la définition de « fonction entière », qui a vraisemblablement
été donnée par Dedekind dans sa première lettre. Aucune correction
n'est faite dans les lettres suivantes. Nous pouvons donc supposer que
la définition est similaire à celle donnée dans l'article de 1882.

Weber introduit, dès cette première lettre, le lien entre le discriminant
du corps et la ramification :

> Ce discriminant du corps Ω, $\Delta\Omega = \Delta(\omega_1, \omega_2 \ldots \omega_n)$ a la propriété de
> s'annuler *seulement* en les points de ramification vraiment existants et
> seulement en l'ordre qui indique l'ordre des points de ramification [2].

Rappelons, en effet, que le discriminant est une fonction de polynômes de
degré n qui s'annule pour des polynômes à racines multiples, c'est-à-dire
qui ont moins de n racines distinctes. Si l'on pense à une correspondance
entre le corps Ω et la surface de Riemann à n feuillets, les polynômes
pour lesquels le discriminant s'annule correspondent aux endroits où les
n feuillets ne sont pas distincts, c'est-à-dire aux points de ramification.

Weber introduit également, dans cette lettre, la notion de « point
fondamental » (*Grundpunkt*), qui annonce le rôle que joueront les points-
zéro (*Nullpunkt*). Il commence par affirmer que

> [l]a collection de toutes les fonctions de [la variable] ν qui s'annulent en
> un nombre déterminé de points fixés avec un ordre déterminé forment
> évidemment un idéal [3].

et propose d'appeler « ce point-zéro, (...) le point fondamental de
l'idéal » (*Grundpunkte des Ideals*). L'idée, ici, est proche de l'affirmation
(§15, 6.) selon laquelle « le concept d'idéal coïncide donc complètement
avec le concept de système des fonctions entières qui s'annulent toutes
aux mêmes points fixés ».

Le terme « *Nullpunkt* » est assez répandu (et apparaît dans d'autres
contextes dans la correspondance entre Dedekind et Weber), et signifie,
ici, le point où les fonctions s'annulent. Il ne semble pas, à ce stade,
avoir le même statut que dans l'article de 1882. Le terme *Grundpunkt*,

---

1. Dedekind (1871), p. 447.
2. Scheel (2014), p. 220.
3. *Ibid.*, p. 222.

Weber évoque déjà, néanmoins, la possibilité de réfléchir, au cours d'hypothétiques vacances communes, à la publication de leur théorie. Le 28 juillet 1879, Weber revient, en réponse à des remarques de Dedekind, sur la question du point :

> Tu m'écris qu'il doit être prouvé que pour tout point *dans le corps*, une fonction r existe qui y devient infiniment petite du premier ordre, c'est-à-dire que toute fonction z contenue dans le corps au voisinage de ce point doit être développable en puissances entières ascendantes de r. La preuve de l'existence d'une telle fonction devrait, autant que je puisse voir, sans doute déjà présumer quelques propositions sur le nombre de constantes etc., que nous voulons seulement prouver dans la suite. Il ne serait pourtant probablement pas nécessaire que cette fonction r appartienne au corps. Et je ne vois pas bien non plus, comment la développabilité suit aisément de l'existence d'une telle fonction. Ne suffirait-il pas que l'on prouve ce qui suit? Je n'ai toutefois pas réfléchi en profondeur à la chose.
>
> Si $F(x, y)$ est une équation algébrique, et $x = 0$ $y = 0$ un couple de valeurs correspondantes, on peut poser
>
> $$y = a_1 x^{\frac{\alpha_1}{v}} + a_2 x^{\frac{\alpha_2}{v}} + \ldots + a_{r-1} x^{\frac{\alpha_{r-1}}{v}} + \xi x^{\frac{\alpha_v}{v}}$$
>
> où les $\alpha_1 \alpha_2 \ldots \alpha_v$ sont des nombres positifs croissants, les $a_1 \ldots a_v$ des constantes et ξ une fonction algébrique qui ne s'annule pas et ne devient pas infinie pour $x = 0$. Cette série peut être continuée à volonté. Les a, α, v peuvent éventuellement avoir des valeurs différentes, mais sont de toute évidence en nombre fini. Chaque système de valeurs de ces grandeurs, quand la série est suffisamment développée, constitue un « point ». Il suivrait alors immédiatement qu'en un tel « point », chaque fonction rationnelle en x et t
>
> $$z = \varphi_0(x) + \varphi_1(x)y + \ldots \varphi_{n-1}(x)y^{n-1}$$
>
> a un développement complètement déterminé de la même forme, avec de la même manière également des puissances négatives de x, mais avec le même v.
>
> Tes sur-polygone et sous-polygone [1] me plaisent beaucoup, et je vais tester dans un premier temps sur des propositions diverses l'extension du concept d'idéal que tu proposes. Peut-être peut-on par là se libérer

---

1. Weber utilise ici les termes *Obereck* et *Untereck*, littéralement « sur-angle » et « sous-angle », utilisés dans l'article de 1882 et que nous avons traduits par « sur-polygone » et « sous-polygone », et que Stillwell traduit par « *upper polygon* » et « *lower polygon* ». À ce stade, néanmoins, la terminologie des polygones ne semble pas avoir été introduite, pas même par Dedekind.

de la supposition que tous les feuillets sont attachés ensemble à l'infini. Dans ce cas, il faudrait peut-être un autre nom pour l'idéal ? (...) Je maintiens notre plan de publier ensemble sur les idéaux, bien sûr en supposant que les points que tu as soulevés soient résolus de façon satisfaisante. Ton mérite sur le sujet est bien plus grand que tu ne le présentes modestement, et je n'aurais, sans ton encouragement et ton aide constante, rien pu faire [1].

La plupart des lettres suivantes concernent la multiplication complexe, mais Weber revient sur leur « théorie des idéaux pour les fonctions algébriques » à la fin d'une lettre du 18 décembre 1879 :

> Je n'ai du reste pas très bonne conscience sur ce sujet [le travail sur la multiplication complexe (NDT)] et d'autres choses, tant que notre théorie des idéaux n'a pas eu moins atteint une certaine conclusion. Ce que nous avons fait jusqu'ici est bien trop beau pour être complètement laissé de côté, et plus on passe de temps sans s'en préoccuper, plus la chose nous devient étrangère. Il serait cependant bien que nous puissions bientôt avancer quelque chose, en particulier alors que tant de travaux sur le sujet paraissent, qui ne sont pas aussi bons que le nôtre, comme par exemple un gros livre de Briot sur les fonctions abélienne [2]. La difficulté principale, de mon point de vue, se trouve toujours seulement dans la définition du « point d'une surface de R[iemann] », et dernièrement, j'ai fait diverses tentatives pour cela, qui m'ont amené à la conviction que la meilleure solution serait de retourner à ta fondation originale de la théorie des idéaux, dans laquelle alors, aussi longtemps que possible, nous ne parlons pas de points mais d'idéaux premiers. De là, il ne devrait pas être trop difficile d'introduire le concept de « point » de manière complètement satisfaisante. Alors, la théorie des idéaux interviendra de plein droit, et ce que j'ai fait apparaît comme une *Petitio Principii*. En empruntant ce chemin, je reste maintenant coincé par une difficulté, que tu pourras sans doute balayer en quelques mots, et je te serais très reconnaissant d'une prompte réponse. J'ai pu prouver sans l'aide des congruences le lemme §24 de ton traité en français [3]. En revanche, je ne parviens pas encore à faire de même avec la proposition $\mathcal{N}a$ ·

---

1. Scheel (2014), p. 252-253.
2. Il s'agit de Briot (1879).
3. Il s'agit de Dedekind (1876-1877), p. 218 : « Soit ω, μ,ν trois nombres de ɔ, différents de zéro, et tels que ν ne soit pas divisible par μ, les termes de la progression géométrique

$$\omega, \omega\,\frac{\nu}{\mu},\ \omega\left(\frac{\nu}{\mu}\right)^2,\ \omega\left(\frac{\nu}{\mu}\right)^3,\ \ldots$$

on peut aussi autoriser l'utilisation des conjugués, en faisant en sorte que l'on observe d'abord seulement une petite partie arbitraire du plan des z [1] au dessus de laquelle les feuillets de la surface de Riemann sont complètement séparés les uns des autres, et étudier la fonction ω seulement pour cette portion. Si l'on prend θ l'un arbitraire mais déterminé de ces feuillets, on obtient un certain corps de fonctions associé Ω, dans lequel chaque fonction ω est univalente. Chaque relation entre les fonctions ω qu'il contient, qui peuvent être exprimées comme équations rationnelles, sont déjà valides dans cette portion, et il deviendra plus tard clair que tous les phénomènes qui ont lieu à plus grande distance, sont déjà « déterminés et décidés » par les phénomènes à l'intérieur de cette portion [2]...

Dedekind propose donc une solution *locale*, qui annonce la définition finalement adoptée pour le concept de point, afin de palier la trop grande généralité du concept de corps, c'est-à-dire l'aspect trop formel pris par les recherches purement algébriques sur un corps Ω de fonctions algébrique.

Un fragment non daté, mais vraisemblablement écrit au cours de l'année 1880, montre également que Dedekind a proposé la définition des systèmes de points (qui ne sont pas encore nommés polygones) comme « produit de puissances de points » (ce qui permettra de retrouver la décomposition en éléments premiers) et clarifié la correspondance entre points et idéaux en s'attachant à rester le plus proche possible de Riemann :

... Je pense que toute la théorie doit d'entrée de jeu être davantage construite avec la recherche de concepts invariants, et pour cela, je reviens toujours à Riemann. Avant tout, il faut que quand l'équation algébrique entre s et z est donnée (qui génère le corps Ω), chaque *point* soit clairement caractérisé et la collection $\mathcal{T}$ de tous les points soit définie précisément de telle manière que vraiment toutes les fonctions de Ω se présentent comme fonctions locales univalentes. Il semble alors approprié de désigner les systèmes de m points (m-gones) comme le produit des m points, et de les multiplier encore entre eux. Chaque système de points est produit de puissances de points. Une fonction z qui s'évanouit *en n* points a (le numérateur de z) et devient infinie en n points b (le dénominateur de z) est $=$ $const \cdot \frac{a}{b}$ (n s'appelle le nombre de points [*Punctzahl*] de η). Deux tels systèmes de points

1. C'est-à-dire du plan d'Argand-Cauchy.
2. Scheel (2014), p. 270.

q, b (de même ac, bc) peuvent être dits équivalents. $\eta = \frac{a'}{b'}$ est une fonction entière de $z = \frac{a}{b}$ si b' ne contient pas d'autres points que b. Un idéal ab' en z est la collection de toutes les fonctions η dont le dénominateur b' ne contient pas d'autres points que b et dont le numérateur a' est divisible par le produit des points fondamentaux de $\mathfrak{a}$; un idéal $\mathfrak{a}$ est ainsi complètement déterminé indépendamment de z dès que les points-dénominateurs différents les uns des autres (ou leur produit $\mathcal{P}$ divisible par aucun point [au] carré) et le système complet de ses points fondamentaux ou points-zéro est donné. Il peut alors être appelé idéal en $\mathcal{P}$ plutôt que idéal en [1] z.

Enfin, dans un dernier fragment daté du 30 octobre 1880, Dedekind remercie chaleureusement Weber pour le travail effectué ensemble et exprime sa joie à avoir pu partager cela avec lui :

> Je profite de cette opportunité pour te remercier à nouveau sincèrement pour toutes ces deux années de travail, pour lequel tu t'es donné tant de mal, et auquel prendre part m'a procuré une grande joie et a enrichi considérablement mes connaissances. C'est vraiment un sentiment particulièrement beau que de se rencontrer dans la recherche de la vérité, ce que Pascal, dans sa première lettre à Fermat, exprimait si bien : « Car je voudrais désormais vous ouvrir mon coeur, s'il se pouvait, tant j'ai de joie de voir notre rencontre. Je vois bien que la vérité est la même à Toulouse et à Paris. » Souvent, j'ai dû penser en ces termes au cours des progrès de notre travail, qui après de nombreuses oscillations, a pourtant toujours adopté le caractère de nécessité interne. Souvent, je me suis figuré à sa place, à travers les progrès de notre travail, qui, bien qu'après de nombreuses oscillations, a pourtant pris un caractère de nécessité intrinsèque. Cela m'apportera tant de joie, si cela trouve quelque succès, ce à quoi pour l'instant je ne compte pas trop, car beaucoup reculeront sans doute devant les fastidieux modules [2]...

UNE THÉORIE ARITHMÉTIQUE DES FONCTIONS ALGÉBRIQUES

La lettre du 30 octobre 1880 de Dedekind peut sembler cryptique mais révèle néanmoins l'importance que ce travail a eu pour Dedekind, ainsi que le point de vue qu'il adopte *a posteriori* sur ce qu'ils ont accompli.

---

1. *Ibid.*, p. 12.
2. *Ibid.*, p. 271.

Les allusions à une vérité partagée et à un caractère de nécessité interne
de la nouvelle théorie des fonctions algébriques élaborée par Dedekind
et Weber, en particulier, sont intrigantes et difficiles à interpréter. La
référence à Fermat et Pascal peut, sans doute, être comprise comme la
joie de Dedekind d'avoir trouvé un véritable collaborateur parmi ses
contemporains, quelqu'un qui apprécie et partage son point de vue et ses
méthodes [1].

Il pourrait être tentant de lire dans l'idée d'une « nécessité intrinsèque »
qu'évoque Dedekind, une reconnaissance des similarités structurelles
entre les corps de fonctions et les corps de nombres émergeant du travail
de Dedekind et Weber. Mais une telle lecture suppose une conception
structuraliste des mathématiques, c'est-à-dire qui considère les structures
mathématiques, comme les corps ou les idéaux, comme étant l'objet
d'étude premier des mathématiques – conception qui n'est ni celle de
Dedekind, ni celle de Weber. En effet, bien que l'on puisse replacer ces
deux mathématiciens dans une tradition de mathématique conceptuelle
ayant mené aux mathématiques structuralistes [2], il est important de
souligner que la manière dont ils conçoivent et utilisent les notions comme
celle d'idéal est loin d'une conception structuraliste des mathématiques
telle qu'on la comprend aujourd'hui, comme l'a montré Leo Corry [3].
Il manque à leurs travaux une conception uniformisée des structures [4],
l'articulation conceptuelle propre à l'algèbre structuraliste [5], et l'intérêt
pour les structures elles-mêmes. En effet, chez Dedekind et chez Weber,
les concepts de corps, d'idéal ou de module étudiés le sont *afin de*

---

1. En effet, les travaux de Dedekind n'ont trouvé une véritable réception qu'assez tard.
En 1876, Dedekind se plaint, dans une lettre à Lipschitz du 29 avril 1876, de ne pas être lu,
à part par Weber.
2. Voyez le §1 de l'article de Benis-Sinaceur et Džamonja, (à paraître).
3. Corry (2004b), p. 33-43 et p. 64-136.
4. Pour eux, le corps délimite un domaine dans lequel travailler et dont ils étudient les
éléments, tandis que les groupes, modules et idéaux sont des *outils* pour cette étude.
5. Dans l'algèbre structuraliste, une certaine hiérarchie est établie entre les concepts,
permettant de les définir les uns par rapport ou au moyen des autres. Par exemple, on définit
aujourd'hui un idéal I d'un anneau $(A, +, \times)$ comme étant un sous-groupe additif de A et
stable par multiplication (à gauche ou à droite) par tout élément de A. Dedekind, lui, définit
un idéal par les seules conditions nécessaires et suffisantes de clôture données ci-dessus
p. 23, sans le présenter comme une sous-structure d'un *Ordnung* (son équivalent du concept
d'anneau) ni même de la clôture intégrale, et sans faire intervenir de concept de sous-groupe
(qu'il connaît pourtant).

PRÉFACE 41

répondre à des questions de théorie des nombres ou de théorie des fonctions. Les structures algébriques, en tant que telles, ne les intéressent pas [1].

Une autre interprétation est suggérée par W.-D. Geyer, liant cette « nécessité intrinsèque » à la construction des bases normales, en particulier de la base normale de la clôture intégrale [2]. Cette partie de leur travail a fait l'objet de nombreux prolongements depuis les travaux de Hensel et Landsberg [3]. En particulier, en 1955, la preuve par Grothendieck du théorème de Birkhoff-Grothendieck (sur la classification des fibrés vectoriels homomorphes sur la droite projective complexe) utilise « dans l'ensemble la même approche » que Dedekind et Weber, sans que Grothendieck n'ait de « connaissance historique » et n'ait pu s'inspirer ou même faire le lien avec leur travail [4]. L'interprétation que suggère Geyer demanderait alors Dedekind ait été en possession de connaissances sur des développements mathématiques encore à venir.

Il me semble, et je tenterai, dans ce qui suit, d'expliquer pourquoi, que cette « nécessité intrinsèque » est une référence à la forme essentiellement arithmétique prise par la théorie, en lien avec le transfert des méthodes de théorie des nombres. *Fonctions algébriques* s'apparente en effet à une arithmétisation de la théorie des fonctions, bien que l'article ait été, tout d'abord, reçu comme une simple application de la théorie des nombres à la théorie des fonctions. En clarifiant le lien entre la conception très particulière de l'arithmétique de Dedekind et l'arithmétisation de la théorie des fonctions, celle-ci s'intègre pleinement dans l'œuvre dedekindienne et l'idée d'un caractère de nécessité interne du travail prend tout son sens.

1. Dedekind l'exprime d'ailleurs très clairement dans Dedekind (1876-1877), p. 17, lorsqu'il introduit la théorie des modules en affirmant qu'ils n'offrent « un véritable intérêt que par leurs applications ».
2. Geyer (1981).
3. Hensel et Landsberg (1902).
4. Geyer (1981), p. 126.

Arithmétique et théorie des nombres au XIXe siècle

Arithmétique et théorie des nombres au XIXe siècle

De nombreux témoins ont rapporté que C. F. Gauss répétait souvent un aphorisme inspiré d'une phrase que Plutarque attribuait à Platon : « Dieu arithmétise éternellement »[1]. Cet aphorisme est moins intéressant pour son contenu théologique que par ce qu'il montre des changements dans les conceptions des mathématiques. De la *Dissertation arithmétique* de Gauss en 1801, jusqu'au « mouvement d'arithmétisation » mis en avant par Klein en 1895, le sens du terme « arithmétique » s'est lentement déplacé de la théorie des entiers naturels pour devenir synonyme de certitude et de rigueur en mathématiques.

Gauss introduit une distinction importante entre ce qu'il appelle « l'arithmétique élémentaire », c'est-à-dire « l'art de former des nombres », les désigner par des symboles et calculer avec, et les « recherches générales sur les propriétés particulières des entiers », qui font partie de l'arithmétique supérieure, souvent également appelée en français « arithmétique transcendante » (« *Arithmeticae sublimiori* », traduit en allemand par « *höhere Arithmetik* » et en anglais par « *higher arithmetic* »)[2]. Gauss préconise aussi d'inclure les quantités imaginaires au sein des nombres mêmes, et de les introduire dans l'arithmétique supérieure. En mettant en place ce qu'il appelle une « arithmétique générale » dans laquelle les entiers complexes – aussi appelés entiers de Gauss – sont considérés comme des nombres à part entière, Gauss étend ainsi les limites de la théorie des nombres.

La *Dissertation arithmétique* de Gauss a souvent été présentée comme marquant la naissance de la théorie des nombres en tant que discipline de plein droit en Allemagne. La situation était toutefois plus compliquée, comme le montrent Goldstein et Schappacher[3], dans la mesure où les développements qui ont émergé du travail de Gauss remettent en question les frontières entre disciplines[4]. La théorie des nombres, bien qu'elle

---

1. La version attribuée à Platon était « Dieu géométrise éternellement ». La citation de Gauss est immortalisée dans une gravure de Gauss et W. Weber par A. Weger dans les *Wissenschaftliche Abhandlungen* (1878, vol. 2, part I) de Zöllner. Voyez Ferreirós (2008), p. 236.
2. Je parlerai simplement de « théorie des nombres ».
3. Goldstein et Schappacher (2007).
4. Goldstein et Schappacher proposent d'appeler le nouveau champ de recherches recouvrant ces travaux « Analyse arithmétique algébrique » *ibid.*, p. 26. Soulignons néanmoins que les acteurs présentent leur travail comme faisant partie de la théorie des nombres ou comme provenant de réflexions sur les nombres.

devienne un domaine de recherche en soi, est donc développée en relation étroite avec d'autres parties de mathématiques, comme la théorie des formes quadratiques ou l'analyse. C'est notamment le cas des travaux de Dirichlet, dont l'influence sur Dedekind est bien connue. Dirichlet a importé des outils de l'analyse de Fourier dans ses recherches qui « ne contiennent aucun élément qui ne soit relatif aux nombres entiers ». Les théorèmes étant « difficile [à] établir par des considérations purement arithmétiques », il choisit donc une « méthode mixte [...] qui est fondée en partie sur l'emploi de quantités variant par degrés insensibles », ce qui lui permet d'arriver aux théorèmes « de la manière la plus naturelle et, pour ainsi dire, sans effort »[1]. Dirichlet présente d'ailleurs, toujours dans ses propres travaux, la théorie des formes quadratiques comme « l'une des branches principales de la science des nombres » suivant le développement de la *Dissertation arithmétique* de Gauss[2]. Les formes quadratiques à coefficients entiers ont joué un rôle crucial dans la théorie des nombres du XIXᵉ siècle[3]. L'introduction des idéaux par Dedekind se fait, d'ailleurs, dans un travail dédié à la théorie des formes binaires quadratiques. À partir des travaux de Gauss, les formes quadratiques sont essentiellement caractérisées par le concept de discriminant[4]. C'est son intérêt pour la dépendance entre le déterminant et le nombre de formes distinctes correspondantes, qui amène Dirichlet à la distinction entre discriminants (déterminants) négatifs et positifs. Les premiers, dit-il, concernent une loi à « caractère purement arithmétique », tandis que pour les seconds,

---

1. Lejeune-Dirichlet (1842), p. 618.

2. Dirichlet tient ces propos au sujet des ses « Recherches sur diverses applications de l'Analyse infinitésimale à la Théorie des nombres » de 1839, ainsi que dans l'introduction du mémoire de 1842 « Recherches sur les formes quadratiques à coefficients et à indéterminées complexes » cité ici.

3. Une forme binaire quadratique f est un polynôme de la forme $ax^2 + bxy + cy^2$ avec a, b, c dans $\mathbb{Z}$. L'étude des valeurs de $f(x, y)$ avec $x, y \in \mathbb{Z}$ a beaucoup occupé les mathématiciens, à partir de la fin du XVIIIᵉ siècle, qui étudient, par exemple, les entiers de la forme $x^2 + 5y^2$.

4. Le discriminant, ou déterminant pour certains auteurs comme Dirichlet, est un entier positif ou négatif permettant de distinguer des classes de formes pour lesquelles certaines propriétés arithmétiques peuvent être données. Dirichlet et Dedekind s'intéressent en particulier aux classes d'équivalence pour les formes binaires quadratiques ayant le même discriminant.

[cette loi] est d'une nature plus composée et en quelque sorte mixte, puisque, outre les éléments arithmétiques dont elle dépend, elle en renferme d'autres qui ont leur origine dans certaines équations auxiliaires qui se présentent dans la théorie des équations binômes et appartiennent par conséquent à l'Algèbre [1].

L'arithmétique apparaît alors comme étant plutôt une caractéristique de l'approche qu'une discipline à proprement parler. Dirichlet étend ensuite ces résultats aux formes à coefficients entiers complexes. Cette « théorie des nombres ainsi généralisée » ouvre alors un « nouveau champ de spéculations arithmétiques »[2] selon Dirichlet, dont le but ici des de « transporter, dans la théorie des nombres ainsi généralisée, la question qui avait été traitée précédemment »[3] sur les formes quadratiques. Ainsi, pour Dirichlet, l'élargissement par Gauss du concept d'entier a permis d'étudier des objets de théorie des nombres, ici les formes quadratiques, dans un cadre général. Par ce geste sont ouvertes de nouvelles possibilités de « spéculations arithmétiques » comme l'écrit Dirichlet. L'idée que de nouvelles possibilités en théorie des nombres sont ouvertes en élargissant le cadre de travail par la considération d'un concept plus général d'entier, déjà présente chez Gauss, est également au cœur de l'approche de Dedekind.

La théorie des nombres est donc développée en relation étroite avec d'autres théories[4] comme les formes quadratiques, les congruences, les équations cyclotomiques[5], les lois de réciprocité[6] ou encore les fonctions et intégrales elliptiques. Cela a considérablement élargi, pour les acteurs, l'idée de ce en quoi « l'arithmétique » consiste, quelles questions étaient liées à « l'arithmétique » et comment ces « spéculation arithmétiques » devaient être traitées. Simultanément, l'arithmétique était toujours vue comme l'étude des propriétés des nombres entiers, dont la conception elle-même s'était considérablement élargie pour inclure les entiers complexes et même, avec les travaux de Dedekind et Kronecker, les entiers algébriques.

---

1. Lejeune-Dirichlet (1842), p. 536.
2. *Ibid.*, p. 537.
3. *Ibid.*
4. Voyez Goldstein et Schappacher (2007).
5. Les équations cyclotomiques sont de la forme $x^p - 1 = 0$ avec p premier, elles servent notamment à étudier la division du cercle en p parties.
6. La loi de réciprocité quadratique (resp. cubique, biquadratique, etc.) étudie la possibilité d'exprimer un nombre premier p comme carré (resp. cube, puissance 4, etc.) modulo un autre nombre premier q.

L'arithmétisation au XIXe *siècle*

Les fondations de l'analyse étaient quant à elles soumises à de nombreux doutes, depuis le désir de Lagrange de se débarrasser des infinitésimaux jusqu'à la restructuration de l'analyse pour suivre un idéal euclidien de rigueur proposé par Augustin Louis Cauchy (1789-1857). La continuité, qui est à la base des recherches analytiques, manquait en particulier encore d'une définition rigoureuse. Une telle définition était en effet essentielle pour une caractérisation également rigoureuse de la notion de limite, cruciale pour l'analyse. Ce problème a occupé nombre de mathématiciens au XIXe siècle, depuis le français Charles Méray (1835-1911) jusqu'à Dedekind, en passant par Bernard Bolzano (1781-1848), Weierstrass et Georg Cantor (1845-1918). Les points de vue et centres d'intérêts différents de chaque mathématicien ont mené à de nombreuses approches différentes de la question. Ainsi, par exemple, Bolzano et Weierstrass étaient essentiellement intéressés par la mise en place, à long terme, d'une fondation rigoureuse pour l'analyse, tandis que Dedekind était motivé par la possibilité de fournir une définition (rigoureuse) arithmétique du continu linéaire, c'est-à-dire de $\mathbb{R}$, sur laquelle pourraient reposer de nouvelles définitions (rigoureuses) de notions analytiques comme la limite.

En 1887, Leopold Kronecker publie son célèbre essai sur le concept de nombre, *Über den Zahlbegriff*, dans lequel il introduit le terme « arithmétiser » (*arithmetisiren*) :

> Et je crois aussi que l'on parviendra un jour à « arithmétiser » le contenu entier de ces disciplines mathématiques [l'algèbre et l'analyse], c'est-à-dire à le fonder purement et simplement sur le concept de nombre pris dans son sens le plus étroit et donc à dépouiller à nouveau ce concept des modifications et élargissements le plus souvent provoqués par les applications à la géométrie et à la mécanique [1].

En cela, il exprime son désir de fonder les mathématiques sur le seul concept de nombre naturel. Son but est alors la réduction de l'analyse, l'algèbre et la théorie des nombres au concept de nombre conçu « dans son sens le plus étroit ». Dans les travaux mathématiques de Kronecker, l'engagement envers les nombres naturels est significatif et s'accompagne de demandes constructivistes strictes.

---

1. Kronecker (1887), p. 338-339. Traduit dans Boniface (1999), p. 54.

En 1895, Felix Klein emploie l'expression « arithmétisation des mathématiques » (*Arithmetisierung der Mathematik*) dans son discours à la Königlichen Gesellschaft der Wissenschaften à Göttingen [1]. La formule empruntée à Kronecker perd complètement, sous la plume de Klein, l'idée initiale de donner une *forme arithmétique* aux mathématiques pures. Du point de vue de Klein, l'arithmétisation se réduit à un processus de rigorisation. Klein rejette explicitement la « simple mise sous forme arithmétique de l'argument » comme étant sans importance, et considère que seul le « durcissement logique ainsi obtenu » (*logische Verschärfung*) est significatif [2]. Pour Klein, le mouvement d'arithmétisation de l'analyse est une réaction critique aux nombreuses inventions du XVIIIe siècle, qui demandent une « justification logique ». À travers les travaux de Gauss, Cauchy et Dirichlet a été introduit un sens accru de la rigueur en mathématiques. Les exemples donnés par Klein sont Weierstrass, Kronecker, Peano [3], et Cantor [4]. Dans la mesure où Klein considère que l'arithmétisation n'est rien d'autre qu'une question de logique, la distinction entre les différentes conceptions et les différents programmes des mathématiciens qu'il cite lui importe peu. Mais en négligeant cela, Klein donne une présentation très uniforme d'un mouvement

1. Klein (1895). Schappacher et Petri (2007) suggèrent que ce discours de Klein marque « le début de la nostrification de l'arithmétisation » à Göttingen, c'est-à-dire du mouvement d'appropriation des travaux de leurs prédécesseurs, une « réinterprétation des pensées des autres [scientifiques] pour qu'elles correspondent à leur image actuelle du domaine en question » devenue monnaie courante à Göttingen sous les règnes de Klein et de Hilbert (voyez Corry (2004a), p. 221, p. 419, et en particulier §9.2). L'idée d'arithmétisation est alors devenue une « description générique de divers programmes qui offraient une fondation non-géométrique des fondements de l'analyse » Schappacher et Petri (2007), p. 343. Les historiens des mathématiques ont eu tendance à suivre la voie ouverte par Klein et, tout en reconnaissant que l'arithmétisation implique de nombreuses pratiques, tendent à considérer ces divers programmes comme faisant partie d'un mouvement de rigorisation très large. L'arithmétisation de l'analyse a été largement commentée, citons notamment Dugac (1970, 1973, 1976a), Jahnke et Otte (1981), Boniface (2002), Epple (2003).
    2. Klein (1895), p. 234.
    3. Peano, qui a donné le premier exemple de courbe remplissante a été très impliqué dans la rigorisation de l'analyse. Il a également proposé une axiomatisation de l'arithmétique et des fondements de l'analyse.
    4. Cantor, dans une lettre à Klein, approuve les propos généraux de Klein. Toutefois, il réfute l'importance accordée à Weierstrass pour qui, dit-il, il faudrait « séparer ce que Weierstrass a effectivement fait du mythe dans lequel ses étudiants l'ont enveloppé, pour ainsi dire un épais brouillard pour stabiliser et élever leur propre réputation » Dugac (1976a), p. 165.

incorporant de nombreuses pratiques et philosophies différentes. Ce faisant, Klein réduit des approches lourdes d'exigences épistémologiques variées à une unique demande étroite de sécuriser les arguments par une logique rigide. Par ce geste, Klein élargit l'arithmétisation à tout mathématicien demandant une définition plus rigoureuse des notions fondamentales de l'analyse, ce qui amène Cantor à se reconnaître dans un mouvement dont l'un des premiers représentants est Kronecker. Pourtant, de nombreuses justifications différentes sont données par les acteurs sur leur « arithmétisation » depuis le simple rejet de l'intuition jusqu'à des engagements ontologiques très forts. Plus significatif encore, les acteurs ne s'entendent pas sur ce qui constitue réellement une « mise sous forme arithmétique », car ils ne partagent généralement pas la même conception de l'arithmétique.

En particulier, si l'on prend au sérieux l'idée d'une arithmétisation comme étant un effort de « mise sous forme arithmétique », alors il apparaît que Dedekind et Kronecker poursuivaient des efforts dans la même direction. Pourtant, il est bien connu que leurs travaux adoptent des approches opposées reposant sur des conceptions des mathématiques drastiquement différentes. Dedekind et Kronecker ont tous deux été profondément influencés par Gauss et Dirichlet, ainsi que par Kummer dont ils ont poursuivi et généralisé les travaux. Ils ont souvent travaillé sur des sujets proches, voire identiques, et insisté sur l'importance de développer la « bonne » approche arithmétique... avec toutefois des idées très différentes sur ce qui constituait effectivement une approche « arithmétique », au point que « l'arithméticité » du travail de l'autre soit souvent le point de désaccord principal. De fait, chacun a reconnu que le cœur de leur dissension se trouve en deux endroits : leurs conceptions de l'arithmétique, et leurs opinions sur la constructivité et l'infini actuel. Lorsque Kronecker qualifie son propre travail d'arithmétique, Dedekind lui renie cette qualité. De son point de vue, l'utilisation extensive des de variables indéterminées et de polynômes rend les mathématiques de Kronecker trop formelles pour être arithmétiques et les qualifie plutôt pour être des recherches algébriques. Dans les commentaires qu'il rédige au sujet des *Grundzüge einer arithmetischen Theorie der algebraischen Größe* de Kronecker, Dedekind écrit :

> Ni d'après cette introduction, ni d'après le traité lui-même, il n'apparaît clairement pourquoi cette théorie devrait être appelée *arithmétique*. Sous ce nom, on devrait s'attendre à ce que la considération du domaine des nombres (les constantes absolues) forme le fondement principal, ce qui n'est nullement le cas ici. Je voudrais plutôt appeler cette

théorie *formelle*, car elle repose surtout sur la « méthode auxiliaire des coefficients indéterminés » (p. 47, 48, 69) et sur « l'association des formes (formées par ces coefficients ou variables auxiliaires u, u', u'') » (§15 et §22, p. 93-96)[1].

Les coupures de Dedekind

Lorsque l'on parle d'arithmétisation dans les travaux de Dedekind, on fait le plus souvent référence à son ouvrage *Continuité*, qui constitue une « mise sous forme arithmétique » du continu linéaire. En effet, comme il l'explique au début de son essai, celui-ci est le résultat de « la ferme résolution de réfléchir jusqu'à ce qu['il ait] trouvé un fondement purement arithmétique et parfaitement rigoureux aux principes du Calcul infinitésimal » prise alors qu'il enseignait le calcul différentiel[2]. Pour cela, après avoir mis en avant la structure de corps ordonné des nombres rationnels, Dedekind introduit la notion de « coupure » :

> Si maintenant nous avons une subdivision quelconque du système R en deux classes A_1, A_2, ayant uniquement *cette* propriété caractéristique que tout nombre a_1 dans A_1 est plus petit que tout nombre a_2 dans A_2, nous nommerons d'un mot une telle division une coupure et le noterons (A_1, A_2)[3].

Tout nombre rationnel crée une coupure, mais il existe des coupures qui ne sont créées par aucun nombre rationnel. Dans ce cas, Dedekind propose de « créer un nouveau nombre α, un nombre irrationnel, que nous considérons comme totalement défini par cette coupure »[4]. Sur cette base, Dedekind redéfinit l'ordre et les opérations pour les nombres irrationnels, et lie son principe de continuité à deux théorèmes d'analyse bien connus : le théorème de convergence monotone et la condition

---

1. Edwards *et al.* (1982), p. 54. Les « *Bunte Bemerkungen* » de Dedekind sont des commentaires au sujet des *Grundzüge* de Kronecker qui n'ont jamais été publiés, bien que, d'après H. Edwards, il semble qu'il en ait eu l'intention. Edwards, Neumann et Purkert ont édité et publié ces « *Bunte Bemerkungen* » en 1982 Edwards *et al.* (1982).

2. Dedekind (1872), p. 59-60.

3. *Ibid.*, p. 74. Dedekind définit « l'essence de la continuité » comme étant : « Si tous les points de la droite sont répartis en deux classes telles que tout point de la première classe est situé à gauche de tout point de la seconde, alors il existe un et un seul point qui opère cette distribution de tous les points en deux classes, cette découpe de la droite en deux portions » (*ibid.*, p. 72).

4. *Ibid.*, p. 77.

de continuité de Cauchy [1]. Le continu linéaire des nombres réels est ainsi défini sur la seule base des nombres rationnels, sans introduire de grandeurs « extérieures », sans recourir à des définitions parcellaires, et en satisfaisant l'exigence qu'une définition de nouveaux objets permette aussi de définir des opérations sur ces objets.

L'intérêt de Dedekind pour des définitions arithmétiques rigoureuses imprègne tout son travail et est clairement reflété dans sa pratique mathématique [2]. On le retrouve, en particulier, dans le travail sur la théorie des fonctions algébriques qui fournit une véritable nouvelle définition (arithmétique) de la notion de surface de Riemann. Afin de mieux comprendre cet intérêt et d'en fournir une possible justification, il est essentiel de bien comprendre ce que signifie « arithmétique » pour Dedekind.

La conception de l'arithmétique de Dedekind

En 1888, Dedekind publie *Que sont les nombres et à quoi servent-ils ?*, dans lequel il donne une définition des entiers naturels fondée seulement sur les notions d'ensemble (*System*) et de représentation (*Abbildung*) [3]. Il ouvre cet essai avec la désormais bien connue affirmation que « l'Arithmétique (l'Algèbre, l'Analyse) [sont] une simple partie de la logique » ce qui, explique-t-il, signifie que le « concept de nombre [est] totalement indépendant des représentations de l'espace et du temps » et doit être plutôt considéré comme une « émanation directe des pures lois de la pensée » [4]. Ce passage, qui se replace facilement dans un contexte mathématique et historique d'arithmétisation (au sens premier et au sens d'une rigorisation), a été largement et longuement commenté et est l'un

---

1. Pour d'autres équivalents, dont certains mentionnés par Dedekind lui-même, voyez Benis-Sinaceur (1994).
2. On pourra consulter Haffner et Schlimm (à paraître), pour un aperçu de la manière dont Dedekind traite arithmétiquement différents domaines continus.
3. Dedekind (1888). Toutes les références seront à la traduction française dans Dedekind (2008).
4. *Ibid.*, p. 134.

des piliers des interprétations logicistes de la pensée de Dedekind [1]. Ce n'est pas la question qui nous intéressera ici – de même je ne reviendrai pas sur les débats ontologiques [2].

Lorsque l'on évoque une fondation de l'arithmétique, on tend à penser à une dérivation des axiomes de l'arithmétique du second ordre de principes (choisis comme) fondamentaux purement logiques comme le principe de Hume. Mais ce n'est pas ce que souhaite faire Dedekind. Dedekind souhaite établir les axiomes comme éléments primitifs et en dériver la définition des entiers naturels et des opérations arithmétiques – et non pas dériver les axiomes d'un principe plus fondamental. De fait, le but de Dedekind, dans *Nombres*, est de donner une *définition* du système des entiers naturels et des opérations de l'arithmétique qui soit complètement indépendante de l'intuition, de l'expérience, de l'espace et du temps, et construite sur des concepts « logiques », ceux de système et de représentation. L'approche de Dedekind se distingue, donc, ici, d'une approche fondationnelle logiciste comme celle de Frege ou même d'une approche comme celle de Peano. Dedekind, en effet, ne souhaite pas dériver de (larges ou moins larges) portions des mathématiques de principes logiques ou d'un ensemble d'axiomes, mais *définir* la suite des entiers naturels (et leurs opérations), et seulement cela. C'est une différence que reconnaît d'ailleurs Peano

> Entre [*Sul concetto di numero*] et ce que dit Dedekind, il y a une apparente contradiction qui devrait immédiatement être soulignée. Ici, le nombre n'est pas défini. Dedekind définit le nombre précisément comme celui satisfaisant les conditions précédentes [i.e. les axiomes de Peano] [3].

L'étroitesse (relative) du but de *Nombres* est clairement affirmée par Dedekind lui-même qui, « [c]onformément à l'objectif de cet écrit », se « limite à considérer la suite des nombres dits naturels » [4]. Il s'agit donc pour Dedekind de fournir une définition rigoureuse et générale des objets de la « science la plus simple » parce qu'ils sont essentiels pour les mathématiques. En effet, Dedekind reprend à son compte l'idée de l'arithmétique comme science première présente chez Gauss et Dirichlet.

1. Voyez par exemple, pour une lecture logiciste de Dedekind : Detlefsen (2012), Ferreirós (2010), et contre une lecture logiciste de Dedekind : Benis-Sinaceur (2015, 2017).
2. On pourra consulter, entre autres, Ferreirós (2008), Reck (2009, 2003), Sieg et Schlimm (2005, 2014), Yap (2009), Sieg et Morris (2018).
3. Peano (1891), p. 88.
4. Dedekind (1888), p. 138.

Dedekind est ainsi engagé dans une démarche *mathématique* au sein de laquelle il est essentiel de 'bien' définir, 'bien' fonder. Une définition logique est une définition reposant sur des concepts plus généraux, plus primitifs. Pour cela, l'essai de Dedekind déplie, étape par étape, la « longue série d'inférences correspondant à la facture progressive de notre entendement », qui mène à la création des entiers naturels. Il dissèque et donne une expression logiquement rigoureuse des « suites de pensées sur lesquelles reposent les lois des nombres »[1].

Ce n'est pas l'endroit de détailler le contenu mathématique et philosophique de *Nombres*. Rappelons, toutefois, la définition donnée par Dedekind des deux notions fondamentales de son arithmétique :

Il arrive très fréquemment que des choses différentes $a; b; c \ldots$ soient pour un motif quelconque réunies sous un point de vue commun, mises ensemble dans la pensée et on dit alors qu'elles forment un système S ; les choses $a; b; c \ldots$ qui sont contenues dans S, sont appelées éléments de S ; réciproquement S est composé de ses éléments. [...] S est parfaitement défini si l'on peut dire de chaque chose si elle est élément de S ou non. [...]

Par une *représentation* φ d'un système S on entend une loi selon laquelle à tout élément déterminé s de S *appartient* une chose déterminée qui s'appelle l'*image* de s et se note $\varphi(s)$; nous disons aussi que $\varphi(s)$ *correspond* à l'élément s, que $\varphi(s)$ est *issu* ou *produit* à partir de s par la représentation φ, que s se *transforme* en $\varphi(s)$ par la représentation[2] φ.

Ces définitions montrent que, pour Dedekind, former un système et faire correspondre des éléments sont des *activités* de l'esprit. Ces activités sont même les opérations fondamentales de la pensée :

Si l'on cherche exactement ce que nous faisant en dénombrant un ensemble ou en comptant un nombre de choses, on est conduit à considérer la capacité de l'esprit à relier des choses à des choses, à faire correspondre une chose à une chose ou à représenter une chose par une autre, capacité sans laquelle aucune pensée en général n'est possible. [...] [C]'est à mon avis sur cette base unique, et par ailleurs absolument indispensable, que doit être établie la sciences des nombres dans sa totalité[3].

1. *Ibid.*, p. 136-137.
2. *Ibid.*, p. 154 et p. 160.
3. *Ibid.*, p. 134-135.

La définition des entiers naturels est donnée après de longs préliminaires techniques, au cours desquels Dedekind introduit notamment la notion de chaîne (*Kette*) [1] et justifie l'induction, sans jamais utiliser de notions autres que les systèmes et les applications. La définition du système des entiers naturels est donc fondée sur ces seules notions. Ce faisant, Dedekind met en place un arsenal conceptuel qui lui permet de proposer une définition des entiers naturels comme instance d'un concept plus général, le concept de système simplement infini [2]. Plus précisément, l'ensemble des entiers naturels est *abstrait* du concept de système simplement infini afin de caractériser les entiers naturels comme l'instance du concept de système simplement infini ayant la propriété (très particulière) de n'avoir aucune propriété particulière :

> Si, en considérant un système simplement infini N, ordonné par une représentation φ, on fait totalement abstraction de la nature particulière des éléments, que l'on ne retient simplement que le fait qu'ils sont différents et ne considère que les relations établies entre eux par la représentation φ qui définit l'ordre, alors ces éléments s'appellent nombres entiers naturels ou nombres ordinaux ou encore tout simplement nombres, et l'élément fondamental 1 s'appelle le nombre fondamental de la suite N des nombres. Étant donnée cette libération des éléments de tout autre contenu (abstraction), on peut à juste titre les qualifier de libre création de l'esprit humain [3].

Soulignons que Dedekind ne se contente pas de définir les nombres naturels, il définit également, dans ce même cadre conceptuel, les opérations de l'arithmétique élémentaire (addition, multiplication...), et

---

1. Pour une représentation φ de K dans K, Dedekind dit que K est une chaîne si $\varphi(K) \subset K$.
2. La définition, équivalente aux axiomes de Peano, est la suivante : « Un système N est dit *simplement infini* s'il existe une représentation semblable [i.e. bijective] φ de N dans lui-même qui fait de N la chaîne d'un élément non contenu dans $\varphi(N)$. Nous appelons cet élément, que nous désignerons dans la suite par le symbole 1, *l'élément fondamental* de N, et en même temps nous disons que le système simplement infini N est ordonné par cette représentation φ. [...] L'essence d'un système simplement infini consiste en l'existence d'une représentation φ de N et un élément 1 qui satisfont les conditions suivantes :
    α. $[\varphi(N) \subset N]$
    β. $[N$ est la chaîne de 1$]$
    γ. L'élément 1 n'est pas contenu dans $[\varphi(N)]$
    δ. La représentation φ est semblable. »
Dedekind (1888), p. 178.
3. *Ibid.*, p. 179-180.

donne un certain nombre de résultats sur les ensembles simplement infinis et d'arithmétique élémentaire. Dedekind donne donc des fondements de l'arithmétique pour qu'elle puisse être effectivement utilisée en mathématiques.

L'écriture de *Nombres* met en lumière et justifie l'idée que les nombres sont une création de l'esprit, en développant un arsenal conceptuel qui n'implique que les ensembles et les applications pour définir la suite des entiers naturels et les opérations et méthodes de preuve reposant donc exclusivement sur les lois et opérations de la pensée. Le concept de nombre qui est exhibé n'est alors pas le nombre familier, celui qui sert à compter et décompter, mais un nombre très abstrait. Dedekind est bien conscient que

> beaucoup pourront à peine reconnaître dans les formes fantomatiques que je leur présente leurs nombres qui, amis fidèles et familiers, le sont accompagnés leur vie durant [1].

Le nombre défini par Dedekind est un concept abstrait, purement logique, plus général que le nombre cardinal (qui est défini dans la suite de l'ouvrage). Dedekind, comme il l'explique à Keferstein dans sa lettre du 27 février 1890, souhaite

> subordonner [les propriétés fondamentales de la suite N] aux concepts généraux et aux activités de l'entendement *sans* lesquels nulle pensée n'est possible et *grâce* auxquels le fondement est donné pour des démonstrations sûres et complètes et pour la formation de définitions de concepts non contradictoires [2].

Ainsi « dépouillées de leur caractère spécifiquement arithmétique », les propriétés de la suite des nombres naturels peuvent être données, après de longues considérations techniques, par une définition « logique ».

Est également mis en lumière le fait que la logique, pour Dedekind, correspond aux lois de la pensée – une conception assez répandue au XIXᵉ siècle. Pour Dedekind, les nombres sont donc logiques dans la mesure où ils sont une « émanation directe des pures lois de la pensée » et des « libres créations de la pensée ». Plus significatif, encore, en exergue de *Nombres*, Dedekind a placé une citation inspirée de l'aphorisme attribué à Gauss cité plus haut : « L'homme toujours arithmétise ». En remplaçant Dieu par l'homme, il affirme deux éléments clefs de

---

1. *Ibid.*, p. 136.
2. Dedekind (2008), p. 305.

sa conception des mathématiques : que les mathématiques, en tant que science, sont une activité – et même une construction – humaine, et que l'arithmétique est intimement et constitutivement liée à la nature de la pensée humaine. Comme le souligne Hourya Benis-Sinaceur [1], Dedekind croit « que ce qu'il appelle 'arithmétiser' est une activité fondamentale de la raison ». Sinaceur met en évidence un lien intime entre l'arithmétique et la structure de la pensée, qui attribue un rôle prééminent à l'arithmétique dans la pensée. L'arithmétique est alors, pour Dedekind, impliquée dans les efforts du mathématicien pour étendre le savoir mathématique. Et

> [l]'arithmétique est fondamentale non seulement parce que les nombres peuvent être appliqués partout, mais aussi parce qu'en suivant les lois arithmétiques, nous pouvons calculer avec des choses qui ne sont pas des nombres. Ce qui importe, ce ne sont pas lesdits nombres eux-mêmes mais de quelle manière les quatre conditions [définissant un système simplement infini dans *Nombres*] sont satisfaites. Et c'est pour cela que nous pouvons dire que l'arithmétique est une structure formelle de notre expérience. (...) Comme l'écrit Dedekind, « tout homme pensant est un homme de nombres, un arithméticien » car penser est représenter une chose par une chose, mettre en relation une chose avec une chose. Ainsi, je comprends l'affirmation de Dedekind selon laquelle l'arithmétique est une partie de la logique comme signifiant que l'arithmétique fournit également une norme rationnelle (logique) de pensée [2].

Dedekind caractérise également l'arithmétique comme étant la « science des nombres ». Dans *Nombres*, l'arithmétique, en tant que science des nombres, est dite être la science qui traite des lois générales gouvernant les systèmes simplement infinis et dérivées des conditions qui les définissent :

> Les relations ou lois qui sont dérivées des seules conditions $\alpha, \beta, \gamma, \delta$ [qui définissent les systèmes simplement infinis] et qui, pour cette raison demeurent toujours identiques dans tous les systèmes ordonnés simplement infinis, forment, quels que puissent être les noms donnés aux éléments singuliers, le premier objet de la *science des nombres ou Arithmétique* [3].

Or pour Dedekind, la science représente « la marche de la connaissance » vers les tentatives de saisir et comprendre la vérité [4]. La poursuite de la vérité est ainsi une activité de l'entendement humain, bien que la

1. Benis-Sinaceur (2015).
2. *Ibid.*, p. 56, je traduis.
3. Dedekind (1888), p. 180.
4. Dedekind (1854a), p. 222.

vérité soit, elle, indépendante de nous. La *théorie* des nombres est la collection de vérités sur les nombres (propriétés, théorèmes, etc.), tandis que l'arithmétique est l'étude, la recherche de ces propriétés. Ainsi, la science, pour Dedekind, est l'échafaudage de raisonnements qui tente de comprendre, saisir ou approfondir notre compréhension de la vérité objective, et qui est lié à, limité par l'entendement humain [1]. Cela implique qu'il peut y avoir de nombreuses manières, si ce n'est une infinité, de tenter de saisir ou fonder la vérité, et que la science est assujettie à la finitude et l'arbitraire de l'esprit humain. Cela implique également qu'il appartient au scientifique, au mathématicien, de construire et/ou d'inventer les moyens pour développer la science. Il convient de rappeler que Dedekind se positionne explicitement en faveur de l'introduction de nouveaux concepts en mathématiques, notamment dans l'introduction de *Nombres* [2]. Mais l'invention mathématique est, bien entendu, une invention contrôlée par les lois de la logique. Dedekind exige alors que tout ce qui peut être défini sur la base de notions ou vérités « plus simples » le soit effectivement – même si pour y parvenir une suite d'inférences longue et « artificielle en apparence » est nécessaire, comme c'est le cas dans *Nombres* [3] ou même dans *Fonctions algébriques* :

> Bien sûr, tous ces résultats peuvent être obtenus de la théorie de Riemann avec un investissement de moyens bien plus limité et comme cas particuliers d'une présentation générale beaucoup plus étendue; mais il est alors bien connu que fonder cette théorie sur une base rigoureuse offre encore certaines difficultés, et tant qu'il n'aura pas été possible de surmonter complètement ces difficultés, il se pourrait que l'approche que nous avons adoptée, ou au moins une qui y soit apparentée, soit la seule qui puisse conduire réellement avec une rigueur et une généralité suffisantes à ce but pour la théorie des fonctions algébriques. La théorie des idéaux elle-même pourrait ainsi être grandement simplifiée si l'on supposait le concept de surface de Riemann, et en particulier le concept de point de cette dernière, avec les intuitions basées sur la continuité des fonctions algébriques. Dans notre travail, inversement, un long détour est fait pour donner un fondement algébrique à la théorie des idéaux

---

1. Soulignons que l'idée de science comme une activité de l'esprit humain se trouve dans certains des écrits de Lotze (notamment Lotze (1856), tome II, p. 152). Les affirmations de Dedekind, qui a suivi les cours de Lotze à Göttingen, en sont très proches. Voyez également Sieg et Morris (2018).
2. Dedekind (1888), p. 139.
3. *Ibid.*, p. 137.

et ainsi obtenir une définition du « point d'une surface de Riemann » totalement précise et rigoureuse, laquelle pourra servir de base pour les recherches sur la continuité et toutes les questions qui y sont liées.

Décomposer un concept ou un argument en un grand nombre d'étapes simples est, pour Dedekind, une démarche essentielle en mathématiques pour s'assurer non seulement de sa rigueur, mais également d'avoir effectivement compris chaque étape des inférences. C'est ce que Dedekind appelle, dans une lettre à Cantor, « compréhension en escalier » (*Treppen-Verstand*). La logique, en tant que lois de la pensée, est liée au *Treppen-Verstand*, car elle régule et guide la pensée. Dans *Nombres*, la définition *logique* des nombres est une définition dépliant chaque étape, depuis le fondement jusqu'à la définition des entiers naturels. Cela se retrouve dans son désir de reformuler la théorie de Riemann « avec la rigueur coutumière à l'arithmétique » pour mieux la maîtriser et la comprendre.

En tant qu'elle fait partie de la structure logique de notre entendement, l'arithmétique se présente comme un outil particulièrement puissant pour guider la pensée du mathématicien. Dans un texte titré « *Zum Zahlbegriff* », qui peut être daté d'après 1888, Dedekind écrit :

> De toutes les ressources (*Hilfsmitteln*) que l'esprit humain a jusqu'ici créées pour faciliter sa vie, c'est-à-dire le travail en lequel consiste la pensée, aucune n'est aussi effective, importante et aussi indissociablement connectée à sa nature intrinsèque que le concept de nombre. L'arithmétique, dont le seul objet est ce concept, est déjà une science d'une étendue immensurable, et il ne fait pas de doute qu'aucune limite n'est posée à ses développements futurs. Aussi illimité est le champ de ses applications, puisque tout homme qui pense, même s'il n'y prend pas clairement garde, est un homme de nombres, un arithméticien [1].

Ainsi, l'arithmétique peut être utilisée – de même que les notions de système et de représentation – pour inventer de nouveaux concepts. Il est donc important de souligner que pour Dedekind, les nombres et l'arithmétique ne se restreignent pas aux entiers naturels. Aussi, les entiers naturels et leurs opérations ne sont que la première étape, bien qu'un étape cruciale puisque les autres systèmes de nombres seront définis comme extensions de ce premier système, qui sert également de fondement à toute la théorie des nombres (congruences, formes quadratiques, théorie des nombres algébriques...). L'arithmétique, la science de tous les nombres, est ainsi conçue par Dedekind comme

---

1. Dugac (1976b), p. 315.

une *activité* fondamentale de l'esprit humain dont la portée est toujours susceptible d'être étendue. Et l'on retrouve effectivement cette approche dans ses travaux mathématiques avec l'extension des systèmes de nombres jusqu'aux nombres algébriques, et la libre invention de concepts parmi lesquels la coupure, l'idéal, le corps...

Dans nombre de textes de Dedekind, il est suggéré que les moyens essentiels de la science des nombres sont ses opérations (addition, soustraction, multiplication, division) et Dedekind suit ses prédécesseurs en donnant la primauté à la divisibilité [1]. En 1876, il va jusqu'à affirmer que l'arithmétique est fondée sur la divisibilité :

La théorie de la divisibilité des nombres, qui sert de fondement à l'arithmologie, a déjà été établie par Euclide dans ce qu'elle a d'essentiel (...) [2].

L'arithmétique conçue comme une science non-rigide et susceptible d'être étendue est effective dans la pratique mathématique de Dedekind : l'arithmétique peut être élargie, remodelée pour fonder les définitions, faciliter les preuves, permettre plus de développements. C'est essentiel dans la définition arithmétique du continu linéaire en 1872, ainsi que pour la théorie des idéaux. Dans cette dernière, Dedekind développe de nouvelles méthodes dans lesquelles des notions arithmétiques, comme la divisibilité, sont appliquées à des objets qui ne sont pas, à proprement parler, des nombres. Il est alors possible de « calculer » avec des objets du niveau supérieur de la même manière que dans l'arithmétique rationnelle. En développant des outils et méthodes de preuve qui reposent sur la divisibilité et les notions afférentes, Dedekind reformule certains problèmes, certaines théories, comme la théorie des formes binaires quadratiques ou la théorie riemannienne des fonctions, en termes qui miment ou émulent l'arithmétique rationnelle. L'utilisation de notions et outils arithmétiques permet à Dedekind de (ré)écrire les relations entre objets mathématiques sous forme arithmétique, et de pouvoir étudier ces relations en tant que telles. L'arithmétique est ainsi utilisée par Dedekind pour produire de nouvelles connaissances en mathématiques.

1. Au XIXe siècle, les propriétés de divisibilité, qui sont celles qui ont donné l'impulsion à de nombreux nouveaux développements en théorie des nombres, notamment avec les congruences de Gauss, sont au cœur de la plupart des recherches.
2. Dedekind (1876-1877), p. 278.

La réécriture arithmétique de la théorie des fonctions algébriques

Dans *Fonctions algébriques*, c'est pour pallier ce qu'ils considèrent comme un manque de rigueur et de généralité extrêmement préjudiciable, que Dedekind et Weber proposent de réécrire les concepts fondamentaux de la théorie et ainsi résoudre ces problèmes « d'un point de vue qui serait simple, et en même temps rigoureux et complètement général ».

Dedekind et Weber eux-mêmes ne présentent pas leur article comme une simple application des méthodes de théorie des nombres, mais bien comme une nouvelle manière de faire de la théorie riemannienne des fonctions. Nous avons vu que leur but initial était une « théorie des idéaux pour les fonctions algébriques », tentant d'abord de traduire les idées riemanniennes pour la théorie des idéaux. Leur approche s'est, en quelque sorte, renversée, au cours de leurs recherches pour prendre les idéaux comme point de départ et *réécrire* Riemann avec l'arsenal conceptuel des idéaux. Nous allons nous concentrer, ici, sur les choix d'écriture faits par Dedekind et Weber, qui reflètent la nature profondément arithmétique prise par la version finale de l'article, le rendant ainsi très proche des travaux de théorie des nombres de Dedekind.

Si l'étude du corps de fonctions avec des outils et notions arithmétiques découle sans doute simplement de la mise en place d'un cadre théorique spécifique au corps de fonctions, le soin avec lequel Dedekind et Weber élaborent de nouveaux niveaux d'arithmétique lors de la définition de la surface de Riemann suggère qu'ils accordent une importance particulière à ces outils. En important les méthodes de théorie des nombres de Dedekind, le cœur de leur approche est la définition de la divisibilité et de la multiplication pour les idéaux qui rend possible un « calcul » avec les idéaux « en suivant exactement les mêmes règles que celles pour les fonctions rationnelles. » Le point de départ de ce travail est une analogie entre les nombres algébriques et les fonctions algébriques [1]. Dedekind et Weber partent donc d'une

> généralisation de la théorie des fonctions rationnelles d'une variable, en particulier du théorème selon lequel toute fonction polynôme (fonction rationnelle entière) d'une variable est décomposable en facteurs linéaires.

Ils adaptent alors, dans le cadre de la théorie des fonctions, les concepts introduits par Dedekind en théorie des nombres :

1. Pour des détails techniques supplémentaires, on pourra consulter Dieudonné (1974), Geyer (1981), Strobl (1982), Houzel (2002), ainsi que l'introduction de Stillwell (2012).

De manière analogue à la théorie des nombres, on entend par corps de
fonctions algébriques un système de ces fonctions de telle nature que
l'application des quatre opérations fondamentales de l'arithmétique aux
fonctions de ce système donne encore une fonction de ce système.
Les équivalents des notions utilisées en théorie des nombres sont donc
définis pour les fonctions :

entiers rationnels	$\rightarrow$	polynômes
nombres rationnels	$\rightarrow$	fonctions rationnelles
nombres algébriques	$\rightarrow$	fonctions algébriques
entiers	$\rightarrow$	fonctions algébriques entières

Il est ainsi possible d'identifier les entiers du corps, appelés « fonctions
algébriques entières ». La définition des celles-ci est parallèle à celle des
entiers algébriques :

| Un nombre θ est une *entier algébrique* s'il satisfait une équation $\theta^n + a_1\theta^{n-1} + \ldots + a_{n-1}\theta + a_n = 0$ de degré fini n et dont les coefficients $a_1, a_2, \ldots, a_n$ sont des entiers rationnels. | Une fonction ω est une *fonction algébrique entière* de z si dans l'équation de plus bas degré satisfaite par ω $\omega^e + b_1\omega^{e-1} + \ldots + b_{e-1}\omega + b_e = 0$ les coefficients $b_1, b_2, \ldots, b_n$ sont tous des *polynômes* de z. |

Suite à cela, la théorie est développée de manière purement arithmétique,
de manière très semblable à ce qui était fait en théorie des nombres par
Dedekind. Dedekind et Weber ne se contentent toutefois pas de transférer
aveuglément les concepts et méthodes de théorie des nombres : chaque
résultat est systématiquement (re)prouvé, les différences avec la théorie
des nombres sont soulignées. Il s'agit donc bien de l'établissement de la
théorie des idéaux de fonctions.

Une relation de divisibilité est définie pour les modules et les idéaux :
$\mathfrak{a}$ divise $\mathfrak{b}$ si $\mathfrak{b} \subset \mathfrak{a}$ dont on montre facilement l'équivalence avec
la propriété $\mathfrak{a}$ divise $\mathfrak{b}$ si et seulement si il existe un unique $\mathfrak{c}$ tel
que $\mathfrak{a}\mathfrak{c} = \mathfrak{b}$. La clôture intégrale, notée $\mathfrak{o}$, joue le rôle de l'unité pour
l'arithmétique des idéaux (car tout idéal est inclus dans la clôture
intégrale). Une fois acceptée cette définition de la divisibilité, l'étude
des propriétés de divisibilité mime celle de la divisibilité des entiers
rationnels. Les propriétés arithmétiques démontrées apparaissent alors
d'une simplicité et d'une familiarité frappante. Ainsi, la théorie des idéaux
est développée ici aussi comme un miroir de la théorie des nombres
rationnels. Et à nouveau, les méthodes de preuve suivent également celles
de théorie des nombres. Dedekind et Weber mettent donc en place un

cadre de travail arithmétique, qui leur permet d'étudier les idéaux dans un corps de fonctions algébriques en reprenant les modes d'écriture de la théorie élémentaire des nombres. La reformulation de l'inclusion comme une relation de divisibilité n'est alors pas l'introduction *ad hoc* d'une terminologie familière, puisque toute la recherche prend une forme arithmétique. En effet, l'étape suivant l'étude des propriétés du corps de fonctions est celle de la définition de la surface de Riemann qui, elle aussi, se fait de manière entièrement arithmétique.

Dedekind et Weber définissent la surface de Riemann en plusieurs temps. Tout d'abord, ils définissent le point de la surface de Riemann. Un point $\mathfrak{P}$ est défini par un morphisme entre le corps de fonctions et $\mathbb{C} \cup \infty$, la sphère de Riemann. Il s'agit donc d'attribuer des valeurs numériques aux fonctions, y compris lorsque les fonctions deviennent infinies. La définition du point préserve les relations rationnelles entre les fonctions, c'est-à-dire celles qui sont données par $+$, $-$, $\times$, $\div$, lorsqu'une valeur numérique leur est attribuée, ainsi toute égalité entre fonctions correspond à une égalité numérique. Cela donne l'assurance d'une certaine consistance des résultats « formels » : le morphisme donne du contenu aux recherches formelles. En transformant les relations en égalités numériques, on s'assure de la cohérence de ces relations. C'est un point que Dedekind trouve important et plaisant, comme il le mentionne dans une lettre à Weber de 19 janvier 1880, alors qu'ils finissent la rédaction de l'article.

Suite à la définition du point, Dedekind et Weber montrent qu'il existe une correspondance biunivoque entre points et idéaux premiers : à tout idéal premier $\mathfrak{p}$ de Ω correspond un et un seul point $\mathfrak{P}$ (tel que défini ci-dessus) qui est dit « engendrer » l'idéal. Cette correspondance biunivoque fonde ce que Dedekind et Weber appellent la « coïncidence » entre le corps Ω et la classe de surfaces de Riemann. Pour compléter la caractérisation du concept de point, Dedekind et Weber indiquent comment obtenir « tous les points existants exactement une fois », c'est-à-dire comment former la collection de tous les points $\mathfrak{P}$ auxquels la variable z est finie et tous les points $\mathfrak{P}'$ où elle devient infinie (appelés « points complémentaires »)[1]. Cette collection, qui contient tous les points une et une seule fois, ce que Dedekind et Weber appellent une « totalité simple », est appelée la « surface de Riemann ». Toutefois, cette « totalité simple » n'a

---

1. Dedekind et Weber ne fournissent pas de procédure effective pour construire tous les points.

pas de structure de surface de Riemann : elle ne décrit pas les singularités des fonctions, la multiplicité et la ramification de la surface. Ce n'est donc pas une description complète du concept de surface de Riemann. Pour parvenir à une telle description, Dedekind et Weber définissent des complexes de points qu'ils appellent des polygones (qui correspondent à ce qu'on appelle aujourd'hui diviseur positif), et dont ils définissent immédiatement la multiplication : $\mathfrak{AB}$ est « le polygone formé par les points des polygones $\mathfrak{A}$ et $\mathfrak{B}$ mis ensemble de manière à ce que lorsqu'un point $\mathfrak{P}$ apparaît r fois dans $\mathfrak{A}$ et s fois dans $\mathfrak{B}$, il apparaît $r + s$ fois dans $\mathfrak{AB}$ », dont la première intuition apparaît dans la lettre de Dedekind citée p. 38. La définition du produit des polygones donne la signification de la puissance d'un point $\mathfrak{P}^r$, qui est un point répété r fois sur lui-même. Ici commence à apparaître la ramification de la surface. Il est ainsi possible de décomposer un polygone en le produit de tous ses points, chacun avec sa propre puissance (le nombre de fois où il apparaît dans le polygone) :

$$\mathfrak{A} = \mathfrak{P}^r \mathfrak{P}_1^{r_1} \mathfrak{P}_2^{r_2} \ldots$$

Dedekind et Weber obtiennent ainsi une décomposition en éléments premiers. De la décomposition du polygone en le produit de ses points, il est possible de déduire une correspondance entre polygone et idéal non premier dans laquelle les facteurs premiers de la décomposition de l'idéal correspondent aux point du polygone. On obtient ainsi une correspondance biunivoque entre idéaux et polygones grâce à laquelle « les lois de divisibilité des polygones » sont établies « en parfaite concordance avec celles des nombres entiers et des idéaux ». Les points tiennent le rôle des facteurs premiers et le polygone ne contenant aucun point celui de l'unité. Ces développements amènent Dedekind et Weber à définir le plus grand commun diviseur et le plus petit commun multiple de deux (ou plusieurs) polygones :

> Le *plus grand commun diviseur* de deux polygones $\mathfrak{A}$ et $\mathfrak{B}$ est le polygone qui contient chaque point autant de fois que le nombre minimum de fois où celui-ci apparaît dans $\mathfrak{A}$ et dans $\mathfrak{B}$. S'il s'agit de $\mathfrak{O}$, alors $\mathfrak{A}$ et $\mathfrak{B}$ sont dits premiers entre eux.
>
> Le *plus petit commun multiple* de deux polygones $\mathfrak{A}$ et $\mathfrak{B}$ est le polygone qui contient chaque point autant de fois que le nombre maximum de fois où celui-ci apparaît dans $\mathfrak{A}$ et dans $\mathfrak{B}$. Si $\mathfrak{A}$ et $\mathfrak{B}$ sont premiers entre eux, alors $\mathfrak{AB}$ est leur plus petit commun multiple.

Cette définition correspond, comme on le voit facilement à celle du PGCD et du PPCM de nombres en termes de puissances de nombres premiers (que l'on peut également donner pour les idéaux). Ainsi, la possibilité de

« calculer » avec les idéaux se transfère aux points et complexes de points de la surface de Riemann. Ces notions sont extrêmement utiles pour les preuves dans le reste de l'article.

À ce stade, Dedekind et Weber peuvent alors définir la surface de Riemann avec sa structure, et non plus comme une simple collection de points. La surface de Riemann avec sa ramification est appelée la « surface de Riemann absolue ». Elle est définie comme le produit des polygones « se mouvant » dans $\mathbb{C} \cup \{\infty\}$, c'est-à-dire prenant toutes les valeurs successivement. La caractérisation, qui jusqu'ici était discrète, regagne alors une continuité. De cette manière, tous les points sont obtenus, avec leurs multiplicités possibles. En prenant le produit de tous ces polygones, on obtient :

$$\prod \mathfrak{A} = T\mathfrak{Z}_z$$

où T est la totalité simple de tous les points, et $\mathfrak{Z}_z$ est un polygone fini particulier appelé polygone de ramification ou de branchement de T en z. Le polygone de ramification permet de décrire la ramification de la surface. Ses points sont les points de branchement (avec une multiplicité). Le polygone de ramification correspond à un idéal déterminé, que Dedekind et Weber appellent idéal de ramification, défini dans la première partie de leur article. La correspondance entre la surface et le corps implique que les singularités de la surface peuvent être exprimées en termes d'idéaux et de divisibilité des idéaux. Cette « surface de Riemann absolue » est définie sans la moindre composante géométrique. Le lien avec l'idée riemannienne de surface de Riemann peut sembler difficile à saisir. Par exemple, l'idée de feuillets de la surface n'apparaît pas en tant que telle dans la version finale de l'article. Les auteurs mentionnent, toutefois, que pour passer de leur définition à la « conception riemannienne bien connue », il « faut penser la surface déployée dans un plan de z qu'elle recouvre entièrement n fois, sauf aux points de ramification ». Ils n'explorent cependant pas cette possibilité.

Le changement de cadre conceptuel qu'établissent Dedekind et Weber implique de reformuler toutes les notions de la théorie de Riemann : genre, ordre de ramification, nombre de points doubles, etc. Toutes ces notions sont re-définies en utilisant les polygones. La surface de Riemann ainsi définie manque pourtant d'une structure appropriée pour l'intégration. Dedekind et Weber introduisent les notions liées au calcul intégral par des moyens exclusivement algébriques, sans faire intervenir de notion de continuité (ils définissent, par exemple, différentielles et résidus). Cela est rendu possible par le fait de travailler *uniquement* avec des polynômes, puisque ceux-ci possèdent des propriétés avantageuses de factorisation linéaire dans $\mathbb{C}$, ainsi que pour la différentiation (puisque la dérivée d'un polynôme est encore un polynôme).

Dedekind et Weber donnent également de nouvelles preuves d'un certain nombre de théorèmes connus, comme le théorème d'Abel[1] ou le théorème de Riemann-Roch. À aucun moment, dans leur article, Dedekind et Weber ne sortent du cadre conceptuel qu'ils ont établi : toutes les définitions et toutes les preuves sont données en utilisant exclusivement leur arsenal algébrico-arithmétique.

Le recours à l'arithmétique demande de définir de nouvelles opérations pour de nouveaux objets, d'élargir ce qui est entendu par « divisibilité », et de prendre le temps de longs préliminaires techniques. Néanmoins, cela se présente comme une manière d'éliminer certaines difficultés de la théorie, en particulier les longs calculs compliqués et les approches analytiques. L'arithmétique, ici, permet de simplifier les inférences en se ramenant à des calculs très simples sur les idéaux et polygones, des manipulations similaires à la théorie des nombres élémentaire. Comme l'écrit Dedekind à propos de sa théorie des nombres algébriques « la théorie, si elle n'est pas abrégée, est cependant un peu simplifiée »[2]. Ainsi, les opérations de l'arithmétique rationnelle fournissent des outils particulièrement efficaces, non seulement pour développer une approche rigoureuse, uniforme de la théorie des fonctions algébriques (comme de la théorie des nombres algébriques), mais leur utilisation permet également de développer des concepts susceptibles d'être transférés d'un cadre théorique dans un autre.

---

1. Abel (1841). Le théorème, qui introduit implicitement le genre p se formuler de la manière suivante : pour toute intégrale de la forme $\int g(s,t)dt$ avec g fonction rationnelle et s, t telles qu'il existe un polynôme P tel que $P(s,t) = 0$, il existe un nombre p tel que toute somme d'intégrales

$$\int_0^{x_1} g(s,t)dt + \ldots \int_0^{x_m} g(s,t)dt$$

est égale à la somme d'au plus p intégrales

$$\int_0^{z_1} g(s,t)dt + \ldots \int_0^{z_p} g(s,t)dt$$

où les z_i sont des fonctions algébriques des x_j, et des termes qui sont soit des fonctions rationnelles soit leur logarithme. Dedekind et Weber reformulent le théorème d'Abel en termes de différentielles.

2. Dedekind (1876-1877), p. 208.

Dans *Fonctions algébriques*, ainsi que dans beaucoup de ses travaux, Dedekind semble suggérer par sa pratique même que se donner la possibilité d'utiliser seulement ce qu'il appelle « les principes les plus simples de l'arithmétique »[1] justifie des détours abstraits et techniques. Les nombres et les opérations arithmétiques sont, pour Dedekind, des « moyens auxiliaires », des aides à la disposition du mathématicien. Ils peuvent, comme cela est clairement illustré dans *Fonctions algébriques*, être utilisés comme des outils épistémiques impliqués dans la production de nouvelles connaissances mathématiques, de nouvelles méthodes de preuves, ou encore pour renforcer les fondations de certaines théories. Cette utilisation spécifique de l'arithmétique est intimement liée à la conception du nombre de Dedekind. En effet, l'arithmétique, comme partie de la logique, est un guide pour la pensée du mathématicien, puisque tout homme pensant est un arithméticien. Elle est l'outil avec la plus grande portée et le plus intimement lié à la nature de la pensée humaine, d'applicabilité sans limite et donc un outil pour élaborer de nouvelles connaissances. L'arithmétique, en tant que liée à la nature de l'esprit humain, possède le caractère de « nécessité intrinsèque », que Dedekind remarque dans la lettre à Weber citée page 39.

RÉCEPTION (À MOYEN TERME) DE LA THÉORIE

L'article de Dedekind et Weber a connu une réception d'abord éparse, mais surtout retardée. Dedekind, lui-même, avait vu ce risque, et l'exprime dans la lettre à Weber du 30 Octobre 1880.

Les travaux de Weierstrass et de Kronecker, chacun avec leur approche spécifique, dominent encore largement dans les années 1880. Le travail de Kronecker avait été annoncé dans une publication de Kummer en 1857 mais Kronecker a longtemps renoncé à publier ses résultats, car il considérait que les travaux de Weierstrass les rendait superflus. Mais Kronecker, qui était l'éditeur en chef du *Journal für reine und angewandte Mathematik*, a pu lire *Fonctions algébriques* avant sa publication, et y a remarqué la similarité entre ses idées et celles de Dedekind et Weber. Il

---

1. Dedekind (1930-1932), tome III, p. 399.

est alors retourné à ses travaux sur les grandeurs algébriques, et sa théorie est publiée dans le Journal de Crelle en 1881 et 1882 [1], en retardant la publication de *Fonctions algébriques* [2].

Les *Grundzüge* de Kronecker ne sont toutefois pas seulement une théorie des fonctions algébriques, mais une théorie plus générale des *grandeurs algébriques*, ce qui comprend les nombres et les fonctions algébriques. Le point de vue qu'il adopte est donc plus général que celui de Dedekind et Weber, dans le sens où il considère un champ plus vaste d'objets. Son approche, intimement liée à l'importance des calculs dans ses mathématiques, est diamétralement opposée à celle de Dedekind [3]. En termes modernes, la théorie de Kronecker peut être comprise comme visant à décomposer en éléments irréductibles la variété engendrée par un idéal [4]. Toutefois, Kronecker ne se réfère pas aux travaux de Riemann.

Il est toutefois intéressant de mentionner de quelle manière les approches de Kronecker et de Dedekind et Weber, bien que tenant toutes deux d'une *arithmétisation*, se différencient sur cet aspect même. Pour Kronecker, les fonctions algébriques doivent faire partie d'une « arithmétique générale » et étudiées en tant que telles en utilisant sa théorie des diviseurs. Ses travaux de 1881 et 1882 exposent son arithmétisation générale des grandeurs algébriques, et « l'arithmétique générale » doit être vue comme une théorie en elle-même. Une telle théorie générale est loin de ce qui intéresse Dedekind et Weber, qui n'expriment à aucun moment le désir d'unifier la théorie des nombres et la théorie des fonctions algébriques. Au contraire, théorie des nombres algébriques et théorie des fonctions algébriques sont développées dans des cadres bien définis et étudiées indépendamment l'une de l'autre. Chez Kronecker, le recours à l'arithmétisation est un engagement ontologique très fort. Chez Dedekind et Weber, le recours à des stratégies arithmétiques se présente plutôt comme un outil pour produire une « meilleure » théorie (riemannienne) des fonctions algébriques.

---

1. Kronecker (1881, 1882).
2. Le travail de Kronecker est mentionné en note par Dedekind et Weber, mails il n'en avaient, disent-ils, aucune connaissance lorsqu'ils ont commencé à travailler sur leur propre théorie.
3. Voyez, par exemple, Vlădut (1991), Boniface (2004), Vergnerie (2017).
4. Les *Grundzüge* sont d'un abord extrêmement difficile. On pourra consulter Edwards (1990) pour un commentaire mathématique de la théorie de Kronecker.

Dans leur rapport sur la géométrie algébrique, Brill et Noether excluent explicitement la théorie « reposant sur la théorie des nombres » de Dedekind et Weber (et de même pour le travail de Kronecker). Ils considèrent *Fonctions algébriques* comme étant essentiellement une application de la théorie des nombres à la théorie des fonctions [1]. Par ailleurs, présenter la théorie de Dedekind et Weber leur semble superflu dans la mesure où Klein, dans ses cours sur les surfaces de Riemann de 1892, en avait déjà donné une exposition détaillée [2] – ce qui ne signifie pas, bien entendu, que Klein ait adopté leur approche.

Comme Dedekind le souligne lui-même à plusieurs occasions, c'est Heinrich Weber qui est le plus proche de lui, et qui aide le plus à la circulation de ses idées – et *a fortiori* de leurs travaux communs. Weber a ainsi enseigné, à Königsberg, où Minkowski et Hilbert étaient ses étudiants, la théorie des nombres en adoptant une approche bien plus favorable aux travaux de Dedekind que la plupart de ses contemporains [3]. Quelques années plus tard, dans son *Lehrbuch der Algebra* [4], Weber utilise largement les méthodes et concepts dedekindiens, et participe ainsi grandement à leur diffusion, puisque le *Lehrbuch* sera l'un des manuels d'algèbre le plus utilisé jusqu'à la publication en 1930 du *Moderne Algebra* de van der Waerden. Toutefois, Weber prend une certaine distance avec l'approche de Dedekind. Plutôt que d'utiliser des modules et des idéaux, il utilise la notion de « *Functionale* » [5] pour la théorie des fonctions algébriques et pour la théorie des nombres algébriques. Toutes les questions de divisibilité sont alors étudiées en utilisant les fonctionnelles, et l'arithmétique des idéaux de Dedekind n'est pas développée. Ce faisant, il adopte un certain équilibre entre l'approche dedekindienne et celle de Kronecker [6].

À la publication du *Lehrbuch* de Weber s'ajoutent les travaux de Hilbert à partir de 1888, qui vont participer à changer l'attitude vis à vis des travaux de Dedekind. En effet, d'une part, Hilbert utilise certaines

1. Brill et Noether (1892), p. v.
2. citep[]BrillNoether1894, p. v.
3. Les cours de théorie des nombres de Weber ont eu une influence durable sur Hilbert, voyez Reid (1996), p. 11.
4. Weber (1895-1896).
5. Une fonctionnelle est, ici, une fonction algébrique qui peut être écrite comme le quotient de deux fonctions algébriques entières.
6. Pour en savoir plus sur Weber lecteur de Kronecker, on pourra consulter Vergnerie (2017), p. 151-168.

méthodes de *Fonctions algébriques* pour prouver son *Nullstellensatz*. D'autre part, l'importance bien connue accordée aux méthodes de Dedekind dans le *Zahlbericht*[1] contre celles de Kronecker, a permis aux méthodes et concepts de Dedekind de circuler plus largement. Il faut attendre les travaux de Hensel et Lansberg en 1902[2], dont le livre est dédié à Dedekind, pour observer une véritable réception des méthodes de Dedekind. Pourtant, leur travail ne prend pas les idéaux comme fondement de la théorie de Riemann, mais la théorie des fonctions, adoptant ainsi un point de vue plus analytique qu'algébrique. Les idéaux sont introduits plus tard dans l'ouvrage mais les calculs et les développements en séries et produits remplacent l'approche dite conceptuelle de Dedekind et Weber. Il en résulte que le travail de Hensel et Landsberg est d'un abord plus aisé pour leurs contemporains que celui de Dedekind et Weber[3], bien qu'en ayant « perdu l'élégance conceptuelle, la beauté formelle et la brièveté pleine de saveur »[4].

1. Hilbert (1897).
2. Hensel et Landsberg (1902).
3. Laugwitz (2009), p. 160.
4. Geyer (1981), p. 115.

RICHARD DEDEKIND ET HEINRICH WEBER

THÉORIE DES FONCTIONS ALGÉBRIQUES D'UNE VARIABLE*

* *Journal für reine und angewandte Mathematik,* vol. 92, p. 181-290, 1882. Repr. dans
R. Dedekind, *Gesammelte mathematische Werke*, 1930, volume I, p. 238-351.

THÉORIE DES FONCTIONS ALGÉBRIQUES D'UNE VARIABLE

INTRODUCTION

Dans les recherches suivantes, nous nous donnons comme objectif de fonder la théorie des fonctions algébriques d'une variable, l'un des résultats principaux de la création de Riemann, d'un point de vue qui soit à la fois simple,rigoureux et parfaitement général. Dans les travaux effectués sur ce sujet jusqu'ici [1], en règle générale, des hypothèses restrictives sur les singularités des fonctions considérées ont été faites, et les soi-disant exceptions sont alors soit mentionnées en passant comme cas limites, soit laissées complètement de côté. De même, certains théorèmes fondamentaux sur la continuité ou la développabilité sont admis, leur évidence reposant sur une intuition géométrique d'une sorte ou d'une autre. Il est possible d'obtenir une base plus sûre pour les notions fondamentales, ainsi que pour un traitement général et sans exception de la théorie, si l'on part d'une généralisation de la théorie des fonctions rationnelles d'une variable, en particulier du théorème selon lequel toute fonction polynôme [1] (fonction rationnelle entière) d'une variable est décomposable en facteurs linéaires. Cette généralisation est simple et bien connue dans le cas où le nombre que Riemann désigne par p (appelé genre par Clebsch) est de valeur nulle [2]. Pour le cas général, qui est à ce cas comme le cas le plus général des nombres algébriques est au cas des entiers rationnels, la bonne approche est indiquée par les méthodes, tirées

---

1. Dedekind et Weber ne citent aucun nom, mais il est vraisemblable que leurs critiques s'adressent à des mathématiciens tels que Alfred Clebsch, Carl Neumann, Paul Gordan, Max Noether, et dans une certaine mesure, Weierstrass et ses étudiants. Nous donnons quelques détails en introduction. On pourra également consulter Bottazzini et Gray (2013), p. 311-339. — Les notes appelées par un numéro sont de la traductrice. Celles appelées par des étoiles sont de Dedekind et Weber.

de la création par Kummer des nombres idéaux, qui sont utilisées avec un grand succès en théorie des nombres et qui peuvent être transférées à la théorie des fonctions *.

De manière analogue [3] à la théorie des nombres, on entend par corps de fonctions algébriques un système de ces fonctions de telle nature que l'application des quatre opérations fondamentales de l'arithmétique (*Spezies*) aux fonctions de ce système donne encore une fonction de ce système. Ce concept (*Begriff*) coïncide alors complètement avec celui de classe de fonctions algébriques de Riemann. Parmi les fonctions d'un tel corps, une fonction au choix peut être considérée comme variable indépendante et les autres fonctions comme dépendant d'elle. De chacun de ces « modes de représentation » [4], il découle un système de fonctions du corps qui doivent être désignées comme fonctions entières et dont

---

* Les nombres idéaux ont été introduits pour la première fois par Kummer dans le mémoire *Zur Theorie der komplexen Zahlen* (Journal de Crelle, vol. 35) ; une continuation [des travaux de Kummer] et une présentation générale de la théorie des nombres algébriques peuvent être trouvés dans la seconde et la troisième édition des *Vorlesungen über Zahlentheorie* de Dirichlet, ainsi que dans le mémoire de Dedekind *Sur la théorie des nombres entiers algébriques* (Paris, 1877, *Bulletin des sciences mathématiques et astronomiques*, Darboux et Hoüel). Toutefois, la connaissance de ces traités ne sera pas, dans notre travail, présupposée.

Il a été amené à notre connaissance que déjà, il y a quelques années, Kronecker a entrepris des recherches en relation avec les travaux de Weierstrass, et qui reposent sur les mêmes fondements que les nôtres.

[Il s'agit de Kronecker (1881, 1882), évoqués en introduction. (NDT)]

1. Dedekind et Weber utilisent, comme il est d'usage dans les travaux en allemand sur le sujet, le terme « fonction rationnelle entière ». Pour éviter la confusion avec la notion de fonction entière qui est introduite dans l'article, nous avons choisi de traduire cette expression par « fonction polynôme » ou simplement « polynôme ».

2. Il s'agit du cas de la sphère.

3. Cette comparaison est au cœur de l'analogie entre corps de nombres et corps de fonctions pour Dedekind et Weber : la similarité entre deux relations est présentée comme une proportion ($A : B :: C : D$), suivant une vision classique de l'analogie. C'est cette comparaison qui guide le « transfert » des concepts et méthodes de théorie des nombres vers la théorie des fonctions. Geyer (1981) appelle cette analogie « l'idée et le résultat fondamentaux » de la première partie de l'article de Dedekind et Weber. Soulignons, néanmoins, que l'approche de Dedekind et Weber est loin d'une approche structuraliste étudiant les possibles similarités entre deux structures algébriques ou cherchant à abstraire un concept plus général de corps (voire d'idéal) de leur travail.

4. Dedekind, en particulier, s'est souvent élevé contre les travaux mathématiques reposant sur des « modes de représentation » (*Darstellungsweise* ou *Darstellungformen*), car cela nuit selon lui à la généralité de l'approche. Ici, dans la mesure où *n'importe quelle*

les quotients épuisent la totalité du corps. Parmi ces fonctions entières, on peut alors distinguer encore des groupes de fonctions auxquelles reviennent les propriétés caractéristiques des polynômes ayant un diviseur commun. Un tel diviseur n'existe certes pas dans le cas général, en revanche si l'on relie les théorèmes afférents aux fonctions rationnelles non pas au diviseur lui-même mais au système de fonctions divisibles par celui-ci, alors est permis un parfait transfert à la théorie générale des fonctions algébriques. De cette manière, on parvient au concept d'*idéal*, nom dont l'origine se trouve dans les travaux de Kummer en théorie des nombres, où les diviseurs qui n'existent pas sont introduits dans le calcul comme « diviseurs idéaux. »

Bien que le présent travail ne concerne aucunement des fonctions « idéales » mais l'application de toutes les opérations de l'arithmétique seulement à un système de fonctions effectivement existantes, il semble approprié de conserver le mot « idéal » déjà courant en théorie des nombres.

Après une définition convenable de la multiplication, il est possible de calculer avec ces idéaux en suivant exactement les mêmes règles que celles pour les fonctions rationnelles. En particulier, il en résulte le théorème selon lequel chaque idéal est décomposable de manière unique en facteurs qui ne peuvent pas eux-mêmes être décomposés plus avant et qui seront donc nommés idéaux premiers. Ces idéaux premiers correspondent aux facteurs linéaires dans la théorie des polynômes. Sur la base de ces idéaux premiers, on arrive à une définition parfaitement précise et générale du « point d'une surface de Riemann, » c'est-à-dire un système parfaitement déterminé de valeurs numériques qui peuvent être données sans contradiction par les fonctions du corps.

Une définition formelle du quotient différentiel, fondée sur la même base, conduit à la notion de genre et à une présentation élégante et entièrement générale de la différentielle de première espèce. À cela s'ajoutent la preuve du théorème de Riemann-Roch sur le nombre de constantes arbitraires contenues dans une fonction déterminée par les points où elle devient infinie, ainsi que la théorie des différentielles

---

fonction peut être prise comme « variable indépendante » et puisque la totalité des fonctions reste inchangée, cela ne constitue pas un problème essentiel pour la généralité de l'approche. Dedekind a également expliqué, dans sa correspondance avec Lipschitz, qu'il est parfois nécessaire de faire des « concessions » lorsque cela facilite de manière significative la compréhension et le développement de la théorie.

de seconde et troisième espèce [1]. Jusqu'à ce point, la continuité et la développabilité des fonctions sur lesquelles on mène des recherches n'interviennent en aucune manière. Par exemple, aucune lacune ne se présenterait si l'on souhaitait restreindre le domaine des nombres utilisés aux nombres algébriques. Ainsi, une partie bien délimitée et relativement étendue de la théorie des fonctions algébriques est traitée uniquement par des moyens appartenant à sa propre sphère.

Bien sûr, tous ces résultats peuvent être obtenus de la théorie de Riemann avec un investissement de moyens bien plus limité et comme cas particuliers d'une présentation générale beaucoup plus étendue ; mais il est alors bien connu que fonder cette théorie sur une base rigoureuse offre encore certaines difficultés, et tant qu'il n'aura pas été possible de surmonter complètement ces difficultés, il se pourrait que l'approche que nous avons adoptée, ou au moins une qui y soit apparentée, soit la seule qui puisse conduire réellement avec une rigueur et une généralité suffisantes à ce but pour la théorie des fonctions algébriques. La théorie des idéaux elle-même pourrait ainsi être grandement simplifiée si l'on supposait le concept de surface de Riemann, et en particulier le concept de point de cette dernière, avec les intuitions basées sur la continuité des fonctions algébriques. Dans notre travail, inversement, un long détour est

---

1. Legendre a montré que les intégrales elliptiques, dont l'étude est étroitement liée au développement de la théorie des fonctions algébriques, peuvent toutes se réduire (pour une variable réelle) à trois formes canoniques :

Intégrales de première espèce : $\displaystyle\int \frac{dx}{(1-x^2)(1-k^2x^2)}$

Intégrales de deuxième espèce : $\displaystyle\int \sqrt{\frac{1-k^2x^2}{1-x^2}}\,dx$

Intégrales de troisième espèce : $\displaystyle\int \frac{dx}{(1-nx^2)\sqrt{(1-x^2)(1-k^2x^2)}}$.

Riemann reprend et généralise cette classification en la reformulant en termes de surfaces :
– Les intégrales de première espèce sont les fonctions (multivaluées) qui sont partout finies et continues. Il y en a au plus p (où p désigne le genre). Elles sont le résultat de l'intégration de fonctions qui sont partout holomorphes.
– Les intégrales de deuxième espèce sont les fonctions (multivaluées) qui deviennent infinies en seulement un point de la surface. Elles sont le résultat de l'intégration de fonctions rationnelles sans infinités simples.
– Les intégrales de troisième espèce sont les fonctions (multivaluées) qui ont deux pôles logarithmiques opposés en deux points de la surface. Elles sont le résultat de l'intégration de fonctions avec des infinités simples et des résidus opposés.

fait pour donner un fondement algébrique [1] à la théorie des idéaux et ainsi obtenir une définition du « point d'une surface de Riemann » totalement précise et rigoureuse, laquelle pourra servir de base pour les recherches sur la continuité et toutes les questions qui y sont liées. Ces questions, auxquelles appartiennent également les questions relatives aux intégrales abéliennes et aux modules de périodicité, sont pour l'instant exclues de notre travail. Nous espérons y revenir à une autre occasion.

Königsberg, le 22 octobre 1880.

1. Pour Dedekind et Weber, l'algèbre est (encore) la théorie des équations. Ici, le fondement est algébrique car la théorie des idéaux est fondée dans le concept de corps. Le concept de corps introduit par Dedekind et qui est, pour lui, le nouveau concept fondamental de l'algèbre est intimement lié aux équations. En effet, il explique dans Dedekind (1873), qu'un corps permet d'exprimer certaines propriétés des équations (comme la possibilité que la solution d'une équation puisse être tirée d'autres équations). Une équation correspond alors à un corps, et les propriétés de l'équation correspondent aux propriétés du corps en question. De plus, les relations entre équations correspondent aux relations entre les corps correspondants. Cette idée est présente chez Dedekind dès 1871 et justifie pour lui l'introduction du concept de corps, un concept « immédiatement lié aux principes les plus simples de l'arithmétiques » (puisque défini par des conditions de clôture par les opérations de l'arithmétique). Dedekind va jusqu'à proposer de considérer l'algèbre comme la science des corps, mais cela restreint considérablement ce que recouvre l'algèbre, et ses contemporains ne le suivent pas dans cette voie.

PREMIÈRE PARTIE

§1. *Corps de fonctions algébriques*

Une variable (*Variable*) θ est appelée fonction algébrique d'une variable indépendante (*abhängigen Veränderlichen*) [1] z lorsqu'elle vérifie une équation irréductible

$$(1) \qquad F(\theta, z) = 0$$

F représente ici une expression de la forme

$$F(\theta, z) = a_0\theta^n + a_1\theta^{n-1} + \ldots + a_{n-1}\theta + a_n$$

où les coefficients $a_0, a_1, \ldots, a_n$ sont des polynômes en z sans diviseur commun. L'hypothèse d'irréductibilité pour l'équation (1) implique que θ ne vérifie pas d'équation de degré inférieur en θ et, comme il suit de l'algorithme pour le plus grand commun diviseur, si θ vérifie une seconde équation

$$G(\theta, z) = b_0\theta^m + b_1\theta^{m-1} + \ldots + b_{m-1}\theta + b_m,$$

alors $G(\theta, z)$ est divisible algébriquement par $F(\theta, z)$. On peut alors prouver que $G(\theta, z)$ ne peut pas non plus être de degré inférieur en z à $F(\theta, z)$ et n'est de degré égal que si l'on peut isoler un facteur de

---

1. Les termes « *Variable* » et « *Veränderliche* » sont utilisés indifféremment.

$G(\theta, z)$ indépendant de z. Supposons que les coefficients $b_0, b_1, \ldots, b_m$ soient délivrés de facteurs communs et désignons par

$$H(\theta, z) = c_0 \theta^{m-n} + c_1 \theta^{m-n-1} + \ldots + c_{m-n-1} \theta + c_{m-n}$$

le quotient, dont le dénominateur a été éliminé, de G par F, tel que

$$kG(\theta, z) = H(\theta, z) \cdot F(\theta, z)$$

où k est un polynôme en z. L'identification terme à terme des coefficients donne :

$$kb_0 = a_0 c_0,$$
$$kb_1 = a_0 c_1 + a_1 c_0,$$
$$kb_2 = a_0 c_2 + a_1 c_1 + a_2 c_0,$$
$$\ldots$$

où les $c_0, c_1, \ldots, c_{m-n}$ peuvent également être supposés sans diviseurs communs.

De cela, il suit dans un premier temps, que k doit être une constante et peut être posée égale à 1. En effet, si $a_0, a_1, \ldots, a_{r-1}$ et $c_0, \ldots, c_{s-1}$ sont divisibles par un quelconque facteur linéaire de k, et a_r, c_s ne le sont pas, on obtient de

$$kb_{r+s} = \ldots + a_{r-1} c_{s+1} + a_r c_s + a_{r+1} c_{s-1} + \ldots$$

que $a_r c_s$ doit être divisible par ce même facteur linéaire, ce qui est contradictoire. Il s'ensuit, de plus, que le degré de $G(\theta, z)$ en z est égal à la somme des degrés de F et H en z. En effet, si a_r et c_s sont les premiers parmi les coefficients a et c dont le degré atteint la valeur maximale, alors de l'égalité

$$b_{r+s} = \ldots + a_{r-1} c_{s+1} + a_r c_s + a_{r+1} c_{s-1} + \ldots$$

on conclut que le degré de b_{r+s} est identique à la somme des degrés de a_r et c_s.

Si l'on divise l'équation (1) par a_0, alors on peut encore l'exprimer sous la forme

$$(2) \qquad f(\theta, z) = \theta^n + b_1 \theta^{n-1} + \ldots + b_{n-1} \theta + b_n = 0$$

où les coefficients $b_0, b_1, \ldots, b_m$ peuvent encore être des fonctions rationnelles.

Le système $\Phi(\theta, z)$ de toutes les fonctions rationnelles de θ et z a la propriété que ses individus se reproduisent par les quatre opérations élémentaires de l'arithmétique (addition, soustraction, multiplication, division), et ce système sera par conséquent désigné comme un *corps* Ω

de fonctions algébriques de degré n [1]. Soit, dans un premier temps, $\varphi(\theta)$ un polynôme en θ dont les coefficients sont rationnellement dépendants [2] de z, alors on peut déterminer par division algébrique deux fonctions $q(\theta)$, $r(\theta)$, le degré de la seconde ne dépassant pas $n - 1$, telles que

$$\varphi(\theta) = q(\theta)f(\theta) + r(\theta)$$

ou bien, à cause de (2), $\varphi(\theta) = r(\theta)$.

Si $\varphi(\theta)$ n'est pas divisible par $f(\theta)$, alors ces deux fonctions n'ont aucun diviseur commun, puisque l'on a supposé $f(\theta)$ irréductible. On peut, par conséquent, déterminer par la méthode du plus grand commun diviseur, deux fonctions $\varphi_1(\theta)$ et $f_1(\theta)$ telles que $f(\theta)f_1(\theta) + \varphi(\theta)\varphi_1(\theta) = 1$ et donc, d'après (2)

$$\varphi_1(\theta) = \frac{1}{\varphi(\theta)}.$$

De ces deux remarques, prises avec l'hypothèse de l'irréductibilité de $f(\theta)$, il suit le théorème suivant :

Toute fonction ζ du corps Ω peut s'écrire de manière unique sous la forme

$$\zeta = x_0 + x_1\theta + \ldots + x_{n-1}\theta^{n-1}$$

où les coefficients $x_0, x_1, \ldots, x_{n-1}$ sont des fonctions rationnelles de z. Réciproquement, toute fonction pouvant s'écrire sous cette forme appartient bien entendu au corps Ω.

---

1. Le concept de corps est introduit pour la première fois par Dedekind en 1871, dans le Supplément X aux *Leçons* de Dirichlet, titré « Sur la composition des formes binaires quadratiques ». Le corps est introduit comme un nouveau cadre pour l'étude des entiers algébriques. Dedekind n'étudie pas le concept de corps de manière abstraite, c'est-à-dire qu'il n'étudie pas le concept général de corps abstrait – comme le font E. Noether et Steinitz, par exemple – mais s'intéresse toujours à des corps de nombres ou des corps de fonctions. Ainsi, ce ne sont pas les corps en eux-mêmes qui sont étudiés, mais bien leurs éléments. Rappelons, d'ailleurs, que lorsque Dedekind et Weber discutent de leur théorie, ce ne sont pas d'une théorie des corps de fonctions dont Weber parle, mais d'une théorie des *idéaux* de fonctions. – Dedekind et Weber établissent donc que $\mathbb{C}(z)[\theta]$ est un corps, qui est une extension algébrique finie de $\mathbb{C}(z)$ le corps des fonctions algébriques d'une variable z à coefficients dans $\mathbb{C}$. Une fonction algébrique de Ω doit satisfaire une équation irréductible $F(\theta, z) = 0$ avec des coefficients sans diviseurs communs dans $\mathbb{C}[\theta]$. Le corps engendré par la fonction θ est donc $\mathbb{C}(z)[X]/(F(z,\theta))$.

2. C'est-à-dire que les coefficients de φ sont des fonctions rationnelles de z.

Choisissons parmi les fonctions du corps Ω, n fonctions quelconques

$$\eta_1 = x_0^{(1)} + x_1^{(1)}\theta + \ldots + x_{n-1}^{(1)}\theta^{n-1},$$
$$\eta_2 = x_0^{(2)} + x_1^{(2)}\theta + \ldots + x_{n-1}^{(2)}\theta^{n-1},$$
$$\ldots$$
$$\eta_n = x_0^{(n)} + x_1^{(n)}\theta + \ldots + x_{n-1}^{(n)}\theta^{n-1},$$

et telles que le déterminant

$$\sum \pm x_0^{(1)} x_1^{(2)} \ldots x_{n-1}^{(n)}$$

ne soit pas identiquement nul. Il s'ensuit que toute fonction du corps Ω peut également être représentée sous la forme

$$\zeta = y_1\eta_1 + y_2\eta_2 + \ldots + y_n\eta_n$$

où les coefficients y_i sont des fonctions rationnelles de z. Un tel système de fonctions η_1, η_2, $\ldots$, η_n est appelé une *base du corps* Ω [1].

Afin qu'un système de fonctions η_1, η_2, $\ldots$, η_n forme une base du corps Ω, il est nécessaire et suffisant qu'il n'existe pas entre elles de relation de la forme

$$y_1\eta_1 + y_2\eta_2 + \ldots + y_n\eta_n = 0$$

pour laquelle les coefficients $y_1, y_2, \ldots, y_n$ ne soient pas tous simultanément nuls. Par exemple, les fonctions 1, θ, θ^2, $\ldots$, θ^{n-1} forment une base de Ω.

§2. Normes, traces et discriminants

On choisit, pour représenter les fonctions de Ω, une base quelconque η_1, η_2, $\ldots$, η_n. On peut alors, si ζ désigne n'importe quelle fonction de Ω, poser :

(1)
$$\begin{cases} \zeta\eta_1 = y_{1,1}\eta_1 + y_{1,2}\eta_2 + \ldots + y_{1,n}\eta_n, \\ \zeta\eta_2 = y_{2,1}\eta_1 + y_{2,2}\eta_2 + \ldots + y_{2,n}\eta_n \\ \ldots \\ \zeta\eta_n = y_{n,1}\eta_1 + y_{n,2}\eta_2 + \ldots + y_{n,n}\eta_n, \end{cases}$$

---

1. La base définie par Dedekind et Weber, ici, est (seulement) une famille génératrice. En termes modernes, Dedekind et Weber étudient ici le corps Ω en tant qu'espace vectoriel sur $\mathbb{C}(z)$.

où les coefficients $y_{i,i'}$ sont des fonctions rationnelles de z. De là, il découle l'équation :

(2)
$$\begin{vmatrix} y_{1,1} - \zeta & y_{1,2} & \cdots & y_{1,n} \\ y_{2,1} & y_{2,2} - \zeta & \cdots & y_{2,n} \\ \cdots & & & \\ y_{n,1} & y_{n,2} & \cdots & y_{n,n} - \zeta \end{vmatrix} = 0$$

qui, ordonnée par rapport aux puissances de ζ est de la forme [1] :

(3) $\varphi(\zeta) = \zeta^n + b_1 \zeta^{n-1} + \ldots + b_{n-1}\zeta + b_n = 0,$

et qui, comme il s'ensuit sans difficulté du théorème sur la multiplication des déterminants [2], est totalement indépendante du choix de la base que l'on a prise comme référence $\eta_1, \eta_2, \ldots, \eta_n$.

Parmi les coefficients $b_1, b_2, \ldots, b_n$ de la fonction φ, qui sont tous des fonctions rationnelles de z et complètement déterminés par la fonction ζ, deux d'entre eux, qui seront importants dans la suite, doivent être désignés par un nom particulier. La fonction

(4) $(-1)^n b_n = \begin{vmatrix} y_{1,1} & y_{1,2} & \cdots & y_{1,n}, \\ y_{2,1} & y_{2,2} & \cdots & y_{2,n}, \\ \cdots & & & \\ y_{n,1} & y_{n,2} & \cdots & y_{n,n} \end{vmatrix}$

est appelée la norme de la fonction ζ et notée $N(\zeta)$ [3]. Pour cette fonction, on a les théorèmes suivants :

1. La seule fonction dont la norme est identiquement nulle est la fonction « nulle ». En effet, si l'on suppose, dans le système (1) que $N(\zeta) = 0$, alors il suit que l'on peut déterminer un système

---

1. Ce déterminant est aussi appelé « équation caractéristique » de la multiplication par ζ dans Ω.

2. C'est-à-dire $det(A \times B) = det(A) \times det(B)$.

3. L'analogie avec la théorie des nombres a sans doute joué un rôle important dans le développement de cette partie de l'article – dont le contenu est particulièrement utile pour les preuves. En effet, les normes jouent un rôle essentiel dans l'étude des nombres algébriques : la norme d'un nombre algébrique est un nombre rationnel et l'utilisation des normes permet de réduire les problèmes à l'étude des nombres rationnels. C'est une stratégie utilisée par Gauss et Kummer, notamment, et qui était bien connue des auteurs de l'époque. Dans le cas des fonctions algébriques, la norme est une fonction rationnelle et les questions sur des objets algébriques peuvent donc être réduites à des questions sur des objets rationnels. Les discriminants et déterminants étaient des outils courants pour la théorie des formes et se retrouvent dans les travaux, entre autres, de Gauss, Sylvester, Gordan, Kronecker, etc.

y_1, y_2, ..., y_n de fonctions rationnelles de z qui ne se sont pas toutes nulles telles que

$$\zeta(y_1\eta_1 + y_2\eta_2 + \ldots + y_n\eta_n) = 0.$$

Par conséquent, $\zeta = 0$ puisque les η_1, ..., η_n forment une base de Ω.

2. La norme d'une fonction rationnelle de z est la n-ème puissance de cette fonction. En effet, si ζ est rationnelle, l'équation (1) se réduit à l'identité $\zeta\eta_h = \zeta\eta_h$, dont il suit que $N(\zeta) = \zeta^n$.

3. Si ζ' est une deuxième fonction quelconque du corps Ω, alors le système d'équations correspondant au système (1) pour cette fonction est :

$$\zeta'\eta_h = \sum^{i} y'_{h,i}\eta_i.$$

Il s'ensuit :

$$\zeta\zeta'\eta_h = \sum^{i,j} y_{h,i}y'_{i,j}\eta_j,$$

et par le théorème sur la multiplication des déterminants :

$$N(\zeta\zeta') = N(\zeta)N(\zeta').$$

4. Des points 2. et 3., il suit que :

$$N(\zeta)N\left(\frac{1}{\zeta}\right) = 1,$$

donc

$$N\left(\frac{\zeta}{\zeta'}\right) = \frac{N(\zeta)}{N(\zeta')}.$$

5. Enfin, d'après la définition de la fonction φ et les équations (2) et (3), on obtient l'important théorème : Si t est une constante (ou une fonction rationnelle de z) quelconque, alors c'est également le cas de

$$\varphi(t) = N(t - \zeta).$$

La fonction

(5) $$-b_1 = y_{1,1} + y_{2,2} + \ldots + y_{n,n}$$

doit ensuite être appelée *trace de* ζ et on notée $S(\zeta)$ [1].

---

1. La notation S vient de l'allemand *Spur*. L'appellation « *Spur* » (trace) semble être due à Dedekind. La notion de « trace » était plus souvent désignée comme le « coefficient de l'équation caractéristique » – voyez Hawkins (2013). En tant que telle, elle était bien connue et en 1895, Dedekind considère ces notions comme « communes » Dedekind (1895), p. 59. D'après Hawkins, l'expression elle-même n'était pas si commune, et c'est Frobenius qui a contribué à la populariser. Elle également été utilisée par Weber dans son *Algèbre*.

De la définition, il suit immédiatement les théorèmes :

(6) $$S(0) = 0,$$

(7) $$S(1) = n.$$

Si x est une fonction rationnelle de z et de plus $\zeta, \zeta\,'$ deux fonctions de Ω, alors :

(8) $$S(x\zeta) = xS(\zeta),$$

(9) $$S(\zeta + \zeta') = S(\zeta) + S(\zeta').$$

De cette considération, il a résulté que *toute fonction ζ de Ω vérifie une équation du n-ème degré $\varphi(\zeta) = 0$ dont les coefficients sont rationnellement dépendants de z*. Si cette équation est irréductible, les fonctions $1, \zeta, \zeta^2, \ldots, \zeta^{n-1}$ forment une base de Ω. Dans le cas contraire, soit

(10) $$\varphi_1(\zeta) = \zeta^e + b'_0\zeta^{e-1} + \ldots + b'_{e-1}\zeta + b'_e = 0$$

l'équation de plus petit degré à coefficients rationnels en z vérifiée par la fonction ζ. Par conséquent, $\varphi_1 = 0$ est irréductible, et $e < n$. Étant donné néanmoins que $\varphi(\zeta)$ est nulle, elle doit donc être algébriquement divisible par $\varphi_1(\zeta)$ et il suit, comme dans le §1, que toute fonction rationnelle η de z et ζ est représentable sous la forme

$$\eta = x_0 + x_1\zeta + \ldots + x_{e-1}\zeta^{e-1}$$

où les coefficients $x_0, x_1 \ldots, x_{e-1}$ sont rationnellement dépendants de z *. Maintenant, si l'équation du plus petit degré à coefficients rationnellement dépendants de z et ζ vérifiée par θ est

$$\theta^f + \eta_1\theta^{f-1} + \ldots + \eta_{f-1}\theta + \eta_f = 0,$$

alors, il n'existe aucune équation linéaire à coefficients rationnellement indépendants de z entre les ef fonctions

(11) $$\zeta^h\theta^k \qquad (h = 0, \ldots, e-1\,;\, k = 0, \ldots, f-1).$$

---

* De l'équation $\varphi_1(\zeta) = 0$ naît (*entspringen aus*) un corps de fonctions algébriques Ω_1 de degré e, dont les fonctions sont toutes également contenues dans Ω et qui doit être défini comme un diviseur de Ω.
[C'est la première introduction de la reformulation, très utilisée par Dedekind, des relations d'inclusions en termes de divisibilité. Ici, pour deux corps Ω, Ω_1, si $\Omega_1 \subset \Omega$, alors Ω_1 est un diviseur Ω. La relation inclusion / divisibilité est inversée, lorsqu'elle est définie pour les modules, groupes et idéaux. (NDT)]

En revanche, toute fonction de Ω peut être représentée *linéairement* par ces fonctions avec des coefficients rationnellement dépendants de z . Ainsi, il s'ensuit que ces fonctions forment une base de Ω et par conséquent

$$ef = n.$$

Donc e est un diviseur de n.

Employons la base (11) pour la construction (*Aufstellung*) de la norme N de ζ. On voit alors facilement, d'après l'équation (10), que

$$N(\zeta) = ((-1)^e b'_e)^f = (-1)^n b'^f_e.$$

De plus, puisque pour une constante t quelconque, la fonction $\zeta - t$ vérifie une équation du même degré que celle que vérifie ζ, il découle le théorème :

La fonction $\varphi(t)$ *(3) est soit irréductible, soit une puissance entière d'une fonction irréductible.*

Si $\eta_1, \eta_2, \ldots, \eta_n$ est un système arbitraire de n fonctions de Ω, dont il est sans importance qu'il forme ou ne forme pas une base, alors on introduit une fonction rationnelle de z qui appartient à ce système et que l'on désigne comme leur discriminant $\Delta(\eta_1, \ldots, \eta_n)$ et que l'on définit de la manière suivante :

$$(12) \quad \Delta(\eta_1, \ldots, \eta_n) = \begin{vmatrix} S(\eta_1,\eta_1) & S(\eta_1,\eta_2) & \ldots & S(\eta_1,\eta_n) \\ S(\eta_2,\eta_1) & S(\eta_2,\eta_2) & \ldots & S(\eta_2,\eta_n) \\ \ldots \\ S(\eta_n,\eta_1) & S(\eta_n,\eta_2) & \ldots & S(\eta_n,\eta_n) \end{vmatrix}.$$

Le discriminant n'est pas identiquement nul si et seulement si les fonctions $\eta_1, \ldots, \eta_n$ *forment une base de* Ω [1].

---

1. La notion de discriminant est importante dans les travaux de théorie des nombres de Dedekind, et introduite dès 1871. En 1877, la définition est similaire. Le discriminant est, donc, un déterminant particulier qui permet de vérifier si un système de nombres (ou de fonctions) forme une base du corps. Des résultats similaires à ceux que l'on trouve dans *Fonctions algébriques* sont donnés en théorie des nombres. Soulignons toutefois que, dans la théorie des nombres, le discriminant est défini en utilisant la notion de corps conjugués qui n'apparaît pas ici.

Afin de prouver la première partie de cette affirmation, on suppose $\Delta(\eta_1, \ldots, \eta_n) = 0$. Sous cette hypothèse, on peut déterminer $y_1, \ldots, y_n$ un système de fonctions rationnelles de z qui ne sont pas toutes identiquement nulles, tel que pour $k = 1, \ldots, n$

$$
\begin{aligned}
&y_1 S(\eta_1, \eta_k) + y_2 S(\eta_2, \eta_k) + \ldots + y_n S(\eta_n, \eta_k) \\
&= S(\eta_k(y_1\eta_1 + y_2\eta_2 + \ldots + y_n\eta_n)) \\
&= 0
\end{aligned}
$$

Choisissons alors totalement arbitrairement $x_1, \ldots, x_n$ un système de fonctions rationnelles de z, et posons

$$
\begin{aligned}
y_1\eta_1 + y_2\eta_2 + \ldots + y_n\eta_n &= \eta, \\
x_1\eta_1 + x_2\eta_2 + \ldots + x_n\eta_n &= \zeta,
\end{aligned}
$$

alors

$$S(\zeta\eta) = 0.$$

Mais si les fonctions $\eta_1, \ldots, \eta_n$ forment une base de Ω, alors ζ peut être toute fonction au choix de Ω et, puisque η n'est pas nulle, elle peut par exemple être $\frac{1}{\eta}$. Mais dans ce cas, la dernière équation n'est sûrement pas satisfaite et, sous cette hypothèse, il n'est pas possible que le discriminant $\eta_1, \ldots, \eta_n$ soit identiquement nul.

Conservons l'hypothèse que les $\eta_1, \ldots, \eta_n$ forment une base de Ω et posons

$$\eta_k' = x_{1,k}\eta_1 + \ldots + x_{n,k}\eta_n \quad (k = 1, \ldots, n),$$

alors les fonctions $\eta_1', \ldots, \eta_n'$ forment ou ne forment pas une base de Ω selon que le déterminant des fonctions rationnelles $x_{h,k}$ de z

$$X = \sum \pm x_{1,1} x_{2,2} \ldots x_{n,n}$$

est ou n'est pas différent de 0, et l'on a maintenant

$$S(\eta_h'\eta_k') = \sum_{1,n}^{i,i'} x_{i,h} x_{i',k} S(\eta_i\eta_{i'}).$$

D'après le théorème de multiplication des déterminants, il en découle le théorème fondamental sur le discriminant :

(13) $$\Delta(\eta_1', \ldots, \eta_n') = X^2 \Delta(\eta_1, \ldots, \eta_n)$$

dont il suit la validité de la seconde partie de l'affirmation précédente, c'est-à-dire que le discriminant d'un système de fonctions est toujours identiquement nul lorsque ce système ne forme pas une base de Ω.

§3. Le système des fonctions entières de z dans le corps Ω

Définition. Une fonction ω du corps Ω doit être appelée fonction *entière* de z si dans l'équation de moindre degré qu'elle vérifie d'après le §2,

(1) $\varphi(\omega) = \omega^e + b_1\omega^{e-1} + \ldots + b_{e-1}\omega + b_e = 0$

les coefficients $b_1, b_2, \ldots, b_n$ sont des *polynômes* de z. Dans le cas contraire, on l'appelle fonction *fractionnaire*.

La collection (*Inbegriff*) de toutes les fonctions entières de z dans Ω doit être notée $\mathfrak{o}$ [1]. Puisque d'après le §2, $N(t - \omega)$ est une puissance entière de $\varphi(t)$. Il s'ensuit que pour une fonction entière ω l'ensemble des coefficients de $N(t - \omega)$ sont également des fonctions entières de z, et l'on a en particulier :

1. La norme et la trace d'une fonction entière sont des polynômes en z.

De la définition des fonctions entières, il découle de plus :

2. Une fonction rationnelle de z appartient au système $\mathfrak{o}$ si et seulement si elle est un polynôme en z.

3. Toute fonction η dans Ω peut être transformée, par multiplication par un polynôme en z différent du polynôme nul, en une fonction du système $\mathfrak{o}$. En effet, d'après §2, η satisfait une équation de plus bas degré de la forme

$$b_0\eta^e + \ldots + b_{e-1}\eta + b_e = 0$$

dont les coefficients sont des polynômes en z. Par la substitution $b_0\eta = \omega$, cette équation se transforme en une équation de la forme (1) pour ω.

4. Une fonction ω du corps Ω vérifiant n'importe quelle équation de la forme

$$\psi(\omega) = \omega^m + c_1\omega^{m-1} + \ldots + c_{m-1}\omega + c_m = 0$$

où les coefficients $c_1, \ldots, c_m$ sont des polynômes en z, est une *fonction entière*. En effet, si

$$\varphi(\omega) = \omega^e + b_1\omega^{e-1} + \ldots + b_{e-1}\omega + b_e = 0$$

est l'équation de plus bas degré vérifiée par ω, alors $\psi(\omega)$ doit être algébriquement divisible par $\varphi(\omega)$:

$$\psi(\omega) = \varphi(\omega)\chi(\omega)$$

---

1. Il s'agit donc de la clôture intégrale de Ω.

ce qui, il est facile de le montrer, a pour conséquence que les coefficients de $\varphi(\omega)$ et de $\chi(\omega)$ sont également des polynômes en z (Gauss, *Disq. Ar.*, art. 42)[1]. De cela, il suit le théorème clef sur les fonctions entières :

5. *La somme, la différence et le produit de deux fonctions entières est à nouveau une fonction entière*[2].

En effet, si ω', ω'' sont deux fonctions entières de Ω qui vérifient respectivement les équations

$$\omega'^{n'} + b_1'\omega'^{n'-1} + \ldots + b_{n'-1}'\omega' + b_{n'}' = 0$$
$$\omega''^{n''} + b_1''\omega''^{n''-1} + \ldots + b_{n''-1}''\omega'' + b_{n''}'' = 0$$

alors, si l'on entend par $\omega_1, \omega_2, \ldots, \omega_m$ les $m = n'n''$ produits

$$\omega'^{h'}\omega''^{h''} \qquad (h' = 0, \ldots, n'-1\,; h'' = 0, \ldots, n''-1)$$

et par ω l'une des trois fonctions $\omega' \pm \omega''$, $\omega'\omega''$, on peut poser

$$\omega\omega_1 = x_{1,1}\omega_1 + \ldots + x_{1,m}\omega_m$$
$$\ldots$$
$$\omega\omega_m = x_{m,1}\omega_1 + \ldots + x_{m,m}\omega_m$$

où les $x_{h,h'}$ sont des polynômes en z. De là, on obtient

$$\begin{vmatrix} x_{1,1} - \omega & x_{1,2} & \ldots & x_{1,n} \\ x_{2,1} & x_{2,2} - \omega & \ldots & x_{2,n} \\ \ldots & & & \\ x_{n,1} & x_{n,2} & \ldots & x_{n,n} - \omega \end{vmatrix} = 0,$$

1. Il s'agit du « lemme de Gauss » : « Si les coefficients a, b, c, etc., n ; a', b', c', etc., n' de deux fonctions

$$(P) \qquad x^m + ax^{m-1} + \ldots + n$$
$$(Q) \qquad dx^{m'} + a'x^{m'-1} + \ldots + n'$$

sont tous rationnels mais non pas tous entiers, et que le produit soit $x^{m+m'} + Ax^{m+m'-1} + \ldots + N$, alors les coefficients $A, B, \ldots, N$ ne peuvent pas tous être entiers » Gauss (1801), p. 26-27. Gauss démontre le lemme pour des polynômes dont les coefficients sont des *nombres* rationnels. Le lemme est toujours valide pour des polynômes dont les coefficients sont des *fonctions* rationnelles, ce qui était déjà bien connu.

2. Dedekind et Weber n'introduisent pas de notion d'anneau et travaillent seulement avec la clôture intégrale (qu'ils notent o). La notion d'anneau est présente chez Dedekind, sous le nom d'ordre (*Ordnung*) mais n'a pas le même statut et le même rôle que les anneaux dans l'algèbre structurale moderne. Comme les corps, les ordres de Dedekind servent essentiellement de cadre à la théorie. Ils sont introduits en théorie des nombres car ils permettent de prouver l'équivalence entre la définition ensembliste de la divisibilité des idéaux et sa définition 'arithmétique' (si $\mathfrak{b}$ est divisible par $\mathfrak{a}$, alors il existe un idéal $\mathfrak{c}$ tel que $\mathfrak{ac} = \mathfrak{b}$). Cette propriété n'est toutefois pas difficile à prouver pour les fonctions algébriques, et il n'est alors pas nécessaire d'introduire la notion d'ordre.

donc une équation pour ω dont les coefficients sont des polynômes en z.
Il en découle comme corollaire, que tout polynôme de fonctions de $\mathfrak{o}$ est lui-même une fonction du système $\mathfrak{o}$.

6. Une fonction entière ω est dite divisible [1] par une autre fonction entière ω' s'il existe une troisième fonction ω'' vérifiant la condition

$$\omega = \omega'\omega''.$$

De cette définition, il suit immédiatement :
Si ω est divisible par ω' et ω' est divisible par ω'', alors ω est divisible par ω''.
Si ω' et ω'' sont divisibles par ω, alors c'est également le cas de $\omega' \pm \omega''$, et plus généralement si ω_1, ω_2, ... sont divisibles par ω et ω_1', ω_2', ... des fonctions quelconques dans $\mathfrak{o}$, alors $\omega_1'\omega_1 + \omega_2'\omega_2 + \ldots$ est aussi divisible par ω.

7. Si les fonctions η_1, ..., η_n forment une base de Ω, alors on peut déterminer, d'après 3., n polynômes en z non nuls a_1, ..., a_n tels que

$$\omega_1 = a_1\eta_1, \ \omega_2 = a_2\eta_2, \ \ldots, \ \omega_n = a_n\eta_n$$

soient des fonctions entières, qui forment pareillement une base de Ω puisque

$$\Delta(\omega_1, \ldots, \omega_n) = a_1^2 \ldots a_n^2 \Delta(\eta_1, \ldots, \eta_n)$$

est non nul. Il existe donc des bases ω_1, ..., ω_n de Ω composées uniquement de fonctions entières. Le discriminant d'une telle base est lui-même un polynôme en z différent du polynôme nul puisque les $S(\omega_r\omega_s)$ sont des polynômes en z. Toute fonction de la forme

(2) $$\omega = x_1\omega_1 + x_2\omega_2 + \ldots + x_n\omega_n$$

dans laquelle les $x_1, x_2, \ldots, x_n$ sont des polynômes en z, appartient donc au système $\mathfrak{o}$. En revanche, il n'est absolument pas nécessaire que, réciproquement, toute fonction dans $\mathfrak{o}$ soit représentable sous cette forme.

---

1. Ayant défini une nouvelle notion d'entier pour le corps Ω étudié, Dedekind et Weber re-définissent donc les quatre opérations fondamentales de l'arithmétique : addition, soustraction, multiplication et enfin divisibilité.

Supposons donc qu'il existe dans o d'autres fonctions que celles de la forme (2), alors on doit pouvoir choisir une fonction linéaire $z - c$ et des polynômes $x_1, \ldots, x_n$ non tous divisibles par $z - c$ de telle sorte que

$$\frac{x_1\omega_1 + x_2\omega_2 + \ldots + x_n\omega_n}{z - c}$$

soit une fonction entière. Les fonctions $x_1, \ldots, x_n$ peuvent maintenant être réduites à leurs restes constants $c_1, \ldots, c_n$ ne s'annulant pas tous relativement à $z - c$ [1]. On peut alors voir que

$$\omega = \frac{c_1\omega_1 + c_2\omega_2 + \ldots + c_n\omega_n}{z - c}$$

est également une fonction entière. Si c_1 est non nul, alors les n fonctions entières

$$\omega \quad \text{et} \quad \omega_2, \ldots, \omega_n$$

forment aussi une base de Ω. Et en même temps, d'après §2 (13),

$$\Delta(\omega, \ldots, \omega_n) = \frac{c_1^2}{(z - c)^2} \Delta(\omega_1, \ldots, \omega_n)$$

est de degré inférieur à celui de $\Delta(\omega_1, \ldots, \omega_n)$. Puisque maintenant ces deux discriminants sont des polynômes en z, on arrive en fin de compte par l'application répétée de cette procédure, à une base de Ω composée de fonctions entières $\omega_1', \ldots, \omega_n'$ dont le discriminant est d'un degré qui ne peut plus être diminué. Par conséquent cette base a la propriété que *toute fonction ω dans o peut s'écrire sous la forme*

$$\omega = x_1\omega_1' + \ldots + x_n\omega_n'$$

où les coefficients sont des fonctions polynômes en z. Un tel système doit être appelé une base de o.

Soit $\omega_1, \ldots, \omega_n$ une base de o et

$$\omega_i' = x_{i,1}\omega_1 + x_{i,2}\omega_2 + \ldots + x_{i,n}\omega_n \quad (i = 1, \ldots, n)$$

alors le système $\omega_1', \ldots, \omega_n'$ forme pareillement une base de o si et seulement si le déterminant des fonctions polynômes $x_{i,i'}$

$$X = \sum \pm x_{1,1}x_{2,2} \ldots x_{n,n}$$

---

1. Cela signifie qu'il s'agit des restes nuls par rapport à la division par $z - c$.

est une *constante* non nulle. En effet, supposons que ce déterminant possède un facteur linéaire quelconque $z - c$, alors on peut déterminer des constantes $c_1, \ldots, c_n$ ne s'annulant pas toutes de telle façon que les n polynômes en z

$$c_1 x_{1,i} + c_2 x_{2,i} + \ldots + c_n x_{n,i}$$

soient divisibles par $z - c$ (c'est-à-dire s'annulent pour $z = c$). Mais alors

$$\frac{c_1 \omega_1' + c_2 \omega_2' + \ldots + c_n \omega_n'}{z - c}$$

est une fonction entière et par conséquent $\omega_1', \ldots, \omega_n'$ n'est pas une base de $\mathfrak{o}$.

Puisque maintenant on a d'autre part

$$\Delta(\omega', \ldots, \omega_n') = X^2 \Delta(\omega, \ldots, \omega_n),$$

il suit que le discriminant d'une base de $\mathfrak{o}$ est indépendant du choix de la base à constante multiplicative près [1]. On obtient donc un polynôme en z complètement déterminé, si, par division, on rend égal à 1 le coefficient du terme de plus haut degré en z du discriminant d'une base quelconque de $\mathfrak{o}$. *Ce polynôme doit être appelé le discriminant* [2] *du corps Ω ou du système $\mathfrak{o}$ et on le note $\Delta(\Omega)$ ou $\Delta(\mathfrak{o})$.*

1. X est le déterminant de changement de base. On retrouve ici un résultat bien connu sur les discriminants et le changement de base, où les $x_{i,j}$ forment la matrice de passage de la base formée des ω_i à celle formée des ω_i'.
2. En théorie des nombres, Dedekind appelle ce discriminant le « nombre fondamental » (*Grundzahl*) du corps.

§4. *Les modules de fonctions* (Funktionenmoduln)

Nous considérons dans ce qui suit les systèmes de fonctions que nous appelons *modules de fonctions* ou aussi simplement modules [1], et que nous définissons de la manière suivante : *Un système de fonctions (dans Ω) est appelé module si ses fonctions se reproduisent par addition, soustraction et multiplication par une fonction polynôme de z.*

Notons $\alpha_1, \alpha_2, \ldots, \alpha_m$ n'importe quelles m fonctions données et $x_1, x_2, \ldots, x_m$ des polynômes en z arbitraires. Alors l'ensemble des fonctions de la forme

$$\alpha = x_1\alpha_1 + x_2\alpha_2 + \ldots + x_m\alpha_m$$

forment un module. Un tel module doit être appelé *module fini* [2] et noté

$$\mathfrak{a} = [\alpha_1, \alpha_2, \ldots, \alpha_m].$$

Le système de fonctions $\alpha_1, \alpha_2, \ldots, \alpha_m$ s'appelle la base de ce module.

Nous nommons un système de fonctions $\alpha_1, \alpha_2, \ldots, \alpha_m$ *rationnellement irréductible* ou encore les fonctions $\alpha_1, \alpha_2, \ldots, \alpha_m$ sont dites *rationnellement indépendantes* si une équation de la forme

$$x_1\alpha_1 + x_2\alpha_2 + \ldots + x_m\alpha_m = 0$$

pour x_i rationnels, ne peut avoir lieu que si $x_1 = 0$, $x_2 = 0$, $\ldots$, $x_m = 0$ [1]. Un système de fonctions formant une base de Ω est par conséquent toujours rationnellement irréductible et il n'existe pas de système de plus de n fonctions rationnellement indépendantes dans Ω.

---

1. Lorsqu'il introduit les modules dans Dedekind (1876-1877), Dedekind les présente comme une série de « théorèmes très simples, bien qu'ils ne puissent offrir un véritable intérêt que par leurs applications. » La théorie des modules est une théorie dite « auxiliaire » par Dedekind, qui est indépendante, générale (mais présentée « sous la forme spéciale qui répond à [son] but »). Il s'agit donc d'une théorie essentiellement utile. Elle permet ainsi de simplifier l'étude des corps de fonctions algébriques, notamment la théorie des idéaux, et de définir une nouvelle relation de congruences. Les modules définis ici sont des sous-modules de Ω. Mais Dedekind semble considérer les modules comme une simple application de la théorie des groupes, sans considérer les relations structurales entre corps, anneaux, modules, etc. Voyez, par exemple, Dedekind (1876-1877), p. 41. Weber, dans sa propre version de la théorie des fonctions algébriques, n'utilise pas du tout la théorie des modules. Le concept de module est d'ailleurs complètement absent de son *Algèbre*.

2. Les « modules finis » de Dedekind et Weber sont finiment engendrés, mais ne sont pas constitués d'un nombre fini d'éléments (comme le sont nos groupes finis, par exemple). Soulignons, par ailleurs, que les modules de Dedekind ne sont pas définis sur un anneau – puisque le concept n'est pas introduit ici.

Montrons dans un premier temps le théorème :

1. *Tout module fini possède une base rationnellement irréductible.*

La preuve de ce théorème découle immédiatement du lemme suivant :

Soient les fonctions polynômes $y_{1,1}$, $y_{2,1}$, ..., $y_{m,1}$ sans diviseur commun, alors on peut déterminer d'autres fonctions polynômes $y_{1,2}$, $y_{2,2}$, ..., $y_{m,m}$ telles que

$$\sum \pm y_{1,1} y_{2,2} \cdots y_{m,m} = 1 \quad *$$

Si les fonctions α_1, ..., α_m satisfont maintenant une équation

$$\sum_{1,m}^{i} y_{i,1} \alpha_i = 0$$

où les polynômes $y_{i,1}$ peuvent être supposés sans diviseur commun. On pose alors

$$\sum_{1,m}^{i} y_{i,2} \alpha_i = \beta_2$$
$$\cdots$$
$$\sum_{1,m}^{i} y_{i,m} \alpha_i = \beta_m$$

---

* La proposition est vraie et bien connue dans le cas où $m = 2$. Supposons qu'il soit prouvé pour $m - 1$ alors, si δ désigne le plus grand commun diviseur de $y_{1,1}, y_{2,1}, \ldots, y_{m-1,1}$, nous pouvons satisfaire l'équation

$$\begin{vmatrix} y_{1,1} & y_{2,1} & \cdots & y_{m-1,1} \\ y_{1,3} & y_{2,3} & \cdots & y_{m-1,3} \\ \cdots & & & \\ y_{1,m} & y_{2,m} & \cdots & y_{m-1,m} \end{vmatrix} = \delta$$

et si donc on détermine les polynômes x et y de telle manière que

$$x y_{m,1} - y \delta = (-1)^{m-1}$$

alors il suit que

$$\begin{vmatrix} y_{1,1} & y_{2,1} & \cdots & y_{m-1,1} & y_{m,1} \\ \frac{x y_{1,1}}{\delta} & \frac{x y_{2,1}}{\delta} & \cdots & \frac{x y_{m-1,1}}{\delta} & y \\ y_{1,3} & y_{2,3} & \cdots & y_{m-1,3} & 0 \\ \cdots & & & & \\ y_{1,m} & y_{2,m} & \cdots & y_{m-1,m} & 0 \end{vmatrix} = 1.$$

1. Il s'agit donc de l'indépendance linéaire (famille libre), qui est pour Dedekind et Weber, une propriété supplémentaire – et non nécessaire – de la notion de base d'un module, qui est définie seulement par la propriété d'être génératrice.

alors le module $[\alpha_1, \alpha_2, \ldots, \alpha_m]$ est complètement identique au module $[\beta_2, \ldots, \beta_m]$ dont la base comprend une fonction de moins. Si les fonctions β_i ne sont toujours pas rationnellement indépendantes, on peut les réduire encore de la même manière, et arriver finalement, si les fonctions α_i ne sont pas toutes nulles (un cas que nous souhaitons exclure totalement du concept de module), à une base irréductible. Dans la suite, par base nous entendrons toujours une base irréductible.

2. Bien que, d'après ce qui précède, on puisse trouver plusieurs bases différentes pour un seul et même module, le nombre de fonctions contenues dans chacune d'entre elles est toujours le même, puisque dans le cas contraire ce système de fonctions qui contient plus de fonctions ne pourrait être rationnellement irréductible. Si donc $\alpha_1, \alpha_2, \ldots, \alpha_m$ et $\beta_1, \beta_2, \ldots, \beta_m$ sont deux bases irréductibles du même module $\mathfrak{a}$, alors puisque les α_k comme les β_k sont dans $\mathfrak{a}$, on a :

$$\alpha_k = \sum_{1,m}^{i} p_k^{(i)} \beta_i \quad ; \quad \beta_k = \sum_{1,m}^{i} q_i^{(k)} \alpha_i$$

où les coefficients p et q sont des polynômes en z. De cela, il suit, selon que h est différent de k ou pas :

$$\sum_{1,m}^{i} q_i^{(k)} p_i^{(h)} = 0 \text{ ou } 1$$

et par conséquent

$$\sum \pm p_1^{(1)} p_2^{(2)} \ldots p_m^{(m)} . \sum \pm q_1^{(1)} q_2^{(2)} \ldots q_m^{(m)} = 1,$$

et puisque les deux déterminants sont des polynômes de z, ils doivent tous deux être constants.

3. **Définition.** Un module $\mathfrak{a}$ est dit divisible par un module $\mathfrak{b}$, ou $\mathfrak{b}$ un diviseur (*Teiler (Divisor)*) de $\mathfrak{a}$, ou $\mathfrak{a}$ un multiple (*Vielfaches (Multiplum)*) de $\mathfrak{b}$ ($\mathfrak{b}$ est absorbé dans $\mathfrak{a}$ [$\mathfrak{b}$ *geht in* $\mathfrak{a}$ *auf*]), si toute fonction de $\mathfrak{a}$ est également contenue dans $\mathfrak{b}$. $\mathfrak{b}$ est dit diviseur propre (*echt*) de $\mathfrak{a}$ si $\mathfrak{a}$ est divisible par $\mathfrak{b}$ mais n'est pas identique à $\mathfrak{b}$ [*] [1].

* Le concept de divisibilité des modules est contraire à l'intuition, que nous avons tirée des nombres, dans la mesure où le diviseur contient plus de fonctions que le multiple.

1. La définition de la divisibilité pour les modules, ici, est une manière différente d'exprimer une relation d'inclusion comme cela a déjà été suggéré pour les corps. Ici (et contrairement au cas des corps), la relation se traduit en « diviser est contenir ». Si

De cette définition, il suit immédiatement :
Si $\mathfrak{a}$ est divisible par $\mathfrak{b}$ et $\mathfrak{b}$ divisible par $\mathfrak{c}$ alors $\mathfrak{a}$ est divisible par $\mathfrak{c}$.

4. Définition. La collection $\mathfrak{m}$ de toutes les fonctions appartenant à la fois au module $\mathfrak{a}$ et au module $\mathfrak{b}$, si elle ne comprend pas uniquement la fonction nulle, forme un module (d'après la définition générale) que l'on appelle le *plus petit commun multiple* [1] *de* $\mathfrak{a}$ *et* $\mathfrak{b}$, parce que tout module qui est un multiple à la fois de $\mathfrak{a}$ et de $\mathfrak{b}$ est également un multiple de $\mathfrak{m}$. Le plus petit commun multiple d'un nombre quelconque de modules $\mathfrak{a}$, $\mathfrak{b}$, $\mathfrak{c}$, ..., est par conséquent la collection de toutes les fonctions qui sont contenues à la fois dans $\mathfrak{a}$, dans $\mathfrak{b}$, dans $\mathfrak{c}$, etc. On peut former ce plus petit commun multiple si on le souhaite, dans la mesure où il est toujours possible de remplacer à sa guise tous deux modules de $\mathfrak{a}$, $\mathfrak{b}$, $\mathfrak{c}$, ..., par leur plus petit commun multiple [2].

5. Définition. Si α est une fonction quelconque dans $\mathfrak{a}$, β une fonction quelconque dans $\mathfrak{b}$, alors la collection de toutes les fonctions de la forme $\alpha + \beta$ forme un module $\mathfrak{d}$ que l'on appelle le *plus grand commun diviseur*

la relation de divisibilité peut sembler contre-intuitive, il convient de souligner que cela correspond à l'idée que l'ensemble des multiples de $\mathfrak{a}$ est inclus dans celui des multiples de $\mathfrak{b}$. Une fois cette définition posée, Dedekind et Weber étudient la divisibilité des modules en suivant un chemin similaire à l'étude de la divisibilité en arithmétique. De la même manière que les fonctions ne sont pas étudiées « comme si » elles étaient des nombres, pour le transfert des méthodes introduites par Dedekind en théorie des nombres, la définition de nouvelles opérations arithmétiques entre objets qui ne sont pas des nombres, comme la divisibilité entre modules, n'implique pas qu'il faille les considérer « comme des » nombres. En particulier, aucune proposition ou théorème n'est considéré comme évident à cause de sa validité pour les nombres – même les résultats élémentaires comme la transitivité de la division. Soulignons, enfin, que les résultats donnés dans cette section sont, pour la plupart, des résultats qui ont été prouvés pour la théorie des nombres algébriques de Dedekind, où l'on peut les retrouver presque mot pour mot. Cependant, puisque les auteurs ne supposent la théorie des entiers algébriques connue, toutes les preuves sont refaites – et parfois adaptées – pour la théorie des fonctions.

1. Le plus petit commun multiple est donc ici l'intersection $\mathfrak{m}$ des deux (ou plus) modules. Ainsi, tout module $\mathfrak{c}$ qui est multiple de $\mathfrak{a}$ et de $\mathfrak{b}$, c'est-à-dire $\mathfrak{c} \subset \mathfrak{a}$ et $\mathfrak{c} \subset \mathfrak{b}$, est multiple de $\mathfrak{a} \cap \mathfrak{b}$, c'est-à-dire $\mathfrak{c} \subset \mathfrak{a} \cap \mathfrak{b}$. Si l'introduction de la terminologie arithmétique a été présentée par Dedekind, en 1871, comme « facilitant » le travail, celle-ci n'est pas gratuite : il est possible, comme ici, de reconstruire des notions bien connues en justifiant rigoureusement ces nouvelles appellations.

2. Sans surprise, Dedekind et Weber ne donnent aucune indication sur la possibilité d'exhiber ou construire explicitement le plus petit commun multiple d'un nombre quelconque de modules (ni même de deux modules).

de $\mathfrak{a}$ *et* $\mathfrak{b}$. Si $\mathfrak{a}$ et $\mathfrak{b}$ sont des modules finis, celui-ci est lui-même un tel module. En effet, si

$$\mathfrak{a} = [\alpha_1, \alpha_2, \ldots, \alpha_r] \;;\; \mathfrak{b} = [\beta_1, \beta_2, \ldots, \beta_s]$$

alors

$$\mathfrak{d} = [\alpha_1, \alpha_2, \ldots, \alpha_r, \beta_1, \beta_2, \ldots, \beta_s].$$

D'après la définition de la divisibilité, $\mathfrak{d}$ est un diviseur de $\mathfrak{a}$ et de $\mathfrak{b}$. Réciproquement, si $\mathfrak{d}'$ est un diviseur de $\mathfrak{a}$ et $\mathfrak{b}$, alors les fonctions α comme les fonctions β et par conséquent les fonctions $\alpha + \beta$ sont contenues dans $\mathfrak{d}'$. Donc $\mathfrak{d}$ est divisible par $\mathfrak{d}'$ [1].

La définition du plus grand commun diviseur d'un nombre quelconque de modules découle d'elle-même de cela.

6. **Définition.** Si $\mathfrak{a}$ est un module, α toute fonction de $\mathfrak{a}$, et μ une fonction quelconque de Ω, alors on entend par le produit $\mu\mathfrak{a}$ ou $\mathfrak{a}\mu$ la collection de toutes les fonctions $\mu\alpha$, qui est à nouveau un module. Si

$$\mathfrak{a} = [\alpha_1, \alpha_2, \ldots, \alpha_r]$$

est un module fini, alors

$$\mu\mathfrak{a} = [\mu\alpha_1, \mu\,\alpha_2, \ldots, \mu\,\alpha_r]$$

est toujours un module fini. Pour μ non nul, si $\mu\mathfrak{a} = \mu\mathfrak{b}$ alors $\mathfrak{a} = \mathfrak{b}$.

7. **Définition.** Si $\mathfrak{a}$ et $\mathfrak{b}$ sont deux modules, et si α, β toutes les fonctions de $\mathfrak{a}$, resp. de $\mathfrak{b}$, alors on entend par le produit

$$\mathfrak{a}\mathfrak{b} = \mathfrak{b}\mathfrak{a} = \mathfrak{c}$$

la collection de tous les produits d'une fonction α par une fonction β et de toutes les sommes de tels produits, donc de toutes les fonctions qui peuvent être notées

$$\gamma = \sum \alpha\beta.$$

Ce système de fonctions forme toujours un module. Et de fait, c'est un module fini si $\mathfrak{a}$ et $\mathfrak{b}$ sont finis. En effet, si $\mathfrak{a}$ et $\mathfrak{b}$ sont définis comme dans 5., alors les rs fonctions $\alpha_i\beta_x$ forment une base de $\mathfrak{c}$, quoiqu'encore réductible.

---

1. Une justification similaire à celle donnée pour le plus petit commun multiple peut être donnée ici.

Le produit d'un nombre quelconque de modules $\mathfrak{a}$, $\mathfrak{b}$, $\mathfrak{c}$, ..., s'explique sans mal et la propriété fondamentale de la multiplication sur la commutativité (*Vertauschbarkeit*) des facteurs est valable. Si les termes [1] isolés au nombre de m d'un tel produit sont identiques entre eux et $= \mathfrak{a}$, alors ce produit est noté $\mathfrak{a}^m$ et on a

$$\mathfrak{a}^{m+m'} = \mathfrak{a}^m \mathfrak{a}^{m'}.$$

En règle générale, le produit $\mathfrak{a}\mathfrak{b}$ n'est pas divisible par $\mathfrak{a}$. En revanche, on a le théorème suivant, dont la preuve suit immédiatement de la définition :
Si $\mathfrak{a}$ *est divisible par* $\mathfrak{a}_1$, $\mathfrak{b}$ *divisible par* $\mathfrak{b}_1$ *alors* $\mathfrak{a}\mathfrak{b}$ *est divisible par* [2] $\mathfrak{a}_1 \mathfrak{b}_1$.

8. Définition. Par le quotient $\frac{\mathfrak{b}}{\mathfrak{a}}$ de deux modules $\mathfrak{a}$ et $\mathfrak{b}$, on doit entendre la collection de toutes les fonctions γ qui ont la propriété que $\gamma \mathfrak{a}$ est divisible par $\mathfrak{b}$. Ce quotient, s'il ne comporte pas la seule fonction nulle, est un module $\mathfrak{c}$, ce qui suit immédiatement de la définition. Le produit $\frac{\mathfrak{b}}{\mathfrak{a}} \mathfrak{a}$ est toujours divisible par $\mathfrak{b}$ même s'il n'est pas toujours identique à $\mathfrak{b}$.

§5. Congruences

Deux fonctions α et β sont dites *congruentes* par rapport au module $\mathfrak{a}$

$$\alpha \equiv \beta \pmod{\mathfrak{a}}$$

si la différence $\alpha - \beta$ des deux fonctions est contenue dans le module $\mathfrak{a}$ [3].

---

1. Le texte original indique « *Funktionen* », mais il s'agit vraisemblablement d'une erreur. Stillwell (2012) donne la même traduction.
2. Ce type de proposition peut se prouver de la manière suivante : on a $\mathfrak{a} \subset \mathfrak{a}_1$ et $\mathfrak{b} \subset \mathfrak{b}_1$. D'après la définition, $\mathfrak{a}\mathfrak{b} = \{\gamma, \gamma = \sum \alpha\beta, \alpha \in \mathfrak{a}, \beta \in \mathfrak{b}\}$ et $\mathfrak{a}_1 \mathfrak{b}_1 = \{\gamma_1, \gamma_1 = \sum \alpha_1 \beta_1, \alpha_1 \in \mathfrak{a}_1, \beta_1 \in \mathfrak{b}_1\}$. Or l'ensemble des $\alpha \in \mathfrak{a}$ (resp. $\beta \in \mathfrak{b}$) est contenu dans $\mathfrak{a}_1$ (resp. $\mathfrak{b}_1$). Par conséquent, $\mathfrak{a}\mathfrak{b}$ est contenu dans $\mathfrak{a}_1 \mathfrak{b}_1$, donc $\mathfrak{a}_1 \mathfrak{b}_1$ divise $\mathfrak{a}\mathfrak{b}$.
3. La possibilité de définir une relation de congruence pour les modules est l'une des raisons de l'importance des modules dans la théorie de Dedekind et Weber. C'est également, vraisemblablement, de là qu'ils tirent leur nom. Les paragraphes qui suivent montrent bien que la nouvelle congruence, définie au niveau « supérieur » des modules, vérifie les propriétés habituelles comme elles ont été établies par Gauss dans ses *Disquisitiones Arithmeticae* : transitivité, multiplication par une troisième fonction, addition et soustraction des congruences, etc. D'autres notions définies pour les fonctions (et auparavant pour les nombres) sont aussi introduites pour les modules : indépendance linéaire, norme, etc. C'est ce qui va permettre, dans la suite de l'article, de faire de même pour les idéaux et montrer la correspondance entre les questions de divisibilité des fonctions et des idéaux, et de pouvoir se contenter d'étudier les propriétés des idéaux.

De cette définition, suivent immédiatement les propositions suivantes :
1. Si $\alpha \equiv \beta \pmod{\mathfrak{a}}$ et $\beta \equiv \gamma \pmod{\mathfrak{a}}$, alors $\alpha \equiv \gamma \pmod{\mathfrak{a}}$.
2. Si $\mathfrak{d}$ est un diviseur quelconque de $\mathfrak{a}$, alors de $\alpha \equiv \beta \pmod{\mathfrak{a}}$, il suit que l'on a aussi $\alpha \equiv \beta \pmod{\mathfrak{d}}$.
3. Si $\alpha \equiv \beta \pmod{\mathfrak{a}}$ et μ est une fonction quelconque de Ω, alors $\mu\alpha \equiv \mu\beta \pmod{\mu\mathfrak{a}}$ et réciproquement, la seconde congruence implique la première si μ est non nulle.
4. Si $\alpha \equiv \beta \pmod{\mathfrak{a}}$ et $\alpha_1 \equiv \beta_1 \pmod{\mathfrak{a}}$, alors $\alpha \pm \alpha_1 \equiv \beta \pm \beta_1 \pmod{\mathfrak{a}}$.

Si $\lambda_1, \ldots, \lambda_m$ sont des fonctions données au choix de Ω, et $c_1, \ldots, c_m$ des constantes arbitraires, alors la collection de toutes les fonctions de la forme

$$c_1\lambda_1 + \ldots + c_m\lambda_m$$

est appelée une *famille* [1] et notée $(\lambda_1, \ldots, \lambda_m)$. Le système de fonctions $\lambda_1, \ldots, \lambda_m$ est appelé la *base* de cette famille. On dit que les fonctions $\lambda_1, \ldots, \lambda_m$ sont *linéairement indépendantes,* ou que leur système est *linéairement irréductible*, si l'on ne peut avoir une équation (identité) de la forme

$$c_1\lambda_1 + \ldots + c_m\lambda_m = 0$$

que lorsque les coefficients constants $c_1, \ldots, c_m$ sont tous nuls.

On a ici la validité du théorème : *toute famille possède une base linéairement irréductible.* En effet, soit $c_1\lambda_1 + \ldots + c_m\lambda_m = 0$ et c_1 non nul, alors la famille $(\lambda_1, \ldots, \lambda_m)$ est identique à la famille $(\lambda_2, \ldots, \lambda_m)$ dont la base contient une fonction de moins. Si celle-ci n'est toujours pas linéairement irréductible, on poursuit le raisonnement de la même manière. Ici encore dans ce qui suit, lorsque l'on dira simplement base, on doit comprendre une base irréductible. Le nombre de fonctions que contient une base irréductible d'une famille est toujours le même et est appelé *dimension* de la famille. Si la dimension est m, on

---

1. Dedekind et Weber utilisent le mot *Schaar*. Le dictionnaire de Felix Müller (1900) traduit « *Schaar* » par « système » ou « faisceau » (par exemple pour les faisceaux de droites comme chez Steiner). Le terme « *Schaar* » apparaît également comme « famille » (pour les familles de courbes ou de coniques, par exemple). Nous avons choisi d'utiliser le terme « famille » afin d'éviter d'une part la redondance du terme « système », et d'autre part une confusion avec une possible interprétation géométrique du terme « faisceau ». Dans sa traduction anglaise, Stillwell, traduit « *Schaar* » par « espace vectoriel », un terme qui est, comme le reconnaît Stillwell, anachronique. Nous avons choisi de rester aussi fidèle au texte et au vocabulaire du XIXe siècle que possible.

appelle également la famille un m-uplet (m-fache). N'importe quelles m fonctions d'une telle famille forment une base irréductible si et seulement si elles sont linéairement indépendantes.

Les fonctions $\lambda_1, \ldots, \lambda_m$ sont dites *linéairement indépendantes par rapport au module* $\mathfrak{a}$ si une congruence de la forme

$$c_1\lambda_1 + \ldots + c_m\lambda_m \equiv 0 \,(\text{mod } \mathfrak{a})$$

n'est pas possible autrement que pour des coefficients constants $c_1, c_2, \ldots, c_m$ tous nuls. Deux sommes de la forme $\sum c_i\lambda_i$ avec des coefficients c à valeurs différentes, ne sont donc jamais congrues par rapport au module $\mathfrak{a}$.

Soient maintenant $\mathfrak{a}$ et $\mathfrak{b}$ deux modules. Nous supposerons d'abord qu'il existe dans $\mathfrak{b}$ seulement un nombre fini de fonctions $\lambda_1, \ldots, \lambda_m$ qui sont linéairement indépendantes par rapport à $\mathfrak{a}$. Chaque fonction β dans $\mathfrak{b}$ vérifie alors une et une seule congruence à coefficients $c_1, c_2, \ldots, c_m$ constants de la forme

$$\beta \equiv c_1\lambda_1 + \ldots + c_m\lambda_m \,(\text{mod } \mathfrak{a}).$$

La famille $(\lambda_1, \ldots, \lambda_m)$ est alors appelée *système complet de résidus du module* $\mathfrak{b}$ *par rapport au module* $\mathfrak{a}$ et les $\lambda_1, \ldots, \lambda_m$ sont nommés une base de ce système [1]. On peut alors poser comme notation symbolique

$$\mathfrak{b} \equiv (\lambda_1, \ldots, \lambda_m) \,(\text{mod } \mathfrak{a}).$$

Si l'on choisit dans $\mathfrak{b}$ n'importe quel système de m fonctions $\lambda'_1, \ldots, \lambda'_m$, alors les congruences :

$$\lambda'_h \equiv \sum^i k_{h,i}\lambda_i \,(\text{mod } \mathfrak{a})$$

avec $k_{h,i}$ constantes sont valides. Ce système forme une base d'un système complet de résidus de $\mathfrak{b}$ par rapport à $\mathfrak{a}$ si et seulement si le déterminant

$$\sum \pm k_{1,1}k_{2,2}\ldots k_{m,m}$$

est non nul.

---

1. En théorie des nombres, on dit qu'un système $X = \{x_1, \ldots, x_m\}$ est un système complet de résidus modulo m si pour les x_i (pour $i = 1, \ldots, m$), X contient un et un seul élément de chaque classe d'équivalence modulo m. Il s'agit donc bien, ici, d'avoir une et une seule classe d'équivalence dans $\mathfrak{b}$ modulo $\mathfrak{a}$.

§6. Norme d'un module par rapport à un autre

Si $(\lambda_1, \ldots, \lambda_m)$ est un quelconque système complet de résidus d'un module $\mathfrak{b}$ par rapport à un autre module $\mathfrak{a}$, alors, puisque $z\mathfrak{b}$ est divisible par $\mathfrak{b}$, il en suit un système complètement déterminé de m^2 constantes $c_{h,k}$ et qui satisfont les congruences suivantes :

$$\left.\begin{array}{l} z\lambda_1 \equiv c_{1,1}\lambda_1 + c_{2,1}\lambda_2 + \ldots + c_{m,1}\lambda_m \\ z\lambda_2 \equiv c_{1,2}\lambda_1 + c_{2,2}\lambda_2 + \ldots + c_{m,2}\lambda_m \\ \ldots \\ z\lambda_m \equiv c_{1,m}\lambda_1 + c_{2,m}\lambda_2 + \ldots + c_{m,m}\lambda_m \end{array}\right\} \pmod{\mathfrak{a}}.$$

En résolvant ce système, on reconnaît que chaque fonction λ_i, et par conséquent chaque fonction β du module $\mathfrak{b}$, est transformée en une fonction du module $\mathfrak{a}$ par la multiplication par le polynôme de degré m en z :

$$(\mathfrak{b}, \mathfrak{a}) = (-1)^n \begin{vmatrix} c_{1,1} - z & c_{2,1} & \ldots & c_{m,1} \\ c_{1,2} & c_{2,2} - z & \ldots & c_{m,2} \\ \ldots \\ c_{1,m} & c_{2,m} & \ldots & c_{m,m} - z \end{vmatrix}.$$

Cette fonction $(\mathfrak{b}, \mathfrak{a})$ est indépendante du choix de la base $\lambda_1, \ldots, \lambda_m$, comme il suit facilement du théorème de multiplication des déterminants. Elle ne dépend donc que des deux modules $\mathfrak{a}$ et $\mathfrak{b}$ et doit être nommée la *norme de $\mathfrak{a}$ relativement à $\mathfrak{b}$ (die Norm von $\mathfrak{a}$ in bezug auf $\mathfrak{b}$)* [1].

Si chaque fonction de $\mathfrak{b}$ est pareillement contenue dans $\mathfrak{a}$, i.e $\mathfrak{a}$ divise $\mathfrak{b}$, alors on pose $m = 0$ et $(\mathfrak{b}, \mathfrak{a}) = 1$. Si, en revanche, $\mathfrak{b}$ ne contient pas, comme nous l'avons précédemment supposé, un nombre fini de fonction linéairement indépendantes selon $\mathfrak{a}$, alors on fixe $(\mathfrak{b}, \mathfrak{a}) = 0$.

---

1. Ici encore, l'approche choisie est très similaire à celle de Dedekind en théorie des nombres. Dans sa théorie des entiers algébriques de 1876/77, Dedekind définit une notion similaire de système complet de résidus par rapport à un module, et définit $(\mathfrak{b}, \mathfrak{a})$ comme « le nombre de ces nombres β_r [dans $\mathfrak{b}$ et incongrus à $\mathfrak{a}$] ou des classes [modulo $\mathfrak{a}$] qu'ils représentent, lorsqu'il est fini » (s'il y a un nombre infini de classe, on pose $(\mathfrak{b}, \mathfrak{a}) = 0$). Dedekind n'appelle toutefois pas ce nombre la norme du module $\mathfrak{a}$ relativement à $\mathfrak{b}$, mais la définition de la norme d'un idéal repose bien sur cette notion, comme pour les idéaux de fonctions. En théorie des fonctions, la norme d'un module par rapport à un autre module doit être une fonction (et non pas un nombre) dépendant seulement de ces deux modules. Pour définir cette norme relative, Dedekind et Weber associent un déterminant au système de classes de congruences de $\mathfrak{b}$ modulo $\mathfrak{a}$ et travaillent avec le polynôme caractéristique de la multiplication par z sur $\mathfrak{b}/\mathfrak{a}$. Tout le travail sur les modules et leur norme permet de donner les outils pour la plupart des preuves des sections suivantes.

1. Si $\mathfrak{m}$ est le plus petit commun multiple et $\mathfrak{d}$ le plus grand commun diviseur des modules $\mathfrak{a}$ et $\mathfrak{b}$, alors chaque congruence entre fonctions du module $\mathfrak{d}$ par rapport à $\mathfrak{a}$ est complètement équivalente à la congruence des mêmes fonctions par rapport à $\mathfrak{m}$.

D'autre part, chaque fonction de $\mathfrak{b}$ est congrue à une fonction de $\mathfrak{d}$ et réciproquement chaque fonction de $\mathfrak{d}$ est congrue à une fonction de $\mathfrak{b}$ par rapport à $\mathfrak{a}$.

De ces considérations suit immédiatement l'importante proposition, qui reste vraie pour $(\mathfrak{b}, \mathfrak{a}) = 0$:

$$(\mathfrak{b}, \mathfrak{a}) = (\mathfrak{b}, \mathfrak{m}) = (\mathfrak{d}, \mathfrak{a}).$$

2. *Si $\mathfrak{a}$ est un module divisible par un module $\mathfrak{b}$, lui-même divisible par un troisième module $\mathfrak{c}$, alors*

$$(\mathfrak{c}, \mathfrak{a}) = (\mathfrak{c}, \mathfrak{b})(\mathfrak{b}, \mathfrak{a})^{\,1}.$$

Cette proposition est évidemment juste si l'une des deux normes $(\mathfrak{c}, \mathfrak{b})$, $(\mathfrak{b}, \mathfrak{a})$ est nulle. Si ce n'est pas le cas et que

$$\mathfrak{c} \equiv (\varrho_1, \varrho_2, \ldots, \varrho_r) \pmod{\mathfrak{b}},$$
$$\mathfrak{b} \equiv (\lambda_1, \lambda_2, \ldots, \lambda_s) \pmod{\mathfrak{a}},$$

alors les fonctions ϱ_1, ϱ_2, $\ldots$, ϱ_r et λ_1, λ_2, $\ldots$, λ_s prises ensemble sont linéairement indépendantes par rapport au module $\mathfrak{a}$. En effet, si l'on a

$$\sum^i c_i \varrho_i + \sum^i c'_i \lambda_i \equiv 0 \pmod{\mathfrak{b}}$$

alors, il suit que puisque $\mathfrak{a}$ est divisible par $\mathfrak{b}$ et que les fonctions λ_i sont dans $\mathfrak{b}$, on a

$$\sum^i c_i \varrho_i \equiv 0 \pmod{\mathfrak{b}} \quad \text{par conséquent } c_i = 0,$$
$$\sum^i c'_i \lambda_i \equiv 0 \pmod{\mathfrak{a}} \quad \text{par conséquent } c'_i = 0.$$

De plus, puisque chaque fonction γ dans $\mathfrak{c}$ vérifie une congruence de la forme

$$\gamma \equiv \sum^i c_i \varrho_i + \sum^i c'_i \lambda_i \pmod{\mathfrak{a}},$$

---

1. Puisque la norme relative est définie à partir d'un déterminant, c'est la multiplicativité des déterminants qui permet d'avoir la multiplicativité de la norme.

la $(r + s)$-uple famille $(\varrho_1, \varrho_2, \ldots, \varrho_r, \lambda_1, \lambda_2, \ldots, \lambda_s)$ est un système complet de résidus de $\mathfrak{c}$ modulo $\mathfrak{a}$ ou

$$\mathfrak{c} \equiv (\varrho_1, \varrho_2, \ldots, \varrho_r, \lambda_1, \lambda_2, \ldots, \lambda_s) \;(\text{mod } \mathfrak{a}).$$

D'où, si l'on a

$$z\varrho_1 = e_{1,1}\varrho_1 + \ldots + e_{r,1}\varrho_r + \beta_1,$$
$$\ldots$$
$$z\varrho_r = e_{1,r}\varrho_1 + \ldots + e_{r,r}\varrho_r + \beta_r$$

où les $e_{i,j}$ sont des constantes et les β_j des fonctions de $\mathfrak{b}$, alors

$$(\mathfrak{c}, \mathfrak{b}) = (-1)^r \begin{vmatrix} e_{1,1} - z & \ldots & e_{r,1} \\ \ldots & \ldots & \ldots \\ e_{1,r} & \ldots & e_{r,r} - z \end{vmatrix},$$

et de plus

$$\left.\begin{array}{l} \beta_1 \equiv h_{1,1}\lambda_1 + \ldots + h_{s,1}\lambda_s \\ \ldots \\ \beta_r \equiv h_{1,r}\lambda_1 + \ldots + h_{s,r}\lambda_s \\ z\lambda_1 \equiv c_{1,1}\lambda_1 + \ldots + c_{s,1}\lambda_s \\ \ldots \\ z\lambda_s \equiv c_{1,s}\lambda_1 + \ldots + c_{s,s}\lambda_s \end{array}\right\} \;(\text{mod } \mathfrak{a})$$

où les coefficients $h_{i,j}$ et $c_{i,j}$ sont des constantes, on a donc

$$(\mathfrak{b}, \mathfrak{a}) = (-1)^s \begin{vmatrix} c_{1,1} - z & \ldots & c_{s,1} \\ \ldots & & \\ c_{1,s} & \ldots & c_{s,s} - z \end{vmatrix}.$$

Il suit

$$\left.\begin{array}{l} z\varrho_1 \equiv e_{1,1}\varrho_1 + \ldots + e_{r,1}\varrho_r + h_{1,1}\lambda_1 + \ldots + h_{s,1}\lambda_s \\ \ldots \\ z\varrho_r \equiv e_{1,r}\varrho_1 + \ldots + e_{r,r}\varrho_r + h_{1,r}\lambda_1 + \ldots + h_{s,r}\lambda_s \\ z\lambda_1 \equiv \qquad\qquad\qquad c_{1,1}\lambda_1 + \ldots + c_{s,1}\lambda_s \\ \ldots \\ z\lambda_s \equiv \qquad\qquad\qquad c_{1,s}\lambda_1 + \ldots + c_{s,s}\lambda_s \end{array}\right\} \pmod{\mathfrak{a}},$$

et on obtient donc

$$(\mathfrak{c},\mathfrak{a}) = (-1)^{r+s} \begin{vmatrix} e_{1,1}-z & \ldots & e_{r,1} & h_{1,1} & \ldots & h_{s,1} \\ \ldots & & & & & \\ e_{1,r} & \ldots & e_{r,r}-z & h_{1,r} & \ldots & h_{s,r} \\ 0 & \ldots & 0 & c_{1,1}-z & \ldots & c_{s,1} \\ \ldots & & & & & \\ 0 & \ldots & 0 & c_{1,s} & \ldots & c_{s,s}-z \end{vmatrix}$$

$$= (\mathfrak{c},\mathfrak{b})(\mathfrak{b},\mathfrak{a}).$$

3. Si les fonctions de base $\beta_1, \ldots, \beta_s$ d'un module fini $\mathfrak{b} = [\beta_1, \ldots, \beta_s]$ peuvent être transformées en fonctions d'un module $\mathfrak{a}$, par la multiplication par des polynômes en z non nuls, alors la norme de $\mathfrak{a}$ par rapport à $\mathfrak{b}$, $(\mathfrak{b},\mathfrak{a})$ est non nulle. Pareillement, le plus petit commun multiple de $\mathfrak{a}$ et $\mathfrak{b}$ est un module fini $\mathfrak{m}$ pour lequel on peut considérer une base irréductible de la forme

$$\begin{aligned} \mu_1 &= a_{1,1}\beta_1 \\ \mu_2 &= a_{1,2}\beta_1 + a_{2,2}\beta_2 \\ \ldots \\ \mu_s &= a_{1,s}\beta_1 + a_{2,s}\beta_2 + \ldots + a_{s,s}\beta_s \end{aligned}$$

où les coefficients $a_{i,j}$ sont des fonctions polynômes en z, et ce tels que

$$(\mathfrak{b},\mathfrak{a}) = a_{1,1}a_{2,2}\ldots a_{s,s}.$$

Pour montrer cet important théorème, on considère $\mathfrak{a}_1$ le plus grand commun diviseur de $\mathfrak{a}$ et $[\beta_1]$, $\mathfrak{a}_2$ le plus grand commun diviseur de $\mathfrak{a}$ et $[\beta_2]$, et ainsi de suite, de telle manière que $\mathfrak{a}_r$ est la collection de toutes les fonctions de la forme

$$\alpha_r = \alpha + y_1\beta_1 + \ldots + y_r\beta_r$$

où α est une fonction dans $\mathfrak{a}$ et $y_1, \ldots, y_r$ des polynômes en z. Alors $\mathfrak{a}_s$ est le plus grand commun diviseur de $\mathfrak{a}$ et $\mathfrak{b}$. En effet, puisque chaque module $\mathfrak{a}_r$ est divisible par le suivant $\mathfrak{a}_{r+1}$, on déduit de 1. et 2. que

$$(\mathfrak{b},\mathfrak{a}) = (\mathfrak{a}_s,\mathfrak{a}) = (\mathfrak{a}_s,\mathfrak{a}_{s-1})(\mathfrak{a}_{s-1},\mathfrak{a}_{s-2})\ldots(\mathfrak{a}_1,\mathfrak{a}),$$

ce qui est également valable pour déterminer $(\mathfrak{a}_r, \mathfrak{a}_{r-1})$.

On a

$$\alpha_r \equiv \alpha_{r-1} + y_r \beta_r \equiv y_r \beta_r \ (\text{mod } \mathfrak{a}_{r-1}),$$

et par hypothèse, il existe x_r un polynôme en z non nul pour lequel

$$x_r \beta_r \equiv 0 \ (\text{mod } \mathfrak{a}),$$

et donc

$$x_r \beta_r \equiv 0 \ (\text{mod } \mathfrak{a}_{r-1}).$$

Maintenant si $a_{r,r}$ est, parmi toutes les fonctions x_r satisfaisant les dernières congruences, le polynôme du plus bas degré possible m_r que l'on suppose également tel que le coefficient du terme de plus haut degré en z soit 1, alors toutes les autres fonctions x_r qui satisfont cette congruence sont divisibles par $\alpha_{r,r}$. En effet, pour un polynôme quelconque q, on a

$$(x_r - q a_{r,r}) \beta_{r,r} \equiv 0 \ (\text{mod } \mathfrak{a}_{r-1}),$$

et si x_r n'est pas divisible par $a_{r,r}$, on peut choisir q tel que $x_r - q a_{r,r}$ soit de degré inférieur à $a_{r,r}$, ce qui contredit l'hypothèse.

Posons alors

$$y_r = q a_{r,r} + b_{r,r},$$

et déterminons q tel que le degré de $b_{r,r}$ soit plus petit que m_r, il suit

$$\alpha_r \equiv b_{r,r} \beta_r \ (\text{mod } \mathfrak{a}_{r-1}),$$

et donc

$$\mathfrak{a}_r \equiv (\beta_r, z\beta_r, \ldots, z^{m_r-1}\beta_r) \ (\text{mod } \mathfrak{a}_{r-1}).$$

Si l'on pose pour le moment

$$a_{r,r} = c_0 + c_1 z + \ldots + c_{m_r-1} z^{m_r-1} + z^{m_r}$$

$$\lambda_k = z^{k-1} \beta_r,$$

il suit

$$z\lambda_1 = \lambda_2, \ z\lambda_2 = \lambda_3, \ \ldots$$

$$z\lambda_{m_r} \equiv -c_0 \lambda_1 - c_1 \lambda_2 - \ldots - c_{m_r-1} \lambda_{m_r} \ (\text{mod } \mathfrak{a}_{r-1}),$$

donc

$$(\mathfrak{a}_r, \mathfrak{a}_{r-1}) = (-1)^{m_r} \begin{vmatrix} -z & 1 & 0 & \ldots & 0 \\ 0 & -z & 1 & \ldots & 0 \\ \ldots & & & & \\ 0 & 0 & 0 & \ldots & 1 \\ -c_0 & -c_1 & -c_2 & \ldots & -c_{m_r-1} - z \end{vmatrix} = a_{r,r}.$$

De cela il suit, comme dans 2., que le système de fonctions

$$\begin{aligned} &\beta_1, \; z\, \beta_1, \; \ldots, \; z^{m_1-1}\beta_1, \\ &\beta_2, \; z\, \beta_2, \; \ldots, \; z^{m_2-1}\beta_2, \\ &\ldots \\ &\beta_s, \; z\, \beta_s, \; \ldots, \; z^{m_s-1}\beta_s \end{aligned}$$

forme une base d'un système complet de résidus de $\mathfrak{b}$ par rapport à $\mathfrak{a}$ et que

$$(\mathfrak{b}, \mathfrak{a}) = a_{1,1}a_{2,2}\ldots a_{s,s}$$

est de degré

$$m = m_1 + m_2 + \ldots + m_s.$$

Puisqu'alors $a_{r,r}\beta_r \equiv 0 \,(\mathrm{mod}\; \mathfrak{a}_{r-1})$, on peut déterminer une fonction μ_r dans $\mathfrak{a}$ et un polynôme $a_{k,r}$ tels que

$$\mu_r = a_{1,r}\beta_1 + a_{2,r}\beta_2 + \ldots + a_{r,r}\beta_r.$$

Les fonctions déterminées de cette manière

$$\begin{aligned} \mu_1 &= a_{1,1}\beta_1, \\ \mu_2 &= a_{1,2}\beta_1 + a_{2,2}\beta_2, \\ &\ldots \\ \mu_s &= a_{1,s}\beta_1 + a_{2,s}\beta_2 + \ldots + a_{s,s}\beta_s \end{aligned}$$

sont rationnellement indépendantes, puisqu'aucune des fonctions $a_{1,1}, \ldots, a_{s,s}$ ne s'annule, et sont toutes comprises à la fois dans $\mathfrak{a}$ et dans $\mathfrak{b}$ et donc également dans le plus petit commun multiple $\mathfrak{m}$ de ces deux modules. Il reste à montrer que ces fonctions forment une base de $\mathfrak{m}$.

Soit $\mathfrak{m}_r$ le plus petit commun multiple de $\mathfrak{a}$ et $[\beta_1, \ldots, \beta_r]$, tel que parmi les modules $\mathfrak{m}_1, \mathfrak{m}_2, \ldots, \mathfrak{m}_s$ chacun soit divisible par tout les suivants et par $\mathfrak{m}$ et

$$\nu_r = z_1\beta_1 + \ldots + z_r\beta_r$$

une fonction de $\mathfrak{m}_r$. On a de plus

$$z_r\beta_r \equiv 0 \,(\mathrm{mod}\; \mathfrak{a}_{r-1})$$

donc

$$z_r = x_r a_{r,r}$$

où x_r est un polynôme. En conséquence, on a

$$\nu_r - x_r\mu_r \equiv 0 \,(\text{mod } \mathfrak{m}_{r-1})$$
$$\nu_1 - x_1\mu_1 = 0$$

dont il suit

$$\mathfrak{m}_r = [\mu_1, \mu_2, \ldots, \mu_r],$$
$$\mathfrak{m} = [\mu_1, \mu_2, \ldots, \mu_s].$$

CQFD.

D'après cela, une base irréductible de $\mathfrak{m}$ contient exactement autant de fonctions qu'une base irréductible de $\mathfrak{b}$. Si l'on choisit une base $\mu'_1, \ldots, \mu'_s$ à la place de la base $\mu_1, \ldots, \mu_s$, on peut écrire les $\mu'_1, \mu'_2, \ldots, \mu'_s$ sous la forme

$$\mu'_k = a'_{1,k}\beta_1 + a'_{2,k}\beta_3 + \ldots + a'_{s,k}\beta_s$$

où les coefficients $a'_{i,k}$ sont des polynômes et, d'après §4, 2., on a

$$(\mathfrak{b}, \mathfrak{a}) = \text{cste.} \sum \pm a'_{1,1} \ldots a'_{s,s}.$$

4. Supposons en particulier que $\mathfrak{a}$ soit lui aussi un module fini qui admet une base finie composée d'autant de fonctions que celle de $\mathfrak{b}$, et que l'on a de plus $\mathfrak{a}$ divisible par $\mathfrak{b}$. Alors pour

$$\mathfrak{a} = [\alpha_1, \ldots, \alpha_s],$$

on peut déterminer des polynômes $b_{i,k}$ en z tels que

$$\alpha_k = b_{1,k}\beta_1 + b_{2,k}\beta_2 + \ldots + b_{s,k}\beta_s$$

L'hypothèse de 3., selon laquelle les fonctions β_i peuvent être transformées en fonctions du module $\mathfrak{a}$ par multiplication par des polynômes en z, est remplie, comme on peut le voir par la résolution de ce système d'équations. De plus, ici $\mathfrak{a}$ est lui-même le plus petit commun multiple de $\mathfrak{a}$ et $\mathfrak{b}$, par conséquent on a

$$(\mathfrak{b}, \mathfrak{a}) = \text{cste.} \sum \pm b_{1,1} \ldots b_{s,s}.$$

5. Si $\mathfrak{m}$ est le plus petit commun multiple de deux modules $\mathfrak{a}$ et $\mathfrak{b}$ et ν une fonction quelconque de Ω, alors $\nu\mathfrak{m}$ est le plus petit commun multiple de $\nu\mathfrak{a}$ et $\nu\mathfrak{b}$, comme il suit sans difficulté de la définition.

Si $(\mathfrak{b}, \mathfrak{a}) = 0$, alors $(\nu\mathfrak{b}, \nu\mathfrak{a}) = 0$. Si $(\mathfrak{b}, \mathfrak{a})$ et ν sont non nuls, alors si l'on remplace les fonctions de base μ_i, β_i de $\mathfrak{m}$ et $\mathfrak{b}$ dans 3. par $\nu\mu_i$, $\nu\beta_i$, il en découle

$$(\nu\mathfrak{b}, \nu\mathfrak{a}) = (\mathfrak{b}, \mathfrak{a}).$$

§7. Les idéaux dans o

Un système a de fonctions entières de z du corps Ω est appelé un *idéal* si les deux conditions suivantes sont vérifiées :

I. La somme et la différence de deux fonctions de a est encore une fonction de a.

II. Le produit d'une fonction de a par une fonction de o (§3) est encore une fonction de a.

Tout idéal est un module, et tous les concepts et notations définis pour les modules peuvent être appliqués aux idéaux [1].

Le module o (le système de toutes les fonctions entières de z) est lui-même un idéal et *tout idéal est divisible par* [2] o. Si μ désigne une fonction quelconque non nulle de o, le module $o\mu$ (le système de toutes les fonctions entières divisibles par μ) est également un idéal. Un tel idéal doit être nommé *idéal principal*. Si ω_1, ω_2, ..., ω_n est une base de o, alors

$$o\mu = [\omega_1\mu, \omega_2\mu, \ldots, \omega_n\mu]$$

et $o\mu$ est le plus petit commun multiple de o et $o\mu$. Par conséquent, d'après le §6, 4. et la définition (4.) du §2, on a :

(1) $$(o, o\mu) = \text{cste}.N(\mu).$$

$(o, o\mu)$ est donc non nulle.

Si a est un idéal quelconque et α une fonction au choix de a, alors d'après II., l'idéal principal $o\alpha$ est divisible par a et par conséquent, d'après §6, 2., on a

(2) $$(o, o\alpha) = (o, a)(a, o\alpha).$$

(o, a) est donc elle aussi non nulle. Puisque a est le plus petit commun multiple de a et o, il existe pour a, d'après §6, 3., une base irréductible composée de n fonctions α_1, ..., α_n, qui forment par conséquent aussi une base du corps Ω.

---

1. Donc la relation de divisibilité entre modules, les notions de PPCM et PGCD sont directement transposées aux idéaux, de même que la nouvelle notion de congruence.

2. En effet, tout idéal est inclus dans o. Le module o va donc jouer le rôle de l'unité dans l'arithmétique des idéaux.

La norme de $\mathfrak{a}$ en fonction de $\mathfrak{o}$, c'est-à-dire le polynôme $(\mathfrak{o}, \mathfrak{a})$ en z, doit être nommée la *norme de l'idéal* $\mathfrak{a}$ et notée $N(\mathfrak{a})$. Le degré de ce polynôme est le *degré de l'idéal*[1] $\mathfrak{a}$.

Si

$$\mathfrak{a} = [\alpha_1, \alpha_2, \ldots, \alpha_n], \quad \mathfrak{o} = [\omega_1, \omega_2, \ldots, \omega_n],$$

et

$$\alpha_1 = a_{1,1}\omega_1 + a_{2,1}\omega_2 + \ldots + a_{n,1}\omega_n,$$
$$\alpha_2 = a_{1,2}\omega_1 + a_{2,2}\omega_2 + \ldots + a_{n,2}\omega_n,$$
$$\ldots$$
$$\alpha_n = a_{1,n}\omega_1 + a_{2,n}\omega_2 + \ldots + a_{n,n}\omega_n$$

où les coefficients $a_{i,j}$ sont des polynômes, de §6, 4., il suit donc :

$$(3) \qquad N(\mathfrak{a}) = \text{cste} \cdot \sum \pm a_{1,1} a_{2,2} \ldots a_{n,n}.$$

Puisque toute fonction de $\mathfrak{o}$ peut être transformée en fonction de $\mathfrak{a}$ en la multipliant par $N(\mathfrak{a})$, c'est également le cas de la fonction « 1 », et $N(\mathfrak{a})$ est donc toujours une fonction de $\mathfrak{a}$.

La norme de l'idéal $\mathfrak{o}$ est égale à 1 et réciproquement, $\mathfrak{o}$ est le seul idéal avec une telle propriété. $\mathfrak{o}$ est également le seul idéal contenant la fonction « 1 » (ou une constante).

Si α est une fonction de $\mathfrak{a}$, il suit de (1), (2), (3) que

$$(4) \qquad N(\alpha) = \text{cste} \cdot N(\mathfrak{a})(\mathfrak{a}, \mathfrak{o}\alpha),$$

c'est-à-dire que la norme de toute fonction contenue dans $\mathfrak{a}$ est divisible par la norme de $\mathfrak{a}$.

Pour les congruences par rapport à un idéal en tant que module, on a la proposition suivante – qui distingue de manière essentielle les idéaux des modules en général.

---

1. En théorie des nombres algébriques, la norme d'un idéal est un entier rationnel : le nombre (toujours fini) d'entiers dans $\mathfrak{o}$ qui ne sont pas congrus modulo $\mathfrak{a}$. Le degré est défini pour un idéal premier $\mathfrak{p}$ en montrant tout d'abord que sa norme est un entier rationnel divisible par $\mathfrak{p}$ et qui, avec les autres entiers rationnels divisibles par $\mathfrak{p}$, forme un module fini $[p]$ avec p le plus petit nombre rationnel > 0 divisible par $\mathfrak{p}$. Ce nombre p est nécessairement indécomposable (sinon, il ne serait pas le plus petit nombre divisible par $\mathfrak{p}$) et $\neq 1$ (sinon $\mathfrak{p} = \mathfrak{o}$). Ensuite, puisque $\mathfrak{o}p$ est divisible par $\mathfrak{p}$, on a $N(\mathfrak{o}p) = p^n$ divisible par $N(\mathfrak{p})$, donc $N(\mathfrak{p})$ est de la forme p^f. Ce f est le degré de l'idéal $\mathfrak{p}$.

Si μ, μ_1, ν, ν_1 sont des fonctions de $\mathfrak{o}$ vérifiant les congruences

$$\mu \equiv \mu_1 \,(\text{mod } \mathfrak{a}), \quad \nu \equiv \nu_1 \,(\text{mod } \mathfrak{a}),$$

alors on a également

$$\mu\nu \equiv \mu_1\nu_1 \,(\text{mod } \mathfrak{a}).$$

§8. Multiplication et division des idéaux

Des deux propriétés fondamentales des idéaux et des définitions du §4, il suit dans un premier temps :

1. Le plus petit commun multiple, le plus grand commun diviseur et le produit de deux idéaux (mais également d'un nombre quelconque) sont eux-mêmes des idéaux. De même, si ν est une fonction de $\mathfrak{o}$ et $\mathfrak{a}$ un idéal, le produit $\mathfrak{a}\nu$ est un idéal.

2. Le produit de plusieurs idéaux est divisible par chacun de ses facteurs et pour tout idéal $\mathfrak{a}$, on a $\mathfrak{a}\mathfrak{o} = \mathfrak{a}$. En effet, d'après I., II., chaque fonction de $\mathfrak{a}\mathfrak{o}$ est également une fonction de $\mathfrak{a}$ et réciproquement, puisque $\mathfrak{o}$ contient la fonction 1, chaque fonction de $\mathfrak{a}$ est également une fonction de $\mathfrak{a}\mathfrak{o}$.

3. Un idéal principal $\mathfrak{o}\mu$ est divisible par un idéal principal $\mathfrak{o}\nu$ si et seulement si la fonction entière μ est divisible par la fonction entière ν.

Ajoutons les définitions suivantes :

4. **Définition.** Une fonction α de $\mathfrak{o}$ doit être dite divisible par l'idéal $\mathfrak{a}$ si l'idéal principal $\mathfrak{o}\alpha$ est divisible par $\mathfrak{a}$ ou bien, ce qui veut dire la même chose, si α est une fonction de $\mathfrak{a}$ [1].

5. **Définition.** Deux idéaux $\mathfrak{a}$ et $\mathfrak{b}$ sont dits *premiers entre eux* lorsque leur plus grand commun diviseur est $\mathfrak{o}$. La condition nécessaire et suffisante pour cela est qu'il existe une fonction α dans $\mathfrak{a}$ et une fonction β dans $\mathfrak{b}$ telles que

$$\alpha + \beta = 1.$$

Autrement dit, il faut et il suffit qu'il existe dans $\mathfrak{a}$ une fonction α vérifiant la congruence $\alpha \equiv 1 \,(\text{mod } \mathfrak{b})$ ou une fonction β dans $\mathfrak{b}$ vérifiant la congruence $\beta \equiv 1 \,(\text{mod } \mathfrak{a})$.

---

1. On a ici une étape essentielle vers l'équivalence entre la divisibilité des fonctions et celle des idéaux, comme c'était le cas entre les nombres et les idéaux (voir p. 25). Cette équivalence va permettre de traiter l'étude des propriétés de divisibilité des idéaux de manière analogue à ce qui est fait pour les fonctions algébriques, que l'on traite elles de manière analogue à ce qui est fait en théorie des nombres. Par la suite, donc, Dedekind et Weber vont pouvoir suivre une approche qui mime l'arithmétique rationnelle et l'on va retrouver, dans cette section et la suivante, beaucoup de résultats familiers.

6. **Définition.** Un idéal $\mathfrak{p}$ différent de $\mathfrak{o}$ est appelé *idéal premier* s'il n'est divisible par aucun autre idéal que $\mathfrak{p}$ et $\mathfrak{o}$.

Sur la base de ces définitions, on obtient les théorèmes suivants sur la divisibilité des idéaux :

7. Si $\mathfrak{a}$ et $\mathfrak{b}$ sont deux idéaux de plus petit commun multiple $\mathfrak{m}$ et de plus grand commun diviseur $\mathfrak{d}$, alors d'après §6, 1., 2., on a :

$$N(\mathfrak{m}) = N(\mathfrak{b})(\mathfrak{b}, \mathfrak{m}) = N(\mathfrak{b})(\mathfrak{b}, \mathfrak{a}),$$
$$N(\mathfrak{a}) = N(\mathfrak{d})(\mathfrak{d}, \mathfrak{a}) = N(\mathfrak{d})(\mathfrak{b}, \mathfrak{a}).$$

En conséquence, $(\mathfrak{b}, \mathfrak{a})$ est non nulle et on a

$$N(\mathfrak{a})N(\mathfrak{b}) = N(\mathfrak{m})N(\mathfrak{d}).$$

8. Si $\mathfrak{a}$ est un idéal divisible par l'idéal $\mathfrak{b}$, alors d'après §6, 2.,

$$N(\mathfrak{a}) = (\mathfrak{b}, \mathfrak{a})N(\mathfrak{b}).$$

Donc $N(\mathfrak{a})$ est divisible par $N(\mathfrak{b})$.

En particulier, si $(\mathfrak{b}, \mathfrak{a}) = 1$, alors $\mathfrak{b}$ est divisible par $\mathfrak{a}$ et l'on a :

9. Si $\mathfrak{a}$ est un idéal divisible par l'idéal $\mathfrak{b}$ et $N(\mathfrak{a}) = N(\mathfrak{b})$, alors $\mathfrak{a} = \mathfrak{b}$, c'est-à-dire que les deux idéaux sont identiques.

10. Si $\mathfrak{a}$ est divisible par $\mathfrak{a}_1$, $\mathfrak{b}$ divisible par $\mathfrak{b}_1$, alors $\mathfrak{a}\mathfrak{b}$ est divisible par $\mathfrak{a}_1\mathfrak{b}_1$ (§4, 7.).

11. Si un idéal $\mathfrak{a}$ est divisible par un idéal principal $\mathfrak{o}\mu$, alors toutes les fonctions de $\mathfrak{a}$ sont de la forme $\beta\mu$ et la collection de toutes les fonctions β est encore un idéal $\mathfrak{b}$ tel que nous pouvons poser

$$\mathfrak{a} = \mu\mathfrak{b}.$$

12. Si μ est une fonction non nulle de $\mathfrak{o}$ et $\mathfrak{a}\mu$ idéal divisible par l'idéal $\mathfrak{b}\mu$, alors $\mathfrak{a}$ est divisible par $\mathfrak{b}$. si l'on a $\mathfrak{a}\mu = \mathfrak{b}\mu$, alors $\mathfrak{a} = \mathfrak{b}$.

13. Le plus petit commun multiple de deux idéaux $\mathfrak{a}$, $\mathfrak{o}\nu$, qui est un idéal principal, est (d'après 11.) de la forme $\mathfrak{r}\nu$ où $\mathfrak{r}$ est un idéal. Par ailleurs, puisque $\mathfrak{a}\nu$ est un diviseur commun de $\mathfrak{a}$ et $\mathfrak{o}\nu$, il est également divisible par $\mathfrak{r}\nu$ et, d'après 12., $\mathfrak{r}$ est un diviseur de $\mathfrak{a}$.

14. Si $\mathfrak{a}$ est un idéal et ν une fonction de $\mathfrak{o}$, alors d'après §6, 2., 5., on a :

$$(\mathfrak{o}, \mathfrak{a}\nu) = (\mathfrak{o}, \mathfrak{o}\nu)(\mathfrak{o}\nu, \mathfrak{a}\nu) = (\mathfrak{o}, \mathfrak{o}\nu)(\mathfrak{o}, \mathfrak{a}).$$

Par conséquent,

$$N(\mathfrak{a}\nu) = \text{cste}.N(\mathfrak{a})N(\nu).$$

Alors, si $\mathfrak{r}\nu$ est le plus petit commun multiple et $\mathfrak{d}$ le plus grand commun diviseur des deux idéaux $\mathfrak{a}$ et $\mathfrak{o}\nu$, il suit de 7. que

$$N(\mathfrak{a}) = N(\mathfrak{r})N(\mathfrak{d}).$$

15. Tout idéal $\mathfrak{a}$ différent de $\mathfrak{o}$ est divisible par un idéal premier $\mathfrak{p}$.

En effet, si $\mathfrak{a}$ est un idéal non premier, il a donc au moins un diviseur propre différent de $\mathfrak{o}$. Soit $\mathfrak{p}$ l'un de ces diviseurs, tel que sa norme soit du plus bas degré possible. Celui-ci ne peut pas avoir de diviseur propre $\mathfrak{p}'$ différent de $\mathfrak{o}$, car alors $\mathfrak{p}'$ serait également un diviseur de $\mathfrak{a}$ dont la norme $N(\mathfrak{p}')$ serait de degré inférieur à $N(\mathfrak{p})$. Cela contredirait donc l'hypothèse sur $\mathfrak{p}$. Par conséquent, $\mathfrak{p}$ est un idéal premier.

16. Si $\mathfrak{a}$ est premier à $\mathfrak{b}$, alors $\mathfrak{ab}$ est le plus petit commun multiple de $\mathfrak{a}$ et $\mathfrak{b}$ et par conséquent, tout idéal divisible par $\mathfrak{a}$ et par $\mathfrak{b}$ est divisible par le produit $\mathfrak{ab}$.

En effet, par hypothèse (et d'après (5.)) il existe respectivement dans $\mathfrak{a}$ et dans $\mathfrak{b}$, deux fonctions α_1 et β_1 telles que

$$\alpha_1 + \beta_1 = 1.$$

Par ailleurs, si $\alpha = \beta$ est une fonction du plus petit commun multiple $\mathfrak{m}$ de $\mathfrak{a}$ et $\mathfrak{b}$, on a alors

$$\alpha = \beta = \alpha_1\beta + \alpha\beta_1$$

qui est donc une fonction de $\mathfrak{ab}$. Par conséquent, $\mathfrak{m}$ est divisible par $\mathfrak{ab}$ et puisque réciproquement (d'après 2.), $\mathfrak{ab}$ est divisible par $\mathfrak{m}$, ces deux idéaux sont identiques. Dans ce cas, il suit de 7. que

$$N(\mathfrak{ab}) = N(\mathfrak{a})N(\mathfrak{b}).$$

17. Si $\mathfrak{a}$ est un idéal quelconque et $\mathfrak{p}$ un idéal premier, alors soit $\mathfrak{a}$ est divisible par $\mathfrak{p}$, soit $\mathfrak{a}$ et $\mathfrak{p}$ sont premiers entre eux. En effet, puisque $\mathfrak{p}$ n'a pas d'autre diviseur que $\mathfrak{p}$ et $\mathfrak{o}$, le plus grand commun diviseur de $\mathfrak{a}$ et $\mathfrak{o}$ ne peut être que $\mathfrak{p}$ ou $\mathfrak{o}$.

18. Si $\mathfrak{a}$ est premier à $\mathfrak{b}$ et à $\mathfrak{c}$, alors $\mathfrak{a}$ est également premier à $\mathfrak{bc}$ [1]. Par hypothèse (d'après 5.), il existe respectivement dans $\mathfrak{b}$ et $\mathfrak{c}$ deux fonctions β et γ vérifiant les congruences

$$\beta \equiv 1 \,(\mathrm{mod}\ \mathfrak{a}), \quad \gamma \equiv 1 \,(\mathrm{mod}\ \mathfrak{a}),$$

ce dont il suit, d'après §7, que

$$\beta\gamma \equiv 1 \,(\mathrm{mod}\ \mathfrak{a}).$$

Puisque $\beta\gamma$ est dans $\mathfrak{bc}$, notre affirmation est prouvée.

---

1. Cette propriété permet, en théorie des nombres rationnels, d'arriver au théorème de factorisation unique. En théorie des nombres algébriques, il existe des étapes supplémentaires, car il est difficile de prouver que si $\mathfrak{p}$ divise $\mathfrak{a}$ alors il existe $\mathfrak{c}$ tel que $\mathfrak{pc} = \mathfrak{a}$. En théorie des fonctions algébriques, cette difficulté disparaît comme on le verra.

De cela, il suit également que dans le cas où le produit $\mathfrak{ab}$ est divisible par un idéal premier, au moins l'un des deux facteurs $\mathfrak{a}$ et $\mathfrak{b}$ doit être divisible par $\mathfrak{p}$. En appliquant cela aux idéaux principaux, on voit que si le produit de deux fonctions entières $\mu\nu$ est dans $\mathfrak{p}$, alors au moins l'un de deux facteurs μ,ν doit être dans $\mathfrak{p}$.

19. Si $\mathfrak{a}$ est premier à $\mathfrak{c}$ et $\mathfrak{ab}$ divisible par $\mathfrak{c}$, alors $\mathfrak{b}$ est divisible par $\mathfrak{c}$. Par hypothèse, il existe dans $\mathfrak{a}$ une fonction vérifiant la congruence

$$\alpha \equiv 1 \,(\mathrm{mod}\ \mathfrak{c}).$$

Alors, si β est une fonction au choix de $\mathfrak{b}$, on a donc

$$\beta \equiv \alpha\beta \,(\mathrm{mod}\ \mathfrak{c}) \text{ et par hypothèse } \equiv 0 \,(\mathrm{mod}\ \mathfrak{c}).$$

Par conséquent, β est inclus dans $\mathfrak{c}$, donc $\mathfrak{b}$ est divisible par $\mathfrak{c}$.

§9. Lois de divisibilité des idéaux

Tous ces théorèmes, qui pour la plupart suivent immédiatement de la définition des idéaux, ne suffisent pas à prouver la complète analogie qui règne entre les lois de divisibilité des idéaux et celle des polynômes. Pour cette preuve, nous nous appuierons sur la proposition suivante :

1. *Si* $\mathfrak{a}$ *est un idéal et* k *un polynôme quelconque en* z, *on peut choisir dans* $\mathfrak{a}$ *une fonction* α *telle que* $(\mathfrak{a}, \mathfrak{o}\alpha)$ *n'ait aucun diviseur commun avec* k *.

En effet, si l'on a

$$\mathfrak{a} = [\alpha_1, \ldots, \alpha_n],$$
$$\mathfrak{o} = [\omega_1, \ldots, \omega_n],$$

et α une fonction au choix dans $\mathfrak{a}$, on peut déterminer les polynômes $x_{i,j}$ tels que

$$\alpha\omega_1 = x_{1,1}\alpha_1 + x_{2,1}\alpha_2 + \ldots + x_{n,1}\alpha_n,$$
$$\alpha\omega_2 = x_{1,2}\alpha_1 + x_{2,2}\alpha_2 + \ldots + x_{n,2}\alpha_n,$$
$$\ldots$$
$$\alpha\omega_n = x_{1,n}\alpha_1 + x_{2,n}\alpha_2 + \ldots + x_{n,n}\alpha_n,$$

---

* La possibilité de prouver cette proposition à cette étape de la théorie distingue de manière essentielle la théorie des fonctions algébriques de celle des nombres algébriques et permet une simplification non négligeable de la première par rapport à la seconde.

[La simplification des propriétés que Dedekind et Weber soulignent mais ne commentent pas, est liée à certaines propriétés spécifiques des polynômes, comme la possibilité de factoriser en facteurs linéaires. Voyez également Geyer (1981), p. 116-117, Stillwell (2012), p. 70. (NDT)] et d'après §6, 4., on a

$$(\mathfrak{a}, \mathfrak{o}\alpha) = \text{cste.} \sum \pm x_{1,1}x_{2,2}\ldots x_{n,n}.$$

Maintenant, si $\sum \pm x_{1,1}x_{2,2}\ldots x_{n,n}$ est divisible par un facteur linéaire $z - c$ de k, on peut donc déterminer une fonction ω qui n'est pas divisible par $z - c$ et une fonction α' dans $\mathfrak{a}$ telles que

$$\alpha\omega = (z - c)\alpha' \; ^*.$$

Posons maintenant, avec t une constante indéterminée,

$$t(z - c) - \omega = \omega',$$

on a alors

$$N(\omega') = t^n(z - c)^n + a_1 t^{n-1}(z - c)^{n-1} + \ldots + a_{n-1}t(z - c) + a_n$$

où les coefficients $a_1, \ldots, a_n$, indépendants de t, sont des polynômes en z. On ne peut pas avoir en même temps $(z - c)$ divise a_1 et $(z - c)^2$ divise $a_2, \ldots$, et $(z - c)^n$ divise a_n, car sinon $\frac{\omega}{z-c}$ serait une fonction entière (§2, 5., §3, 4.,), ce qui est contraire à notre hypothèse. Ainsi, on ne peut pas diviser tous les termes de $N(\omega')$ par $(z - c)^n$. Si $(z - c)^{n-r}$ est la plus haute puissance de $z - c$ qui divise ces termes, alors $r > 0$ et on a, pour des polynômes $b_1, \ldots, b_n$ qui ne s'annulent pas tous pour $z = c$:

$$\frac{N(\omega')}{(z - c)^{n-r}} = t^n(z - c)^r + b_1 t^{n-1} + \ldots + b_{n-1}t + b_n = f(t).$$

Il existe alors seulement un nombre fini de valeurs pour la constante t pour lesquelles $f(t)$ est divisible par $z - c$. Si $z - c'$ est un facteur linéaire de k différent de $z - c$, alors $f(t)$ sera encore divisible par $z - c'$ seulement pour un nombre fini de valeurs de t. Par conséquent, on peut choisir t telle

---

* En effet, si le déterminant $\sum \pm x_{1,1}x_{2,2}\ldots x_{n,n}$ est divisible par $z - c$, c'est-à-dire s'il s'annule pour $z = c$, alors on peut déterminer un système de constantes $c_1, \ldots, c_n$ qui ne s'annulent pas toutes, telles que les polynômes

$$c_1 x_{k,1} + \ldots + c_k x_{k,n} \qquad (k = 1, \ldots, n)$$

s'annulent pour $z = c$ et sont donc divisibles par $z - c$. On pose alors

$$\omega = c_1\omega_1 + \ldots + c_n\omega_n.$$

que $N(\omega')$ ne soit pas divisible par $(z - c)^n$ et ne soit divisible par aucun autre facteur linéaire de k *. Lorsque cela est vérifié, posons

$$t\alpha - \alpha' = \alpha'',$$

qui est également une fonction de $\mathfrak{a}$, alors on a

$$\alpha\omega' = (z - c)\alpha'',$$

et

$$N(\alpha'') = \frac{N(\alpha)N(\omega')}{(z - c)^n}.$$

Et par conséquent, puisque d'après §7, (4) :

$$(\mathfrak{a}, \mathfrak{o}\alpha) = \text{cste.}\frac{N(\alpha)}{N(\mathfrak{a})},$$

on a

$$(\mathfrak{a}, \mathfrak{o}\alpha'') = \text{cste.}\frac{(\mathfrak{a}, \mathfrak{o}\alpha)N(\omega')}{(z - c)^n}.$$

La fonction $(\mathfrak{a}, \mathfrak{o}\alpha'')$ contient donc le facteur $z - c$ au moins une fois de moins que $(\mathfrak{a}, \mathfrak{o}\alpha)$, et elle ne contient aucun facteur linéaire de k plus souvent que $(\mathfrak{a}, \mathfrak{o}\alpha)$. De l'application répétée de ce procédé découle la validité de la proposition énoncée.

2. Tout idéal $\mathfrak{a}$ peut être exprimé comme le plus grand commun diviseur de deux idéaux principaux $\mathfrak{o}\mu$ et $\mathfrak{o}\nu$ et dont l'un peut être un idéal seulement divisible par $\mathfrak{a}$ pris au choix.

Démonstration. Choisissons une quelconque fonction non nulle ν dans $\mathfrak{a}$ et une seconde fonction μ telle que les deux fonctions $(\mathfrak{a}, \mathfrak{o}\nu)$ et $(\mathfrak{a}, \mathfrak{o}\mu)$ n'aient pas de diviseur commun (d'après 1.). Maintenant, si α est une fonction quelconque de $\mathfrak{a}$, alors d'après le §6, $(\mathfrak{a}, \mathfrak{o}\mu)\alpha$ est dans $\mathfrak{o}\mu$ et

---

* Cette conclusion n'est plus valable en théorie des nombres.
[Ici, ce sont à nouveau les propriétés spécifiques de factorisation linéaire des polynômes qui sont responsables de la différence avec la théorie des nombres. (NDT)]

$(\mathfrak{a}, \mathfrak{o}\nu)\alpha$ est dans $\mathfrak{o}\nu$. Donc il existe deux fonctions ω et ω' dans $\mathfrak{o}$ pour lesquelles on a

$$(\mathfrak{a}, \mathfrak{o}\mu)\alpha = \mu\omega, \quad (\mathfrak{a}, \mathfrak{o}\nu)\alpha = \nu\omega'.$$

On choisit alors, ce qui est rendu possible par l'hypothèse sur $(\mathfrak{a}, \mathfrak{o}\nu)$ et $(\mathfrak{a}, \mathfrak{o}\mu)$, deux polynômes g et h vérifiant la condition

$$g(\mathfrak{a}, \mathfrak{o}\mu) + h(\mathfrak{a}, \mathfrak{o}\nu) = 1.$$

Il s'ensuit que

$$\alpha = g\mu\omega + h\nu\omega'.$$

C'est-à-dire que $\mathfrak{a}$ est divisible par le plus grand commun diviseur de $\mathfrak{o}\mu$ et $\mathfrak{o}\nu$. Puisque ce plus grand commun diviseur est lui-même divisible par $\mathfrak{a}$ (car $\mathfrak{o}\mu$ et $\mathfrak{o}\nu$ sont divisibles par $\mathfrak{a}$), alors il est égal à $\mathfrak{a}$. CQFD

3. Tout idéal $\mathfrak{a}$ peut être transformé, par multiplication par un idéal $\mathfrak{m}$, en un idéal principal $\mathfrak{o}\mu = \mathfrak{a}\mathfrak{m}$.

Démonstration. Choisissons (d'après 1.) une fonction μ dans $\mathfrak{a}$ telle que $(\mathfrak{a}, \mathfrak{o}\mu)$ n'ait pas de diviseur commun avec $N(\mathfrak{a})$, et une deuxième fonction ν telle que $(\mathfrak{a}, \mathfrak{o}\nu)$ n'ait pas de diviseur commun avec $(\mathfrak{a}, \mathfrak{o}\mu)$. Alors, d'après 2., $\mathfrak{a}$ est le plus grand commun diviseur de $\mathfrak{o}\mu$ et $\mathfrak{o}\nu$. Le plus petit commun multiple de $\mathfrak{o}\mu$ et $\mathfrak{o}\nu$ est (d'après §8, 13.) de la forme $\mathfrak{m}\nu$ où $\mathfrak{m}$ est un diviseur de $\mathfrak{o}\nu$. D'après §8, 14., on a ensuite

$$N(\mathfrak{m}) = \frac{N(\mathfrak{o}\mu)}{N(\mathfrak{a})} = (\mathfrak{a}, \mathfrak{o}\mu)$$

qui est donc, par hypothèse, sans diviseur commun avec $N(\mathfrak{a})$. On détermine alors g et h deux polynômes en z tels que

$$gN(\mathfrak{m}) + hN(\mathfrak{a}) = 1.$$

Il suit, d'après §8, 5. et puisque $N(\mathfrak{m})$ est dans $\mathfrak{m}$ et $N(\mathfrak{a})$ est dans $\mathfrak{a}$, que $\mathfrak{m}$ et $\mathfrak{a}$ sont premiers entre eux. De cela, on tire

$$N(\mathfrak{m}\mathfrak{a}) = N(\mathfrak{m})N(\mathfrak{a}) = N(\mathfrak{o}\mu).$$

Puisque $\mathfrak{o}\mu$ est divisible par $\mathfrak{a}$ et par $\mathfrak{m}$ et donc par $\mathfrak{m}\mathfrak{a}$ également (§8, 16.), on a, d'après §8, 9. :

$$\mathfrak{m}\mathfrak{a} = \mathfrak{o}\mu,$$

CQFD *.

---

* On peut également choisir l'idéal $\mathfrak{m}$ tel qu'il soit premier à un idéal $\mathfrak{b}$ au choix. Cela est obtenu si l'on suppose que la fonction μ est telle que $(\mathfrak{a}, \mathfrak{o}\mu) = N(\mathfrak{m})$ ne possède pas de diviseur commun avec $N(\mathfrak{a})N(\mathfrak{b})$ (§8, 8.).

4. Si c est un idéal divisible par un idéal $\mathfrak{a}$, alors il existe un et *un seul* idéal $\mathfrak{b}$ vérifiant

$$\mathfrak{a}\mathfrak{b} = c.$$

On appelle cet idéal $\mathfrak{b}$ *le quotient de c par $\mathfrak{a}$* [1].

Si $\mathfrak{a}\mathfrak{b}$ est divisible par $\mathfrak{a}\mathfrak{b}'$, alors $\mathfrak{b}$ est divisible par $\mathfrak{b}'$ et de $\mathfrak{a}\mathfrak{b} = \mathfrak{a}\mathfrak{b}'$ suit $\mathfrak{b} = \mathfrak{b}'$.

Démonstration. Soit c divisible par $\mathfrak{a}$ et, d'après 3., $\mathfrak{a}\mathfrak{m} = \mathfrak{o}\mu$. On a également $c\mathfrak{m}$ divisible par $\mathfrak{a}\mathfrak{m} = \mathfrak{o}\mu$ et par conséquent $c\mathfrak{m} = \mathfrak{b}\mu$ (§8, 10., 11.). Alors, en multipliant la dernière équation par $\mathfrak{a}$, on obtient

$$c\mu = \mathfrak{a}\mathfrak{b}\mu,$$

et, d'après §8, 12.,

$$c = \mathfrak{a}\mathfrak{b}.$$

---

1. Soulignons, tout d'abord, la distinction faite entre la notion de quotient et les questions de divisibilité. Avec la preuve de ce théorème, il devient clair que la notion de divisibilité 'ensembliste' donnée pour les idéaux peut être considérée comme une extension de la notion 'arithmétique' de divisibilité. Cette équivalence entre les deux notions de divisibilité était, dans la théorie des nombres algébriques, une propriété difficile à prouver : Dedekind l'a même présentée comme la difficulté principale de la théorie Dedekind (1876-1877), p. 226. Pour éliminer la difficulté, Dedekind agit directement sur le domaine $\mathfrak{o}$ et en restreint la définition pour considérer un système (à nouveau nommé $\mathfrak{o}$) vérifiant trois propriétés :

(a) le système $\mathfrak{o}$ est un module fini dont la base forme en même temps une base du corps ;

(b) tous les nombres rationnels sont dans $\mathfrak{o}$;

(c) $\mathfrak{o}$ est clos par multiplication. (*Ibid.*, p. 227.)

Un tel système est appelé un « ordre » (*Ordnung*). Un ordre est formellement équivalent à un anneau, mais l'*Ordnung* de Dedekind n'a pas le statut donné aux anneaux aujourd'hui. Il s'agit, ici, seulement d'ajuster le cadre de travail. En travaillant dans un ordre, il est possible soit de développer la théorie des idéaux de l'ordre contenant tous les entiers du corps, soit de développer une théorie générale des idéaux dans n'importe quel ordre. C'est la première solution que choisit Dedekind. En théorie des fonctions algébriques, la propriété est plus facile à prouver – à nouveau, ce sont les propriétés de factorisation des polynômes qui permettent cette simplification. Dedekind et Weber n'ont donc pas besoin d'introduire la notion d'ordre. En fait, il serait contre-productif pour eux d'introduire un équivalent de l'anneau. Notons par ailleurs, que s'ils avaient travaillé dans les anneaux (ou ordres) plutôt que dans la clôture intégrale, ils n'auraient pas réussi à éviter toutes les singularités comme ils le font dans *Fonctions algébriques* – un point dont ils sont très fiers.

116 RICHARD DEDEKIND ET HEINRICH WEBER

La première partie de la proposition est ainsi prouvée *.
Si, de plus, $\mathfrak{ab}$ est divisible par $\mathfrak{ab}'$, alors (§8, 10.), $\mu\mathfrak{b}$ est divisible par $\mu\mathfrak{b}'$ et donc $\mathfrak{b}$ est divisible par $\mathfrak{b}'$.
Si $\mathfrak{ab} = \mathfrak{ab}'$, alors $\mu\mathfrak{b} = \mu\mathfrak{b}'$ et par conséquent $\mathfrak{b} = \mathfrak{b}'$ (§8, 12.).

5. Tout idéal différent de $\mathfrak{o}$ est soit un idéal premier, soit décomposable de manière unique en produit composé exclusivement d'idéaux premiers [1].

Démonstration. Si $\mathfrak{a}$ est un idéal différent de $\mathfrak{o}$, alors il est divisible par un idéal premier $\mathfrak{p}_1$ (§8, 15.) et est donc (d'après 4.) égal à $\mathfrak{p}_1\mathfrak{a}_1$ où $\mathfrak{a}_1$ est un diviseur propre de $\mathfrak{a}$ (puisque de $\mathfrak{a} = \mathfrak{a}_1$, il suivrait, d'après 4., $\mathfrak{p}_1 = \mathfrak{o}$). Alors, le degré de $N(\mathfrak{a}_1)$ est inférieur au degré de $N(\mathfrak{a})$. Si $\mathfrak{a}_1$ est différent de $\mathfrak{o}$, par le même raisonnement on obtient $\mathfrak{a}_1 = \mathfrak{p}_2\mathfrak{a}_2$ où le degré de $N(\mathfrak{a}_2)$ est inférieur à celui de $N(\mathfrak{a}_1)$. En continuant de cette manière, on arrive finalement, après un nombre fini de décompositions, à un idéal $\mathfrak{a}_{r-1} = \mathfrak{p}_r\mathfrak{a}_r$ tel que $N(\mathfrak{a}_r) = 1$ et donc $\mathfrak{a}_r = \mathfrak{o}$. On a donc

$$\mathfrak{a} = \mathfrak{p}_1\mathfrak{p}_2\ldots\mathfrak{p}_r.$$

Supposons qu'il existe une deuxième manière d'écrire cette décomposition, par exemple

$$\mathfrak{p}_1\mathfrak{p}_2\ldots\mathfrak{p}_r = \mathfrak{q}_1\mathfrak{q}_2\ldots\mathfrak{q}_s,$$

alors il doit exister (§8, 18.) au moins un idéal parmi les idéaux premiers $\mathfrak{p}_1, \mathfrak{p}_2, \ldots, \mathfrak{p}_r$ qui soit divisible par $\mathfrak{q}_1$ et est donc égal à $\mathfrak{q}_1$. Supposons que cet idéal soit $\mathfrak{p}_1$, alors on a, d'après 4. :

$$\mathfrak{p}_2\mathfrak{p}_3\ldots\mathfrak{p}_r = \mathfrak{q}_2\mathfrak{q}_3\ldots\mathfrak{q}_s.$$

De la même manière, on obtient $\mathfrak{p}_2 = \mathfrak{q}_2$ et ainsi de suite.

---

* Cette définition du quotient de deux idéaux correspond exactement à celle donnée au §4, 8.
[C'est-à-dire la définition du quotient $\frac{\mathfrak{b}}{\mathfrak{a}}$ de deux modules $\mathfrak{a}$ et $\mathfrak{b}$, qui est « la collection de toutes les fonctions γ qui ont la propriété que $\gamma\mathfrak{a}$ est divisible par $\mathfrak{b}$ ». (NDT)]

1. Dans les premières pages de Dedekind (1876-1877), Dedekind présente cette propriété pour les entiers rationnels comme le fondement de l'arithmétique, venant directement du théorème selon lequel un produit de deux nombres ne peut être divisible par un nombre premier que si celui-ci divise au moins l'un des facteurs. On retrouve ces propriétés pour les idéaux de Ω. Avec l'arithmétique des idéaux et les propriétés des normes, Dedekind et Weber peuvent donner une preuve du théorème de factorisation unique qui suit la même stratégie que celle donnée en arithmétique élémentaire (ce qui était déjà le cas dans la théorie des nombres algébriques de Dedekind).

On rassemble, dans la décomposition ainsi obtenue, les idéaux identiques sous forme de puissance et l'on peut poser

$$\mathfrak{a} = \mathfrak{p}_1^{e_1}\mathfrak{p}_2^{e_2}\ldots\mathfrak{p}_r^{e_r}.$$

N'importe quel diviseur $\mathfrak{a}_1$ de $\mathfrak{a}$ est divisible uniquement par les idéaux premiers $\mathfrak{p}_1$, $\mathfrak{p}_2$, ..., $\mathfrak{p}_r$ et ne peut être divisible par aucun d'eux plus de fois que ne l'est $\mathfrak{a}$. On obtient donc tous les diviseurs de $\mathfrak{a}$, dont le nombre est fini et égal à $(e_1 + 1)(e_2 + 1)\ldots(e_r + 1)$ si dans

$$\mathfrak{p}_1^{h_1}\mathfrak{p}_2^{h_2}\ldots\mathfrak{p}_r^{h_r},$$

on fait parcourir aux exposants h_i la suite des nombres 0, 1, ..., e_i (où $\mathfrak{p}^0$ correspond à l'idéal $\mathfrak{o}$). Si $\mathfrak{a}$ et $\mathfrak{b}$ sont deux idéaux [tels que]

$$\mathfrak{a} = \mathfrak{p}_1^{e_1}\mathfrak{p}_2^{e_2}\ldots\mathfrak{p}_r^{e_r} \; ; \; \mathfrak{b} = \mathfrak{p}_1^{f_1}\mathfrak{p}_2^{f_2}\ldots\mathfrak{p}_r^{f_r}$$

(où les exposants e_i et f_i peuvent être en partie nuls), alors on obtient le plus grand commun diviseur et le plus petit commun multiple de $\mathfrak{a}$ et $\mathfrak{b}$ de la forme

$$\mathfrak{p}_1^{g_1}\mathfrak{p}_2^{g_2}\ldots\mathfrak{p}_r^{g_r},$$

lorsque l'on prend pour les puissances g_1, ..., g_r respectivement les plus petites et les plus grandes valeurs parmi les nombres e_1, f_1 ; ... ; e_r, f_r.

6. Si $\mathfrak{a}$ et $\mathfrak{b}$ sont deux idéaux quelconques, on a toujours [1]

$$N(\mathfrak{a}\mathfrak{b}) = N(\mathfrak{a})N(\mathfrak{b}).$$

Démonstration. Soit, comme en 5., $\mathfrak{a} = \mathfrak{p}_1\mathfrak{a}_1$. Il existe dans $\mathfrak{a}_1$, puisqu'il est un diviseur propre de $\mathfrak{a}$, une fonction η non divisible par $\mathfrak{a}$. Le plus petit commun multiple et le plus grand commun diviseur de $\mathfrak{a}$ et $\mathfrak{o}\eta$ sont respectivement $\mathfrak{p}_1\eta$ et $\mathfrak{a}_1$,ce qui (d'après 5.) suit directement de la décomposition de $\mathfrak{a}$ et $\mathfrak{o}\eta$ en facteurs premiers. Il s'ensuit, d'après §8, 14., que

$$N(\mathfrak{a}) = N(\mathfrak{p}_1)N(\mathfrak{a}_1).$$

En répétant cette conclusion pour $\mathfrak{a}_1$ et les suivants, il découle, si $\mathfrak{a} = \mathfrak{p}_1\mathfrak{p}_2\ldots\mathfrak{p}_r$:

$$N(\mathfrak{a}) = N(\mathfrak{p}_1)N(\mathfrak{p}_2)\ldots N(\mathfrak{p}_r).$$

---

1. La propriété de multiplicativité de la norme n'avait été prouvée que pour $\mathfrak{a}$ et $\mathfrak{b}$ premiers entre eux. Avec le théorème de factorisation unique, elle peut être généralisée à des idéaux quelconques.

Par conséquent,

$$N(\mathfrak{a}\mathfrak{b}) = N(\mathfrak{a})N(\mathfrak{b}).$$

7. Tout idéal premier est un idéal de premier degré (§7). Réciproquement, tout idéal de premier degré est un idéal premier *.

Démonstration. Si $\mathfrak{p}$ est un idéal premier, alors $N(\mathfrak{p})$ est divisible par $\mathfrak{p}$ et donc au moins un des facteurs linéaires de $N(\mathfrak{p})$, disons $z - c$ est divisible par $\mathfrak{p}$ (§8, 18.). Si ω est une quelconque fonction de $\mathfrak{o}$ vérifiant l'équation

$$\omega^n + a_1\omega^{n-1} + \ldots + a_{n-1}\omega + a_n,$$

alors, en réduisant les polynômes $a_1, \ldots, a_n$ à leurs restes constants $a_1^{(0)}, \ldots, a_n^{(0)}$ selon $z - c^1$ et en décomposant la fonction entière

$$\omega^n + a_1^{(0)}\omega_{n-1} + \ldots + a_{n-1}^{(0)}\omega + a_n^{(0)}$$

en ses facteurs linéaires $(\omega - b_1), \ldots, (\omega - b_n)$, on obtient :

$$(\omega - b_1) \ldots (\omega - b_n) = (z - c)\omega' \equiv 0 \,(\mathrm{mod}\ \mathfrak{p}).$$

Au moins un des facteurs $(\omega - b_1), \ldots, (\omega - b_n)$ doit donc être divisible par $\mathfrak{p}$, c'est-à-dire

$$\omega \equiv b \,(\mathrm{mod}\ \mathfrak{p}),$$

où b est une constante. De plus, puisque toute fonction de $\mathfrak{o}$ est congruente modulo $\mathfrak{p}$ à une constante, alors d'après §6, $(\mathfrak{o}, \mathfrak{p}) = N(\mathfrak{p}) = z - c$ est une fonction linéaire de z. Par conséquent, la première partie du théorème est prouvée.

---

* Par cette proposition, la théorie des fonctions algébriques se différencie de manière essentielle de la théorie analogue des nombres algébriques.
[La différence vient de la notion de norme d'un idéal, qui permet de définir le degré d'un idéal. Comme on l'a évoqué dans la note de la page 107, en théorie des nombres algébriques, le degré d'un idéal premier est un entier f tel que $N(\mathfrak{p}) = p^f$, et n'est donc pas nécessairement $= 1$. (NDT)]

1. C'est-à-dire les restes constants par la division par $z - c$, ou encore modulo $z - c$.

Réciproquement, si $\mathfrak{q}$ est un idéal de premier degré et

$$N(\mathfrak{q}) = z - c,$$

alors $\mathfrak{q}$ est divisible par un idéal premier $\mathfrak{p}$ et, puisque $N(\mathfrak{q})$ est divisible par $N(\mathfrak{p})$, on a $N(\mathfrak{p}) = N(\mathfrak{q}) = z - c$, donc (§8, 9.)

$$\mathfrak{p} = \mathfrak{q}.$$

Il suit de cela que le degré d'un idéal est égal au nombre de facteurs premiers en lesquels il se décompose. Et si

$$\mathfrak{o}(z - c) = \mathfrak{p}_1^{e_1} \mathfrak{p}_2^{e_2} \ldots \mathfrak{p}_r^{e_r},$$

alors

$$e_1 + e_2 + \ldots + e_r = n.$$

De plus, il suit également qu'un polynôme en z est divisible par un idéal premier $\mathfrak{p}$ si et seulement si il est divisible par la norme de $\mathfrak{p}$.

§10. Bases complémentaires du corps Ω [1]

1. **Définition.** Si les fonctions α_1, α_2, $\ldots$ α_n forment une base de Ω, et si l'on pose, pour des raisons de brièveté

$$S(\alpha_r \alpha_s) = a_{r,s} = a_{s,r},$$
$$\Delta(\alpha_1, \ldots, \alpha_n) = \sum \pm a_{1,1} a_{2,2} \ldots a_{n,n} = a \qquad (\S2),$$

comme a est non nul, on peut alors trouver un système de fonctions α_1', α_2', $\ldots$, α_n' déterminé totalement par les équations linéaires

(1)
$$\alpha_r = \sum_{i=1}^{n} a_{r,i} \alpha_i',$$

et puisque

$$\Delta(\alpha_1', \ldots, \alpha_n') = \frac{1}{a}$$

---

1. Les notions qui sont introduites dans ce paragraphe sont essentielles pour la définition de la ramification (idéal de ramification au §11, puis ramification de la surface au §16), pour la définition des différentielles, et pour la preuve du théorème de Riemann-Roch à partir du §27. La notion de « module complémentaire », et les polygones complémentaires qui leur correspondent sur la surface de Riemann, notamment, jouent un rôle essentiel dans la preuve du théorème de Riemann-Roch.

n'est pas nul, alors les fonctions $\alpha'_1, \alpha'_2, \ldots, \alpha'_n$ forment elles aussi une base de Ω. Cette base est appelée la *base complémentaire* de $\alpha_1, \alpha_2, \ldots \alpha_n$ [1].

2. Quand les indices r, s parcourent la suite des nombres 1, 2, ..., n, on désigne (r, s) par 1 ou 0 selon que r et s sont égaux ou pas [2]. On a alors

$$(2) \qquad S(\alpha_r \alpha'_s) = (r, s).$$

La résolution de l'équation (1) donne

$$\alpha_s = \sum{}^i a'_{i,s} \alpha_i,$$
$$a'_{r,s} = a'_{s,r} \quad ; \quad \sum{}^i a_{r,i} a'_{s,i} = (r, s),$$

et donc

$$\alpha_r \alpha'_s = \sum{}^i a'_{i,s} \alpha_i \alpha_r \quad ; \quad S(\alpha_r \alpha'_s) = \sum{}^i a'_{i,s} a_{i,r} = (r, s).$$

Réciproquement, si un système de fonctions β_s vérifie la condition $S(\alpha_r \beta_s) = (r, s)$ alors $\beta_s = \alpha'_s$. En effet posons $\beta_s = \sum{}^i b_{i,s} \alpha'_i$, il suit d'après (2) que

$$b_{r,s} = S(\beta_s \alpha_r) = (r, s)$$

Il s'ensuit immédiatement que la relation entre les α_i et les α'_i est réciproque, c'est-à-dire que la base $\alpha_1, \alpha_2, \ldots, \alpha_n$ est la base complémentaire de $\alpha'_1, \alpha'_2, \ldots, \alpha'_n$.

3. Si η est une fonction quelconque de Ω, alors on peut toujours poser

$$\eta = \sum x_i \alpha_i = \sum x'_i \alpha'_i.$$

En appliquant (2), on obtient

$$x_i = S(\eta \alpha'_i), \quad x'_i = S(\eta \alpha_i).$$

Alors

$$(3) \qquad \eta = \sum{}^i \alpha_i S(\eta \alpha'_i) = \sum{}^i \alpha'_i S(\eta \alpha_i).$$

---

1. La base complémentaire fait partie des notions (re-)transférées à la théorie des nombres par Dedekind dans Dedekind (1882).

2. Le symbole (r, s) utilisé par Dedekind et Weber est donc équivalent au symbole de Kronecker, habituellement noté δ_{rs}. Nous avons préféré conserver la notation originale.

4. Si η est une fonction quelconque non nulle de Ω, alors

$$\frac{\alpha_1'}{\eta}, \frac{\alpha_2'}{\eta}, \ldots, \frac{\alpha_n'}{\eta}$$

est la base complémentaire des $\eta\alpha_1, \eta\alpha_2, \ldots, \eta\alpha_n$. C'est une conséquence de 2., puisque

$$S(\eta\alpha_r \cdot \frac{\alpha_s'}{\eta}) = S(\alpha_r\alpha_s') = (r, s).$$

5. Si deux bases de Ω, $\alpha_1, \alpha_2, \ldots \alpha_n$ et $\beta_1, \beta_2, \ldots \beta_n$ sont liées par les n équations à coefficients rationnels $x_{i,s}$

$$\beta_s = \sum^i x_{i,s}\alpha_i,$$

alors leur base complémentaire sont liées par les n équations

$$\alpha_r' = \sum^i x_{r,i}\beta_i'$$

(substitution transposée). C'est une conséquence immédiate de 3., puisque

$$x_{r,s} = S(\alpha_r'\beta_s).$$

6. Soit

$$\sum^i \alpha_i\alpha_i' = 1,$$

alors

$$\sum^{i,i'} a_{i,i'}\alpha_i'\alpha_{i'}' = \sum i, i' a_{i,i'}'\alpha_i\alpha_{i'} = 1.$$

En effet, en posant tout d'abord

$$\sum \alpha_i\alpha_j = \sigma,$$

il suit de 3. (appliqué aux fonctions $\eta\alpha_r$) :

$$\eta\alpha_r = \sum^i \alpha_i S(\eta\alpha_r\alpha_i').$$

Par conséquent, d'après la définition de la trace donnée au §2, (5) :

$$S(\eta) = \sum^i S(\eta\alpha_i\alpha_i') = S\left(\sum^i \eta\alpha_i\alpha_i'\right),$$

alors

$$S(\eta\sigma) = S(\eta),$$

et si dans 3. on pose tout d'abord $\eta = \sigma$ puis $\eta = 1$, on a :

$$\sigma = \sum^i \alpha_i S(\sigma\alpha_i') = \sum^i \alpha_i S(\alpha_i') = 1.$$

Apportons des précisions à la formation des bases complémentaires avec ces deux cas particuliers :

7. Soient $\omega_1, \ldots, \omega_n$ une base de $\mathfrak{o}$ et $\varepsilon_1, \ldots, \varepsilon_n$ la base complémentaire (de Ω). On considère

$$e_{r,s} = e_{s,r} = S(\omega_r\omega_s)$$

qui sont des *polynômes*, et le discriminant de Ω

$$D = \text{cste.} \sum \pm e_{1,1}e_{2,2}\ldots e_{n,n},$$

alors, d'après 2., on a [1] :

$$\varepsilon_r = \frac{1}{D}\sum^i \frac{\partial D}{\partial e_{i,r}}\omega_i,$$

ce dont il suit que les fonctions $D\varepsilon_r$ sont des *fonctions entières*. Mais de plus, il suit de 6. que

$$D = \sum^{i,i'} \frac{\partial D}{\partial e_{i,i'}}\omega_i\omega_{i'},$$

et par conséquent

$$\varepsilon_r\varepsilon_s = \frac{1}{D^2}\sum^{i,i'} \frac{\partial D}{\partial e_{r,i}}\frac{\partial D}{\partial e_{s,i'}}\omega_i\omega_{i'}$$
$$= \frac{1}{D}\frac{\partial D}{\partial e_{r,s}} + \frac{1}{D^2}\sum^{i,i'}\left(\frac{\partial D}{\partial e_{r,i}}\frac{\partial D}{\partial e_{s,i'}} - \frac{\partial D}{\partial e_{r,s}}\frac{\partial D}{\partial e_{i,i'}}\right)\omega_i\omega_{i'}.$$

Et donc, d'après un théorème bien connu sur le déterminant :

$$\varepsilon_r\varepsilon_s = \frac{1}{D}\frac{\partial D}{\partial e_{r,s}} + \frac{1}{D}\sum^{i,i'}\frac{\partial^2 D}{\partial e_{r,i}\partial e_{s,i'}}\omega_i\omega_{i'}.$$

De cela, on déduit l'important résultat suivant : les fonctions $D\varepsilon_r\varepsilon_s$ sont elles aussi des *fonctions entières*.

---

1. On voit apparaître ici le lien entre les bases complémentaires et les différentielles, qui sera essentiel pour la preuve du théorème de Riemann-Roch.

8. Soit une fonction θ de Ω telle que $1, \theta, \theta^2, \ldots, \theta^{n-1}$ forment une base de Ω et soit une équation irréductible à coefficients rationnels

$$(4) \qquad f(\theta) = \theta^n + a_1\theta^{n-1} + \ldots + a_{n-1}\theta + a_n = 0.$$

Il nous faut maintenant trouver la base complémentaire de $1, \theta, \theta^2, \ldots, \theta^{n-1}$. Posons, si t est une constante indéterminée :

$$\frac{f(t)}{t-\theta} = \eta_0 + \eta_1 t + \ldots + \eta_{n-1}t^{n-1}$$

ou bien

$$(5) \quad \begin{cases} \eta_0 = a_{n-1} + a_{n-2}\theta + \ldots + a_1\theta^{n-2} + \theta^{n-1} \\ \eta_1 = a_{n-2} + a_{n-3}\theta + \ldots + \theta^{n-2} \\ \ldots \\ \eta_{n-2} = a_1 + \theta \\ \eta_{n-1} = 1 \end{cases}$$

donc les fonction $\eta_0, \ldots, \eta_{n-1}$ forment également une base de Ω puisque le déterminant de l'équation (5) est $(-1)^{\frac{n(n-1)}{2}}$ et donc non nul. On peut donc écrire toute fonction ζ de Ω sous la forme

$$\zeta = y_0\eta_0 + y_1\eta_1 + \ldots + y_{n-1}\eta_{n-1}.$$

On poursuit la suite de fonctions $y_0, \ldots, y_{n-1}$ en définissant par récurrence les fonctions y_n, y_{n+1} :

$$(6) \quad a_n y_r + a_{n-1}y_{r+1} + \ldots + a_2 y_{r+n-2} + a_1 y_{r+n-1} + y_{r+n} = 0.$$

Donc d'après (5), on a

$$(7) \quad \begin{cases} \theta\eta_0 = -a_n\eta^{n-1} \\ \theta\eta_1 = \eta_0 - a_{n-1}\eta^{n-1} \\ \theta\eta_2 = \eta_1 - a_{n-2}\eta^{n-1} \\ \ldots \\ \theta\eta_{n-1} = \eta_{n-2} - a_1\eta^{n-1} \end{cases}$$

donc

$$\zeta\theta = y_1\eta_0 + y_2\eta_1 + \ldots + y_{n-1}\eta_{n-2} + y_n\eta_{n-1},$$

et en général pour tout entier positif r :

$$\zeta\theta^r = y_r\eta_0 + y_{r+1}\eta_1 + \ldots + y_{r+n-2}\eta_{n-2} + y_{r+n-1}\eta_{n-1},$$

ou encore, si l'on exprime les $\eta_0, \ldots, \eta_n$ en termes de $1, \theta, \ldots, \theta^{n-1}$:

$$\zeta\theta^r = x_0^{(r)} + x_1^{(r)}\theta + x_2^{(r)}\theta^2 + \ldots + x_{n-1}^{(r)}\theta^{n-1}$$

où

$$x_0^{(r)} = y_r a_{n-1} + y_{r+1} a_{n-2} + \ldots + y_{r+n-2} a_1 + y_{r+n-1}$$
$$x_1^{(r)} = y_r a_{n-2} + y_{r+1} a_{n-3} + \ldots + y_{r+n-2}$$
$$\ldots$$
$$x_{n-2}^{(r)} = y_r a_1 + y_{r+1}$$
$$x_{n-1}^{(r)} = y_r.$$

Par conséquent (d'après la définition de S, §2, (5)) :

$$S(\zeta) = x_0^{(0)} + x_1^{(1)} + \ldots + x_{n-1}^{(n-1)}$$
$$= y_0 a_{n-1} + 2y_1 a_{n-2} + \ldots + (n-1)y_{n-2} a_1 + n y_{n-1}.$$

En appliquant à $\zeta = \eta_r$, on obtient, en posant $a_0 = 1$:

$$S(\eta_r) = (r+1)a_{n-1-r} \quad ; \quad S(\eta_{n-1-r}) = (n-r)a_r.$$

On pose, pour abréger,

$$S(\theta^r) = s_r,$$

alors tant que $r \leqq n$, d'après (5), on a :

$$(8) \qquad (n-r)a_r = a_r s_0 + a_{r-1} s_1 + \ldots + a_1 s_{r-1} + s_r,$$

et d'après (4), on a toujours :

$$(9) \qquad 0 = a_n s_r + a_{n-1} s_{r+1} + \ldots + a_1 s_{r+n-1} + s_{r+n}.$$

Mais de ces formules, il suit de plus

$$(10) \quad \begin{cases} f'(\theta) & = n\theta^{n-1} + (n-1)a_1\theta^{n-1} + \ldots + 2a_{n-2}\theta + a_{n-1} \\ & = s_0\eta_0 + s_1\eta_1 + \ldots + s_{n-1}\eta_{n-1} \\ \theta^r f'(\theta) & = s_r\eta_0 + s_{r+1}\eta_1 + \ldots + s_{r+n-2}\eta_{n-2} + s_{r+n-1}\eta_{n-1}. \end{cases}$$

Observons maintenant la valeur du déterminant du système d'équations (5). En regard des définitions de la norme et du discriminant données au §2 (4) et (12), il suit l'importante formule :

$$(11) \quad Nf'(\theta) = (-1)^{\frac{n(n-1)}{2}} \begin{vmatrix} s_0 & s_1 & \ldots & s_{n-1} \\ s_1 & s_2 & \ldots & s_{n-2} \\ \ldots & & & \\ s_{n-1} & s_n & \ldots & s_{2n-2} \end{vmatrix}$$
$$= (-1)^{\frac{n(n-1)}{2}} \Delta(1, \theta, \ldots \theta^{n-1}).$$

D'après l'équation (10) et en considérant la définition 1., la base complémentaire de $1, \theta, \ldots, \theta^{n-1}$ est :

$$\frac{\eta_0}{f'(\theta)}, \frac{\eta_1}{f'(\theta)}, \ldots, \frac{\eta_{n-1}}{f'(\theta)}.$$

9. Si $\mathfrak{a} = [\alpha_1, \alpha_2, \ldots, \alpha_n]$ forme un module dont la base est également une base de Ω, on obtient alors, avec la base complémentaire $\alpha_1', \alpha_2', \ldots, \alpha_n'$ de la base $\alpha_1, \alpha_2, \ldots, \alpha_n$ de Ω, un autre module $\mathfrak{a}' = [\alpha_1', \alpha_2', \ldots, \alpha_n']$ que nous appelons le *module complémentaire de* $\mathfrak{a}$ [1]. Celui-ci est, comme il suit immédiatement de 5., en relation avec §4, 2., indépendant du choix de la base de $\mathfrak{a}$.

10. On s'intéresse en particulier au module $\mathfrak{e} = [\varepsilon_1, \varepsilon_2, \ldots, \varepsilon_n]$, le module complémentaire [2] de $\mathfrak{o} = [\omega_1, \omega_2, \ldots, \omega_n]$. On pose

$$\omega_r \omega_s = \sum^i e_{r,s}^{(i)} \omega_i$$

alors d'après 3.

$$e_{r,s}^{(i)} = e_{s,r}^{(i)} = S(\omega_r \omega_s \varepsilon_i)$$

est un polynôme en z et on a

$$\omega_r \varepsilon_s = \sum^i e_{r,i}^{(s)} \varepsilon_i.$$

De cela, il suit que le module $\mathfrak{o}\mathfrak{e}$ (§4, 7.) est divisible par $\mathfrak{e}$. D'autre part, puisque $\mathfrak{o}$ contient la fonction 1, $\mathfrak{e}$ est divisible par $\mathfrak{o}\mathfrak{e}$. Par conséquent

$$\mathfrak{o}\mathfrak{e} = \mathfrak{e},$$

c'est-à-dire que le module $\mathfrak{e}$, bien qu'il ne contienne pas uniquement des fonctions entières, vérifie la propriété II §7 des idéaux. La même chose est valable, par conséquent, pour le module $\mathfrak{e}^2$. Puisque les deux modules $D\mathfrak{e}$

---

1. Stillwell explique que les modules complémentaires peuvent être vus comme l'homologue pour les modules de la notion d'espace vectoriel dual Stillwell (2012), p. 75. – La notion de module complémentaire, comme celle de base complémentaire, se retrouve également dans Dedekind (1882). Toutes deux sont essentielles pour la définition de ce que Dedekind appelle « l'idéal fondamental » (voyez p. 129). Les modules complémentaires correspondent à ce que l'on appelle aujourd'hui la « différente inverse » ou « co-différente » en théorie des nombres algébriques.

2. L'idéal $\mathfrak{e}$ va être utilisé pour la caractérisation de la ramification (via l'idéal de ramification défini au paragraphe suivant). Il apparaît également dans la définition des quotients différentiels, où Dedekind et Weber montrent que si ω est dans $\mathfrak{o}$, alors $d\omega/dz$ est dans $\mathfrak{e}$.

et $D\mathfrak{c}^2$, d'après 7., contiennent des fonctions entières, ils sont eux-mêmes des idéaux et de 7., il suit encore

$$N(D\mathfrak{c}) = D^{n-1}.$$

11. Si θ est une fonction dans $\mathfrak{o}$ telle que $1,\ \theta\ ,\ \theta^2,\ \ldots,\ \theta^{n-1}$ forment une base de Ω et les coefficients de l'équation irréductible

$$f(\theta) = \theta^n + a_1\theta^{n-1} + \ldots + a_{n-1}\theta + a_n = 0$$

sont des *polynômes* en z, alors on peut déterminer, pour $r = 1, \ldots, n-1$ les polynômes $k_i^{(r)}$ tels que

$$\theta^r = \sum_{1,n}^{i} k_i^{(r)} \omega_i.$$

En appliquant les théorèmes 5. et 8., on obtient :

$$f'(\theta)\varepsilon_s = k_s^{(0)}\eta_0 + k_s^{(1)}\eta_1 + \ldots + k_s^{(n-1)}\eta_{n-1},$$

et de cela, il découle que le module

$$f'(\theta)\mathfrak{c} = \mathfrak{f}$$

contient uniquement des fonctions entières [1]. Il est donc, d'après 10., un *idéal*.

§11. L'idéal de ramification

1. **Lemme.** Si les idéaux $\mathfrak{a}$, $\mathfrak{b}$, $\mathfrak{c}$, $\ldots$ sont deux à deux premiers entre eux, alors il existe toujours une fonction qui est congrue à une fonction donnée de $\mathfrak{o}$, par rapport à chacun d'eux [2].

---

1. $\mathfrak{f}$ intervient également lors de la définition des quotients différentiels. Il servira à caractériser les points doubles.

2. Ce lemme est, en fait, une généralisation du théorème des restes chinois : Soit $m_1, m_2, \ldots, m_n$ une suite d'entiers positifs deux à deux premiers entre eux. Alors le système de congruences :

$$\begin{cases} x \equiv a_1 \ (\mathrm{mod}\ m_1) \\ x \equiv a_2 \ (\mathrm{mod}\ m_2) \\ \ldots \\ x \equiv a_n \ (\mathrm{mod}\ m_n) \end{cases}$$

a une solution unique x modulo $M = m_1 \times \ldots \times m_n : x = \sum_{i=1}^{n} a_i M_i y_i$, avec $M_i = \frac{M}{m_i}$ et $y_i M_i \equiv 1 \ (\mathrm{mod}\ m_i)$.

Démonstration. On pose

$$\mathfrak{m} = \mathfrak{a}\mathfrak{b}\mathfrak{c} \ldots = \mathfrak{a}\mathfrak{a}_1 = \mathfrak{b}\mathfrak{b}_1 = \mathfrak{c}\mathfrak{c}_1 = \ldots$$

Le plus grand commun diviseur de $\mathfrak{a}_1 = \mathfrak{b}\mathfrak{c} \ldots$, $\mathfrak{b}_1 = \mathfrak{a}\mathfrak{c} \ldots$, $\mathfrak{c}_1 = \mathfrak{a}\mathfrak{b} \ldots$, $\ldots$, est $\mathfrak{o}$ puisque aucun idéal premier ne peut diviser en même temps $\mathfrak{a}_1$, $\mathfrak{b}_1$, $\mathfrak{c}_1$, $\ldots$ Par conséquent (§4, 5.), on peut choisir α_1 dans $\mathfrak{a}_1$, β_1 dans $\mathfrak{b}_1$, $\ldots$, γ_1 dans $\mathfrak{c}_1$, $\ldots$, telles que

$$\alpha_1 + \beta_1 + \gamma_1 + \ldots = 1.$$

Alors

$$\alpha_1 \equiv 1, \quad \beta_1 \equiv 0, \quad \gamma_1 \equiv 0, \quad \ldots \quad (\text{mod.}\mathfrak{a}),$$
$$\alpha_1 \equiv 0, \quad \beta_1 \equiv 1, \quad \gamma_1 \equiv 0, \quad \ldots \quad (\text{mod.}\mathfrak{b}),$$
$$\alpha_1 \equiv 0, \quad \beta_1 \equiv 0, \quad \gamma_1 \equiv 1, \quad \ldots \quad (\text{mod.}\mathfrak{c}),$$
$$\ldots$$

Par conséquent si λ, μ, ν, $\ldots$ sont des fonctions données dans $\mathfrak{o}$, alors

$$\omega \equiv \lambda\alpha_1 + \mu\beta_1 + \nu\gamma_1 + \ldots \pmod{\mathfrak{m}}$$

vérifie les conditions

$$\omega \equiv \lambda \pmod{\mathfrak{a}}, \quad \omega \equiv \mu \pmod{\mathfrak{b}}, \quad \omega \equiv \nu \pmod{\mathfrak{c}} \qquad \ldots$$

2. Soient $\mathfrak{p}$, $\mathfrak{p}_1$, $\mathfrak{p}_2$, $\ldots$ l'ensemble des idéaux tous distincts qui divisent une fonction linéaire au choix $z - c$ et (d'après §9, 7.)

$$\mathfrak{o}(z - c) = \mathfrak{p}^e \mathfrak{p}_1^{e_1} \mathfrak{p}_2^{e_2} \ldots,$$
$$e + e_1 + e_2 + \ldots = n.$$

On choisit les fonctions $\lambda, \lambda_1, \lambda_2, \ldots$ divisibles respectivement par $\mathfrak{p}$, $\mathfrak{p}_1$, $\mathfrak{p}_2$, $\ldots$ mais pas par $\mathfrak{p}^2$, $\mathfrak{p}_1^2$, $\mathfrak{p}_2^2$, $\ldots$ et des constantes b, b_1, b_2, $\ldots$ quelconques mais toutes distinctes. D'après 1., on peut déterminer une fonction ζ qui vérifie les congruences

$$\zeta \equiv b + \lambda \pmod{\mathfrak{p}^2}, \quad \zeta \equiv b_1 + \lambda_1 \pmod{\mathfrak{p}_1^2}, \quad \zeta \equiv b_2 + \lambda_2 \pmod{\mathfrak{p}_2^2}, \quad \ldots$$

alors

$$\zeta \equiv b \pmod{\mathfrak{p}}, \quad \zeta \equiv b_1 \pmod{\mathfrak{p}_1}, \quad \zeta \equiv b_2 \pmod{\mathfrak{p}_2}, \qquad \ldots$$

de sorte que si a désigne une constante quelconque, $\zeta - a$ est au plus divisible par un des idéaux premiers $\mathfrak{p}$, $\mathfrak{p}_1$, $\mathfrak{p}_2$, $\ldots$ mais ne l'est jamais par leur carré. En conséquence, si $\varphi(t) = \Pi(\, t - a)$ est une fonction entière de la variable t à coefficients constants, alors $\varphi(\zeta) = \Pi(\, \zeta - a)$ est divisible par $\mathfrak{p}^m$ si, et seulement si, $\varphi(t)$ est algébriquement divisible par $(t - b)^m$. Et si $\mathfrak{p}^m$ est la plus haute puissance de $\mathfrak{p}$ qui divise $\varphi(\zeta)$, alors il suit que

$\mathfrak{p}^{m-1}$ est la plus haute puissance de $\mathfrak{p}$ qui divise $\varphi'(\zeta)$. En conséquence, $\varphi(\zeta)$ est divisible par $z - c$ seulement si $\varphi(t)$ est divisible par la fonction du n-ème degré

$$\psi(t) = (t - b)^e (t - b_1)^{e_1} (t - b_2)^{e_2} \dots$$

Par conséquent, la congruence

$$x_0 + x_1 \zeta + x_2 \zeta^2 + \dots + x_{n-1} \zeta^{n-1} \equiv 0 \,(\text{mod } z - c)$$

ne peut être vérifiée que par des polynômes x_i qui soient tous divisibles par $z - c$.

Posons alors

$$
\begin{aligned}
1 &= k_1^{(0)} \omega_1 + k_2^{(0)} \omega_2 + \dots + k_n^{(0)} \omega_n, \\
\zeta &= k_1^{(1)} \omega_1 + k_2^{(1)} \omega_2 + \dots + k_n^{(1)} \omega_n, \\
\zeta^2 &= k_1^{(2)} \omega_1 + k_2^{(2)} \omega_2 + \dots + k_n^{(2)} \omega_n, \\
&\dots \\
\zeta^{n-1} &= k_1^{(n-1)} \omega_1 + k_2^{(n-1)} \omega_2 + \dots + k_n^{(n-1)} \omega_n,
\end{aligned}
$$

où $k_1^{(0)}$, $k_1^{(1)}$, ... dénotent des polynômes et ω_1, ω_2, ..., ω_n une base de $\mathfrak{o}$, alors le déterminant

$$k = \sum \pm k_1^{(0)} k_2^{(1)} \dots k_n^{(n-1)}$$

ne peut ni être identiquement nul, ni être divisible par $z - c$ (cf. la note du §9, 1.).

Il s'ensuit que

$$N(t - \zeta) = f(t, z)$$

est irréductible. Puisque $f(\zeta, z) = 0$, alors $f(\zeta, c)$ est divisible par $z - c$ et $f(t, c)$ doit être divisible par $\psi(t)$. Alors, puisque les deux fonctions sont du même degré, on a $f(t, c) = \psi(t)$. On peut donc déduire, pour l'utiliser plus tard :

$$S(\zeta) \equiv eb + e_1 b_1 + e_2 b_2 + \dots \,(\text{mod } z - c).$$

En appliquant ce résultat aux fonctions ζ^2, ζ^3, ..., ce qui est assurément permis tant qu'aucune constante b ne s'annule, on obtient :

$$
\begin{aligned}
S(\zeta^2) &\equiv eb^2 + e_1 b_1^2 + e_2 b_2^2 + \dots \,(\text{mod } z - c), \\
S(\zeta^3) &\equiv eb^3 + e_1 b_1^3 + e_2 b_2^3 + \dots \,(\text{mod } z - c). \\
&\dots
\end{aligned}
$$

$\mathfrak{p}^e$ est alors la plus haute puissance de $\mathfrak{p}$ qui divise $f(\zeta, c)$, par conséquent $\mathfrak{p}^{e-1}$ est la plus haute puissance de $\mathfrak{p}$ qui divise $f'(\zeta, c)$ et puisque

$$f'(\zeta, c) \equiv f'(\zeta, z) \,(\text{mod } \mathfrak{p}^e)$$

alors $\mathfrak{p}^{e-1}$ est la plus haute puissance de $\mathfrak{p}$ qui divise $f'(\zeta, z)$.
De cela, il suit que

$$\mathfrak{o}f'(\zeta, z) = \mathfrak{m}\mathfrak{p}^{e-1}\mathfrak{p}_1^{e_1-1}\ldots$$

où $\mathfrak{m}$ et par suite $N(\mathfrak{m})$ sont premiers à $z - c$.

Maintenant si D est le discriminant de Ω, on a alors d'après §10, (11) et §2, (13) (exception faite des constantes) :

$$Nf'(\zeta, z) = \Delta(1, \zeta, \zeta^2, \ldots, \zeta^{n-1}) = Dk^2 = (z - c)^{n-s}N(\mathfrak{m})$$

où s désigne le nombre d'idéaux premiers distincts $\mathfrak{p}$, $\mathfrak{p}_1$, $\mathfrak{p}_2$, ... qui divisent $z - c$. Puisque k et $N(\mathfrak{m})$ ne sont pas divisibles par $z - c$, $(z - c)^{n-s}$ est la plus haute puissance de $z - c$ qui divise D.
Par conséquent

(1) $$D = \prod(z - c)^{n-s}.$$

Le signe du produit $\prod$ s'applique aux combinaisons linéaires de $z - c$ qui sont divisibles par moins de n facteurs premiers *distincts* et qui sont également divisibles par le carré ou une puissance supérieure d'un idéal premier.

Il existe donc seulement un nombre fini de fonctions linéaires $z - c$ qui sont divisibles par le carré d'un idéal premier.

Posons maintenant

(2) $$\mathfrak{z} = \prod \mathfrak{p}^{e-1}$$

où le signe du produit $\prod$ s'applique à tous les idéaux premiers $\mathfrak{p}$ dont une puissance supérieure à 1, la e-ème, divise la norme [1]. On appelle cet idéal $\mathfrak{z}$ *l'idéal de ramification* (*Verzweigungsideal*) [2].

---

1. Stillwell (2012) traduit par « *prime ideals $\mathfrak{p}$ divisible by a power of their norms...* », mais la relation de division entre une fonction α du corps et un idéal $\mathfrak{a}$ est que α est divisible par $\mathfrak{a}$ si α est dans $\mathfrak{a}$. Cela semble également plus cohérent considérant le résultat précédent sur la divisibilité de fonctions linéaires par un carré d'idéal premier.

2. Bien que Dedekind et Weber n'en disent rien à ce stade de l'article, l'idéal de ramification – comme son nom l'indique – sera utilisé pour décrire la ramification de la surface de Riemann dans la seconde partie de l'article. Les recherches de ces paragraphes, purement algébriques, peuvent sembler un peu arides et aveugles, mais prendront tout leur sens lors de la définition de la surface. – Soulignons par ailleurs que le concept d'idéal de ramification est transféré en retour à la théorie des nombres dans Dedekind (1882), sous le nom « idéal fondamental » (*Grundideal*). L'« idéal fondamental » correspond à ce que nous appelons aujourd'hui la « différente relative » (une appellation introduite par Hilbert

De (1) et (2), il suit :

(3) $$N(\mathfrak{z}) = D.$$

De plus, puisque $n-s \geqq e-1$, on a $e(n-s)-2(e-1) \geqq (e-1)(e-2) \geqq 0$, et D est par conséquent divisible par $\mathfrak{p}^{2(e-1)}$ ainsi que par $\mathfrak{z}^2$. On peut donc poser, si $\mathfrak{d}$ désigne également un idéal :

(4) $$\mathfrak{o}D = \mathfrak{d}\mathfrak{z}^2 \quad ; \quad N(\mathfrak{d}) = D^{n-2}.$$

3. Si ϱ est une fonction de $\mathfrak{o}$ divisible par tout idéal premier qui divise $z-c$, alors $S(\varrho)$ est divisible par $z-c$.

Démonstration. Soit ζ une fonction définie comme en 2., telle que l'on puisse poser

$$x\varrho = x_0 + x_1\zeta + x_2\zeta^2 + \ldots + x_{n-1}\zeta^{n-1}$$

où les coefficients x, x_0, x_1, $\ldots$, x_{n-1} sont des polynômes en z sans diviseur commun et dont le premier n'est pas divisible par $z-c$ (cf. 2.). De l'hypothèse sur la fonction ϱ, il suit, si les constantes b ont la même signification que dans 2. :

$$x_0 + x_1 b + x_2 b^2 + \ldots + x_{n-1}b^{n-1} \equiv 0\,(\text{mod } z-c),$$
$$x_0 + x_1 b_1 + x_2 b_1^2 + \ldots + x_{n-1}b_1^{n-1} \equiv 0\,(\text{mod } z-c),$$
$$x_0 + x_1 b_2 + x_2 b_2^2 + \ldots + x_{n-1}b_2^{n-1} \equiv 0\,(\text{mod } z-c).$$
$$\ldots$$

En multipliant la congruence par e, e_1, e_2, $\ldots$ et en additionnant, on obtient :

$$x_0 n + x_1 S(\zeta) + x_2 S(\zeta^2) + \ldots + x_{n-1}S(\zeta^{n-1}) = xS(\varrho) \equiv 0\,(\text{mod } z-c).$$

Alors, puisque x n'est pas divisible par $z-c$, on a

$$S(\varrho) \equiv 0\,(\text{mod } z-c).$$

CQFD.

dans son *Zahlbericht*), et est défini comme l'idéal dont la norme est le discriminant du corps de nombres algébriques Ω étudié. Cette propriété donne à cet idéal son nom, puisque Dedekind appelle le discriminant le « nombre fondamental » du corps Ω. Pour Dedekind, le transfert retour dans la théorie des nombres ne se résume pas à simplement appliquer les résultats trouvés avec Weber, il s'agit bien de les re-définir pour les nombres algébriques spécifiquement – et éventuellement les renommer. Il semble, d'ailleurs, que Dedekind ne transfère pas la notion, encore riemannienne, de ramification à la théorie des nombres dans Dedekind (1882). L'introduction de l'idéal de ramification est motivée par la possibilité d'étudier plus finement le discriminant du corps finiment engendré et les idéaux premiers.

4. Soient maintenant

$$r = (z - c)(z - c_1)(z - c_2) \ldots$$

le produit des facteurs linéaires de D distincts les uns des autres et

$$\mathfrak{r} = \mathfrak{p}\mathfrak{p}_1\mathfrak{p}_2 \ldots$$

le produit des idéaux premiers distincts qui divisent r. Comme ci-dessus, $\mathfrak{z}$ est l'idéal de ramification, alors on a

(5) $$\mathfrak{r}\mathfrak{z} = \prod \mathfrak{p}^e = \mathfrak{o}r,$$

et par conséquent,

$$N(\mathfrak{r}) = \frac{r^n}{D}.$$

Toute fonction ϱ dans $\mathfrak{r}$ a la propriété, d'après 3., que sa norme $S(\varrho)$ est divisible par r. Maintenant, si

$$\mathfrak{e} = [\varepsilon_1, \ldots \varepsilon_n]$$

est le module complémentaire de $\mathfrak{o}$ (§10), et ϱ une fonction de $\mathfrak{r}$, on peut alors poser

$$\varrho = x_1\varepsilon_1 + x_2\varepsilon_2 + \ldots + x_n\varepsilon_n$$

où, d'après §10, 3.,

$$x_i = S(\varrho\omega_i).$$

Alors, puisque $\varrho\omega_i$ est une fonction de $\mathfrak{r}$, x_i est un polynôme en z divisible par r.

Il s'ensuit que l'idéal $\mathfrak{r}$ est divisible par le module $r\mathfrak{e}$ et l'idéal $D\mathfrak{r}$ est divisible par l'idéal $rD\mathfrak{e}$. On a également (§10, 10.)

$$N(D\mathfrak{r}) = r^n D^{n-1} \quad ; \quad N(rD\mathfrak{e}) = r^n D^{n-1}$$

et par conséquent, d'après §8, 9.,

$$D\mathfrak{r} = rD\mathfrak{e}$$

ou encore

(6) $$\mathfrak{r} = r\mathfrak{e}$$

Dont il suit, via la remarque précédente sur ϱ, que, si ε désigne une fonction au choix de $\mathfrak{e}$, $S(\varepsilon)$ est un polynôme. En multipliant la formule (6) par $\mathfrak{z}$, on obtient

$$\mathfrak{r}\mathfrak{z} = r\mathfrak{e}\mathfrak{z} = \mathfrak{o}r$$

donc

(7) $$\mathfrak{e}\mathfrak{z} = \mathfrak{o}.$$

Si l'on multiplie la dernière équation par D, il suit de (4),

$$\mathfrak{e}D\mathfrak{z} = \mathfrak{z}^2\mathfrak{d};$$

et par conséquent :

(8) $$D\mathfrak{e} = \mathfrak{z}\mathfrak{d}.$$

En multipliant cette équation par $\mathfrak{e}$, d'après (7) :

(9) $$D\mathfrak{e}^2 = \mathfrak{d}.$$

5. Si θ est une fonction entière de z dans Ω et $N(t - \theta) = f(t)$, alors $f'(\theta)$ est divisible par l'idéal de ramification $\mathfrak{z}$.

Démonstration. Si $f(t)$ est réductible, alors $f'(\theta) = 0$ et est donc divisible par $\mathfrak{z}$. Dans le cas contraire, d'après §10, 11.,

$$\mathfrak{e}f'(\theta) = \mathfrak{f}$$

est un idéal, et d'après (7), en le multipliant par $\mathfrak{z}$, on a alors :

(10) $$\mathfrak{o}f'(\theta) = \mathfrak{f}\mathfrak{z}.$$

En même temps, si l'on pose, comme au §10, 11.

$$\theta^r = \sum^i k_i^{(r)}\omega_i,$$
$$k = \sum \pm k_1^{(0)}k_2^{(1)}\ldots k_n^{(n-1)},$$

il découle que

$$Nf'(\theta) = N(\mathfrak{f})N(\mathfrak{z}) = DN(\mathfrak{f}) = \text{cste.}k^2 D$$

(§10, (11) et §2, (13)). Alors

(11) $$N(\mathfrak{f}) = \text{cste.}k^2$$

est un carré parfait.

§12. Les fonctions fractionnaires de z dans le corps Ω

1. D'après le §3, 3., toute fonction η de Ω peut se décomposer d'une infinité de manières en quotient de deux fonctions entières de z (le dénominateur peut même être un polynôme en z). On considère donc

$$\eta = \frac{\nu}{\mu}$$

où μ et ν sont deux fonctions entières de z (des fonctions de $\mathfrak{o}$)[1]. Maintenant, si $\mathfrak{m}$ est le plus grand commun diviseur des deux idéaux principaux $\mathfrak{o}\mu$ et $\mathfrak{o}\nu$, alors, si $\mathfrak{a}$ et $\mathfrak{b}$ sont deux idéaux premiers entre eux, on a

(1) $\mathfrak{o}\mu = \mathfrak{a}\mathfrak{m}, \quad \mathfrak{o}\nu = \mathfrak{b}\mathfrak{m},$

alors, il suit que (§4, 6.)

(2) $\mathfrak{a}\nu = \mathfrak{b}\mu \quad \text{ou} \quad \mathfrak{a}\eta = \mathfrak{b}.$

Si donc α est une fonction quelconque de $\mathfrak{a}$, alors $\alpha\eta$ est dans $\mathfrak{b}$ et est toujours une fonction entière de z. Réciproquement, si α est une fonction entière de z possédant la propriété que $\alpha\eta = \beta$ est une fonction entière de z, alors

$$\alpha\nu = \beta\mu,$$

et, d'après (1),

$$\alpha\mathfrak{b} = \beta\mathfrak{a}.$$

Puisque $\mathfrak{a}$ et $\mathfrak{b}$ sont premiers entre eux, α est divisible par $\mathfrak{a}$ et β est divisible par $\mathfrak{a}$, ce dont il suit que $\mathfrak{a}$ est la collection de toutes les fonctions entières α qui ont la propriété que $\alpha\eta$ est une fonction entière et la collection de toutes ces fonctions $\alpha\eta$ est l'idéal $\mathfrak{b}$. Autrement dit : $\mathfrak{b}$ *est le plus petit commun multiple de $\mathfrak{o}\eta$ et $\mathfrak{o}$, et de même $\mathfrak{a}$ est le plus petit*

---

1. Après avoir travaillé exclusivement sur les entiers du corps Ω, Dedekind et Weber étendent leur réflexion à des fonctions arbitraires. Une situation similaire se présente pour les nombres algébriques. Ces fonctions arbitraires, et les idéaux fractionnaires qui les accompagnent, vont servir pour l'étude des singularités de la surface.

commun multiple de $\frac{o}{\eta}$ *et* o. Par conséquent, si $\mathfrak{a}'$ et $\mathfrak{b}'$ sont deux idéaux vérifiant la condition

$$\mathfrak{a}'\eta = \mathfrak{b}',$$

on doit avoir $\mathfrak{a}'$ divisible par $\mathfrak{a}$. Soit alors

$$\mathfrak{a}' = \mathfrak{n}\mathfrak{a},$$

il s'ensuit que

$$\mathfrak{b}' = \mathfrak{n}\mathfrak{a}\eta = \mathfrak{n}\mathfrak{b}.$$

Réciproquement, pour un idéal quelconque $\mathfrak{n}$, on a

$$\mathfrak{n}\mathfrak{a}\eta = \mathfrak{n}\mathfrak{b}.$$

2. Soient deux idéaux $\mathfrak{a}$ et $\mathfrak{b}$ vérifiant la condition $\mathfrak{a}\eta = \mathfrak{b}$. Il est indifférent qu'ils soient premiers entre eux ou pas. Le quotient $\frac{\mathfrak{b}}{\mathfrak{a}}$ est, d'après §4, 8., la collection de toutes les fonctions γ telles que $\mathfrak{a}\gamma$ est divisible par $\mathfrak{b}$. Toutes les fonctions de la forme $\omega\eta$, où ω est une quelconque fonction de o, font assurément partie de ces fonctions. Réciproquement, toute fonction γ est de cette forme. En effet, puisque $\mathfrak{a}\gamma$ est divisible par $\mathfrak{b}$, il l'est aussi par o, il est donc un idéal (puisqu'il possède les propriétés I et II du §7). Alors si $\mathfrak{c}$ est également un idéal, on a :

$$\mathfrak{a}\gamma = \mathfrak{c}\mathfrak{b},$$

en multipliant par η :

$$\mathfrak{b}\gamma = \mathfrak{c}\mathfrak{b}\eta.$$

Alors, si comme précédemment, $\eta = \frac{\nu}{\mu}$ et pour ϱ,σ des fonctions entières, $\gamma = \frac{\varrho}{\sigma}$, on a alors

$$\mathfrak{b}\varrho\mu = \mathfrak{c}\mathfrak{b}\nu\sigma.$$

Donc

$$o\varrho\mu = \mathfrak{c}\nu\sigma \text{ et } o\gamma = \mathfrak{c}\eta.$$

En conjuguant ces deux résultats, on obtient :

(3) $$o\eta = \frac{\mathfrak{b}}{\mathfrak{a}}.$$

Si, dans cette représentation, $\mathfrak{a}$ et $\mathfrak{b}$ sont premiers entre eux, ce qui, d'après 1., est toujours possible et ne l'est que d'une seule manière, alors $\mathfrak{b}$ doit être appelé le *sur-idéal* (*Oberideal*) et $\mathfrak{a}$ le *sous-idéal* (*Unterideal*) de la fonction [1] η.

3. Si, de nouveau en toute généralité,

$$\mathfrak{a}\eta = \mathfrak{b}, \quad \text{donc} \quad \mathfrak{o}\eta = \frac{\mathfrak{b}}{\mathfrak{a}},$$

et α une fonction au choix de $\mathfrak{a}$, β une fonction correspondante dans $\mathfrak{b}$ alors

$$\eta = \frac{\beta}{\alpha} \quad \text{et} \quad \mathfrak{a}\beta = \mathfrak{b}\alpha.$$

De cela, il suit par la formation de la norme :

$$N(\eta) = \text{cste.}\frac{N(\mathfrak{a})}{N(\mathfrak{b})}.$$

4. Si η et η' sont deux fonctions de Ω et, comme dans 1.,

$$\mathfrak{a}\eta = \mathfrak{b} \text{ et } \mathfrak{a}'\eta' = \mathfrak{b}',$$

où il est indifférent que $\mathfrak{a}$, $\mathfrak{a}'$, $\mathfrak{b}$, $\mathfrak{b}'$ soient premiers entre eux ou pas. Alors on a

$$\mathfrak{a}\mathfrak{a}'\eta\eta' = \mathfrak{b}\mathfrak{b}'.$$

De

$$\mathfrak{o}\eta = \frac{\mathfrak{b}}{\mathfrak{a}} \text{ et } \mathfrak{o}\eta' = \frac{\mathfrak{b}'}{\mathfrak{a}'}$$

suivent les relations

$$\mathfrak{o}\eta\eta' = \frac{\mathfrak{b}\mathfrak{b}'}{\mathfrak{a}\mathfrak{a}'}, \quad \mathfrak{o}\frac{1}{\eta} = \frac{\mathfrak{a}}{\mathfrak{b}}, \quad \mathfrak{o}\frac{\eta}{\eta'} = \frac{\mathfrak{b}\mathfrak{a}'}{\mathfrak{a}\mathfrak{b}'}.$$

5. Si $\mathfrak{a}\eta = \mathfrak{b}$ et $\mathfrak{a}\eta' = \mathfrak{b}'$, alors

$$\mathfrak{a}(\eta \pm \eta') = \mathfrak{b}''$$

est encore un idéal, puisque pour deux fonctions entières $\alpha\eta$ et $\alpha\eta'$, la fonction $\alpha(\eta \pm \eta')$ est encore entière.

---

[1]. La possibilité d'exprimer un idéal principal comme quotient de deux idéaux quelconques permet non seulement d'étudier les fonctions arbitraires de Ω (donc de travailler en toute généralité dans le corps, notamment en étudiant certaines propriétés arithmétiques de ces fonctions via les idéaux), mais sera ensuite transféré à l'étude de la surface pour caractériser ses singularités. Ce qui suit, dans cette section, consiste en manipulations d'idéaux reposant essentiellement sur les §§7-9.

Alors, si

$$\mathfrak{o}\eta = \frac{\mathfrak{b}}{\mathfrak{a}} \text{ et } \mathfrak{o}\eta' = \frac{\mathfrak{b}'}{\mathfrak{a}},$$

il suit

$$\mathfrak{o}(\eta \pm \eta') = \frac{\mathfrak{b}''}{\mathfrak{a}}.$$

Si $\mathfrak{b}$ et $\mathfrak{b}'$ ont un diviseur commun, celui-ci est également diviseur de $\mathfrak{b}''$.

6. Soit maintenant ϱ une fonction de Ω dont le sur-idéal est divisible par un idéal premier quelconque donné $\mathfrak{p}$ mais ne l'est pas par $\mathfrak{p}^2$ (une telle fonction existe toujours et peut même être une fonction entière de z), alors

$$\mathfrak{o}\varrho = \frac{\mathfrak{mp}}{\mathfrak{n}}$$

où $\mathfrak{m}$ et $\mathfrak{n}$ sont des idéaux non divisibles par $\mathfrak{p}$. Soit, de plus, η une fonction au choix de Ω dont le sous-idéal n'est pas divisible par $\mathfrak{p}$, alors

$$\mathfrak{o}\eta = \frac{\mathfrak{b}}{\mathfrak{a}},$$

et $\mathfrak{a}$ n'est pas divisible par $\mathfrak{p}$.

On choisit une fonction α dans $\mathfrak{a}$ qui n'est pas divisible par $\mathfrak{p}$ et une fonction β du même type dans $\mathfrak{b}$, telles que

$$\eta = \frac{\beta}{\alpha}.$$

Soient α_0, β_0, c_0 des constantes, α_0 non nulle, et

$$\alpha \equiv \alpha_0, \quad \beta \equiv \beta_0 \, (\text{mod } \mathfrak{p}), \quad c_0 = \frac{\beta_0}{\alpha_0}.$$

D'après 5., on a

$$\mathfrak{o}(\eta - c_0) = \mathfrak{o}\frac{\beta - c_0\alpha}{\alpha} = \frac{\mathfrak{b}_1}{\mathfrak{a}},$$

et de

$$\mathfrak{a}(\beta - c_0) = \mathfrak{b}_1\alpha, \quad \text{et} \quad \beta - c_0\alpha \equiv 0 \, (\text{mod } \mathfrak{p}),$$

on peut conclure que, puisque α n'est pas divisible par $\mathfrak{p}$, $\mathfrak{b}_1$ doit l'être.

Posons

$$\eta - c_0 = \varrho\eta_1,$$

alors le sous-idéal de η_1 n'est pas non plus divisible par $\mathfrak{p}$. De cette manière, on peut déterminer entièrement la suite de constantes c_0, c_1, ..., c_{r-1}, ... qui se calcule de la manière suivante :

$$\eta = c_0 + \varrho\eta_1,$$
$$\eta_1 = c_1 + \varrho\eta_2,$$
$$\dots$$
$$\eta_{r-1} = c_{r-1} + \varrho\eta_r,$$
$$\dots$$

où les η_1, η_2, ..., η_r, ... sont des fonctions dont les sous-idéaux n'ont pas d'autre facteur premier que le sous-idéal de η et le sur-idéal de ϱ, à l'exception de $\mathfrak{p}$. Par conséquent, pour tout entier positif r, on a

$$\eta = c_0 + c_1\varrho + \dots + c_{r-1}\varrho^{r-1} + \eta_r\varrho^r.$$

Si le sous-idéal de ζ est divisible par $\mathfrak{p}^s$ et pas par $\mathfrak{p}^{s-1}$, alors on peut appliquer ce résultat à la fonction $\eta = \zeta\varrho^s$ et on obtient :

$$\zeta = c_0\varrho^{-s} + c_1\varrho^{-s+1} + \dots + c_{r-1}\varrho^{-s+r} + \eta_r\varrho^{-s+r}.$$

§13. Les transformations rationnelles des fonctions du corps Ω [1]

Si z_1 est une fonction non constante du corps Ω (une variable dans Ω), alors il existe, comme montré au §2 [2], une équation algébrique irréductible entre z et z_1 qui, libérée de tout dénominateur, est de degré e en z_1 et e_1

---

1. Le but de ce paragraphe est d'étudier les transformations birationnelles, c'est-à-dire les transformations de la forme $z \mapsto \frac{az+b}{cz+d}$ avec $ad - bc \neq 0$ (que Dedekind et Weber appellent « rationnelle » et que l'on appelle aujourd'hui « birationnelle »), et de montrer l'invariance de certaines notions pour une telle transformation. Ce résultat permet d'autoriser des changements de variables, qui sont importants pour la théorie des fonctions – et notamment pour le calcul intégral – en assurant que les concepts fondamentaux (comme le genre, qui sera défini au §24) sont des invariants. C'est un point central du travail de Riemann, qui écrit « [o]n considèrera maintenant, comme faisant partie d'une même classe, toutes les équations algébriques irréductibles entre deux grandeurs variables, qui peuvent être transformées les unes dans les autres par des substitutions rationnelles » Riemann (1851), p. 131. Ainsi, pouvoir prouver l'invariance birationnelle est essentiel pour avoir la coïncidence entre le corps et la « classe de fonctions » de Riemann. Cette question revenait déjà souvent dans la correspondance entre Dedekind et Weber en 1879.

2. Il s'agit du résultat §2. 5., dans lequel Dedekind et Weber montrent que toute fonction ζ (ici z_1) de Ω vérifie une équation polynomiale dont les coefficients sont des fonctions rationnelles de z.

en z. Comme cela a déjà été montré précédemment, e est un diviseur de n, $n = ef$. Soit cette équation

(1)
$$G(\overset{e}{z_1}, \overset{e_1}{z}) = 0.$$

Toute fonction rationnelle ζ de z et z_1 peut s'écrire (§1) à l'aide de cette équation sous les deux formes

(2)
$$\begin{cases} \zeta = x_0 + x_1 z_1 + \ldots + x_{e-1} z^{e-1} \\ \zeta = x_0^{(1)} + x_1^{(1)} z_1 + \ldots + x_{e_1-1}^{(1)} z_1^{e_1-1} \end{cases}$$

et ce de manière unique, avec x_0, x_1, ..., x_{e-1} des fonctions rationnelles de z et $x_0^{(1)}$, $x_1^{(1)}$, ..., $x_{e_1-1}^{(1)}$ des fonctions rationnelles de z_1.

Alors, si θ est une fonction telle que 1, θ, ..., θ^{n-1} forment une base de Ω^* (par rapport à z), alors, d'après §2, une telle base est également formée par les n fonctions :

(3)
$$\begin{cases} 1, & z_1, & z_1^2, & \ldots & z_1^{e-1}, \\ \theta, \theta z & 1, & \theta \overset{2}{_1}, & z \ldots & \theta \overset{e-1}{_1}, z \\ \ldots \\ \theta^{f-1}, & \theta^{f-1} z_1, & \theta^{f-1} z_1^2, & \ldots & \theta^{f-1} z_1^{e-1}. \end{cases}$$

Par conséquent, d'après (2), entre les $e_1 f = n_1$ fonctions

(4)
$$\begin{cases} 1, & z_1, & z^2, & \ldots & z^{e_1-1}, \\ \theta, \theta & z, & \theta z^2, & \ldots & \theta \overset{e_1-1}{} z \\ \ldots \\ \theta^{f-1}, & \theta^{f-1} z, \theta \overset{f-1}{} z^2, & \ldots & \theta^{f-1} z^{e_1-1}, \end{cases}$$

que nous noterons pour abréger

$$\eta_1^{(1)}, \eta_2^{(1)}, \ldots, \eta_{n_1}^{(1)},$$

une relation de la forme

$$x_1^{(1)} \eta_1^{(1)} + x_2^{(1)} \eta_2^{(1)} + \ldots + x_{n_1}^{(1)} \eta_{n_1}^{(1)} = 0$$

existe seulement si les fonctions rationnelles $x_1^{(1)}$, ..., $x_{n_1}^{(1)}$ sont toutes nulles. De cela, d'après (2), on tire que toute fonction η dans Ω peut s'écrire d'une seule manière sous la forme

$$\eta = x_1^{(1)} \eta_1^{(1)} + x_2^{(1)} \eta_2^{(1)} + \ldots + x_{n_1}^{(1)} \eta_{n_1}^{(1)}$$

où les $x_i^{(1)}$ sont des fonctions rationnelles de z_1.

---

* On peut, à la place de 1, θ, ..., θ^{n-1}, choisir n'importe quelle autre base de Ω pour établir ce résultat. Mais pour notre but, il suffit que nous choisissions précisément celle-ci.

Toute fonction η de cette forme vérifie une équation algébrique de degré n_1 dont les coefficients dépendent rationnellement de z_1. En effet :

$$\eta\eta_1^{(1)} = x_{1,1}^{(1)}\eta_1^{(1)} + x_{1,2}^{(1)}\eta_2^{(1)} + \ldots + x_{1,n_1}^{(1)}\eta_{n_1}^{(1)},$$
$$\eta\eta_2^{(1)} = x_{2,1}^{(1)}\eta_1^{(1)} + x_{2,2}^{(1)}\eta_2^{(1)} + \ldots + x_{2,n_1}^{(1)}\eta_{n_1}^{(1)},$$
$$\ldots$$
$$\eta\eta_{n_1}^{(1)} = x_{n_1,1}^{(1)}\eta_1^{(1)} + x_{n_1,2}^{(1)}\eta_2^{(1)} + \ldots + x_{n_1,n_1}^{(1)}\eta_{n_1}^{(1)},$$

et par conséquent

$$\begin{vmatrix} x_{1,1}^{(1)} - \eta & x_{1,2}^{(1)} & \cdots & x_{1,n_1}^{(1)} \\ x_{2,1}^{(1)} & x_{2,2}^{(1)} - \eta & \cdots & x_{2,n_1}^{(1)} \\ \cdots & & & \\ x_{n_1,1}^{(1)} & x_{n_1,2}^{(1)} & \cdots & x_{n_1,n_1}^{(1)} - \eta \end{vmatrix} = 0.$$

On peut montrer qu'il est possible de choisir une fonction $\eta = \theta_1$ telle que θ_1 ne vérifie pas en même temps une équation de degré inférieur à coefficients rationnellement dépendants de z_1.

Afin de prouver cette affirmation, nous nous appuierons sur la proposition suivante, dont la preuve découle facilement en passant de $m - 1$ à m. Si

$$F(x_1, x_2, \ldots, x_m)$$

est un polynôme en x_1, x_2, $\ldots$, x_m dont les coefficients sont des fonctions de Ω qui ne sont pas toutes nulles. On peut alors choisir pour x_1, x_2, $\ldots$, x_n des grandeurs (*Grössen*) [1] constantes ou rationnellement dépendantes de z_1 telles que F se change en une fonction qui ne s'annule pas dans Ω. Si $F(x_1, x_2, \ldots, x_m)$ est nulle pour de telles x_1, x_2, $\ldots$, x_m, alors pour dx_1, dx_2, $\ldots$, dx_m constants ou rationnellement dépendants de z_1

$$dF = F'(x_1)dx_1 + F'(x_2)dx_2 + \ldots + F'(x_m)dx_m = 0 \, [2].$$

Maintenant, si

$$\theta_1 = x_1^{(1)}\eta_1^{(1)} + x_2^{(1)}\eta_2^{(1)} + \ldots + x_{n_1}^{(1)}\eta_{n_1}^{(1)},$$

---

1. Il s'agit ici de « grandeurs algébriques ». L'utilisation de ce terme peut surprendre – Dedekind s'est en effet souvent soulevé contre cette notion qu'il considère trop vague – mais est sans doute due à la rédaction par Weber.

2. Il s'agit ici seulement de différentier des polynômes, donc de manipulations formelles sur leur degré, et non pas d'utiliser une structure différentielle pour la surface de Riemann qui n'est pas encore définie.

et

$$\begin{cases} 1 = x_{1,0}\eta_1^{(1)} + x_{2,0}\eta_2^{(1)} + \ldots + x_{n_1,0}^{(1)}\eta_{n_1}^{(1)}, \\ \theta_1 = x_{1,1}\eta_1^{(1)} + x_{2,1}\eta_2^{(1)} + \ldots + x_{n_1,1}^{(1)}\eta_{n_1}^{(1)}, \\ \ldots \\ \theta_1^m = x_{1,m}\eta_1^{(1)} + x_{2,m}\eta_2^{(1)} + \ldots + x_{n_1,m}^{(1)}\eta_{n_1,1}^{(1)}, \end{cases}$$

alors les $x_{k,h}$ sont des polynômes homogènes en $x_1, x_2, \ldots, x_{n_1}$ de degré h et en outre rationnellement dépendants de z_1. Alors, si

$$\varphi(\theta_1) = a_m\theta_1^m + a_{m-1}\theta_1^{m-1} + \ldots + a_1\theta_1 + a_0 = 0$$

est l'équation de plus bas degré vérifiée par θ_1 dont les coefficients sont rationnellement dépendants de z_1, alors les fonctions $a_0, a_1, \ldots, a_m$ vérifient la condition

$$a_0x_{i,0} + a_1x_{i,1} + \ldots + a_mx_{i,m} = 0 \qquad (i = 1, 2, \ldots, n_1)$$

et en même temps $m \leqq n_1$. Puisque les coefficients $x_{k,h}$ ne peuvent pas tous former des déterminants de dimension m qui s'annulent, car sinon θ_1 vérifierait une équation de degré inférieur à m, alors on conclut de la dernière équation que l'on peut supposer que les $a_0, a_1, \ldots a_m$ sont des fonctions entières homogènes de $x_1, x_2, \ldots, x_{n_1}$.

Si maintenant l'équation $\varphi(\theta_1) = 0$ doit être vérifiée pour tous les $x_1, x_2, \ldots, x_{n_1}$ rationnellement dépendants de z_1, on doit avoir également, d'après la proposition ci-dessus

$$d\varphi = \varphi'(\theta_1)d\theta_1 + da_m\theta_1^m + \ldots + da_1\theta_1 + da_0 = 0,$$

et si $m < n_1$, on peut déterminer les $dx_1, \ldots, dx_{n_1}$ sans qu'ils s'annulent tous, tels que

$$da_m : da_{m-1} : \ldots : da_1 : da_0 = a_m : a_{m-1} : \ldots : a_1 : a_0$$

et par conséquent,

$$\varphi'(\theta_1)d\theta_1 = 0.$$

Mais puisque $\varphi'(\theta_1)$ est de degré $m - 1$, on doit avoir $d\theta_1 = 0$ et donc $dx_1 = 0, \ldots, dx_{n_1} = 0$. Par conséquent, on peut seulement avoir $m = n_1$.

Alors si θ_1 est déterminée de telle manière que l'équation

$$F_1(\overset{n_1}{\theta_1}, z_1) = 0$$

atteigne effectivement un degré plus bas que le degré n_1, alors toutes les fonctions de Ω peuvent être écrites de manière unique sous la forme

$$\eta_1 = x_0^{(1)} + x_1^{(1)}\theta_1 + \ldots + x_{n_1-1}^{(1)}\theta_1^{n_1-1}$$

où les coefficients $x_0^{(1)}$, $x_1^{(1)}$, ..., $x_{n_1-1}^{(1)}$ sont rationnellement dépendants de z_1, alors sous cette hypothèse, on peut également exprimer de la manière citée les $\eta_1^{(1)}$, $\eta_2^{(1)}$, ..., $\eta_{n_1,1}^{(1)}$ de l'équation (5).
Il est possible d'exprimer rationnellement aussi bien z_1 et θ_1 en fonction de z et θ que, réciproquement, z et θ en fonction de z_1 et θ_1.

La variable z, que nous avons jusqu'ici considérée comme la variable indépendante peut donc être toute fonction (non constante) au choix du corps Ω. Alors que la totalité (*Gesamheit*) des fonctions du corps Ω reste inchangée, les concepts de base, norme, trace, discriminant, fonction entière, module, et idéal, sont, eux, essentiellement dépendants du choix de la variable indépendante z.

Une base de Ω par rapport à z reste une base de Ω par rapport à z_1 seulement dans le cas particulier où les fonctions z et z_1 sont linéairement dépendantes l'une de l'autre. Dans ce cas, les normes, traces et discriminants sont identiques pour z et z_1 [1].

Si α et β sont deux fonctions de Ω, alors il existe des équations entre elles dont le membre de gauche est un polynôme. Parmi ces équations, il en existe une (§1)

$$F(\alpha,\beta) = 0$$

qui est du plus bas degré possible aussi bien en α que en β. Celle-ci doit être appelée *l'équation irréductible* (qui existe) entre α et β et est, à constante multiplicative près, complètement déterminée.

---

1. Cette « dépendance linéaire » est la transformation birationnelle que nous avons évoquée au début de la section. La caractérisation de la ramification, par exemple, dépend du discriminant, c'est donc un concept invariant du corps.

DEUXIÈME PARTIE

§14. Points d'une surface de Riemann

Les considérations précédentes concernant les fonctions du corps Ω étaient de nature purement formelle. Tous les résultats y sont rationnels, c'est-à-dire qu'ils sont des conséquences tirées de l'existence d'une équation irréductible entre deux fonctions de Ω à l'issue de manipulations algébriques (formelles) basées sur les quatre opérations fondamentales de l'arithmétique. Les valeurs numériques de ces fonctions ne sont nulle part entrées en considération [1]. On pourrait même, sans recourir à aucun principe supplémentaire, pousser le traitement formel encore plus loin, en ne considérant pas deux fonctions du corps Ω comme liées par une équation, mais en les comprenant comme variables indépendantes, et dans ce cas, tout revient à l'étude de la divisibilité des fonctions rationnelles de deux variables. Nous avons également exploré cette possibilité, toutefois la présentation et l'expression (*Ausdrückweise*) en sont très lourdes, et cela n'offre pas d'avantage en termes de rigueur par rapport à la voie utilisée ci-dessus. À présent, la partie formelle ayant été développée, la question qui s'impose est celle de savoir *dans quelle mesure il est possible d'attribuer aux fonctions de Ω des valeurs numériques telles que toutes les relations (identités) rationnelles existantes entre deux fonctions*

---

1. L'aspect formel de l'étude du corps apparaît comme une étape nécessaire pour s'assurer de construire un fondement général à la théorie de Riemann. Ici « formel » réfère au fait que toutes les recherches sont basées seulement sur les équations polynomiales et la manipulation des opérations arithmétiques ($+, -, \times, \div$). Il n'y a pas, à ce stade, de manière d'évaluer une fonction, et de donner, par exemple, la valeur de la fonction ζ au point P – le 'point' n'ayant pas encore été défini. L'étape suivante est alors d'attribuer des valeurs numériques (complexes, c'est-à-dire prises dans $\mathbb{C} \cup \infty$) aux fonctions du corps Ω. La question d'attribuer une valeur à une fonction ζ en un point P est alors retournée en *définissant* le point comme le fait d'assigner une valeur (d'évaluer) une fonction.

se changent en égalités numériques correctes [1]. Pour cette recherche, il apparaît adéquat de considérer la « grandeur infinie » (*Unendlichgrosse*) comme un nombre déterminé (une constante) ∞ auquel on appliquera des règles de calcul précises *. Le calcul développé au moyen des opérations rationnelles dans le domaine de nombres ainsi élargi mène toujours à un résultat numérique entièrement déterminé si l'on ne rencontre pas au cours du calcul d'expression de la forme $\infty \pm \infty$, $0.\infty$, $\frac{0}{0}$, $\frac{\infty}{\infty}$ qui n'ont pas de valeur déterminée. L'apparition d'une telle indétermination ne doit pas être comprise comme une contradiction puisque, dans ce cas, l'équation ne contenant plus aucune affirmation déterminée, il ne peut être question de sa vérité ou de sa fausseté. Parmi les fonctions du corps Ω se trouve, hors un nombre infini de variables, également l'ensemble de toutes les constantes, c'est-à-dire les nombres. De là, on parvient d'après les exigences énoncées ci-dessus, au concept suivant :

1. **Définition.** Si tous les éléments α, β, γ, ... du corps Ω peuvent être remplacés par des valeurs numériques α_0, β_0, γ_0, ... telles que :

(I) $\alpha_0 = \alpha$ si α est constante et en général :

(II) $(\alpha + \beta)_0 = \alpha_0 + \beta_0$,

(III) $(\alpha - \beta)_0 = \alpha_0 - \beta_0$,

(IV) $(\alpha\beta)_0 = \alpha_0\beta_0$,

(V) $(\frac{\alpha}{\beta})_0 = \frac{\alpha_0}{\beta_0}$,

---

* Considérer l'infini comme valeur déterminée en théorie des fonctions est à la fois commun et utile. Il a été expliqué par Riemann, par exemple, que c'est de cette manière que ses surfaces constituées par les fonctions algébriques peuvent être considérées comme fermées.
[En effet, l'ajout de ∞ à $\mathbb{C}$ permet de s'assurer de la compacité des surfaces, et donc que tout sous-ensemble infini de points a une limite. (NDT)]

1. C'est-à-dire que toute égalité exprimée en termes de $+$, $-$, $\times$, $\div$ entre fonctions de Ω doit se traduire en égalité numérique dans $\mathbb{C} \cup \infty$. Il s'agit donc d'une exigence de conservativité sur la sphère de Riemann des relations rationnelles entre les fonctions. On peut également y voir la demande de donner un certain *contenu* aux recherches formelles, la possibilité de traduire les relations formelles en égalités numériques offrant la garantie d'une certaine cohérence des relations entre fonctions. La lettre que Dedekind envoie à Weber le 19 janvier 1880 montre que cet aspect lui plaît particulièrement.

alors une telle conjonction de valeurs déterminées doit être attribuée à un point $\mathfrak{P}$ (que l'on peut vouloir se représenter sensiblement (*Versinnlichung*) comme situé d'une manière ou d'une autre dans l'espace *) et nous disons que, en $\mathfrak{P}$, $\alpha = \alpha_0$ ou que α a en $\mathfrak{P}$ la valeur α_0 [1]. Deux points sont dits distincts si et seulement s'il existe une fonction α dans Ω qui a une valeur différente pour chacun de ces deux points.

De cette définition du point, il faut maintenant en déduire l'existence elle-même, ainsi que l'étendue (*Umfang*) du concept. En premier lieu, soulignons que cette définition du « point » est un concept invariant du corps Ω, en ce qu'il ne dépend en aucune manière du choix des variables indépendantes par lesquelles les fonctions du corps Ω sont représentées [2].

2. **Théorème.** Si un point $\mathfrak{P}$ est donné et z une variable finie en $\mathfrak{P}$ dans Ω (une telle variable existe pour chaque point puisque si $z_0 = \infty$ alors $\left(\frac{1}{z}\right)_0 = 0$), alors toute fonction entière ω de z a une valeur finie ω_0 en $\mathfrak{P}$. En effet, entre ω et z, il existe une relation de la forme

$$1 = a\frac{1}{\omega} + b\frac{1}{\omega^2} + \ldots + k\frac{1}{\omega^m}$$

où a, b, $\ldots$, k sont des polynômes en z qui, d'après (II), (III), (IV) ont une valeur finie en $\mathfrak{P}$. Par conséquent, $\left(\frac{1}{\omega}\right)_0$ ne peut jamais être nulle, ω_0 n'est donc pas égal à ∞.

---

* Une représentation sensible n'est d'ailleurs en aucun cas nécessaire et ne contribue pas même à une meilleure compréhension. Il suffit de considérer le mot « point » comme une expression courte et commode de la coïncidence de valeurs décrite.

1. Le point est donc défini comme l'évaluation numérique d'une fonction. Pour cette définition, Dedekind et Weber utilisent (sans le nommer) un morphisme de corps, qui avait déjà été défini et étudié par Dedekind en théorie des nombres Dedekind (1876-1877), §16. Dans Dedekind (1879), p. 470 (qui a été écrit en même temps que *Fonctions algébriques*), Dedekind explique que les conditions définissant le morphisme de corps donne une réponse à la question de savoir s'il est possible « de représenter les nombres ω du corps Ω' par les nombres ω' [l'image de ω par le morphisme] de telle manière que toutes les relations rationnelles existant entre les nombres ω sont complètement transférées à l'image ω'. » Signalons, par ailleurs, que la définition du point donnée ici est très proche d'une valuation et revient à l'introduction de la notion de « place ». Bourbaki souligne que « ils ont pour la première fois l'idée (...) d'associer à un point x d'un ensemble E et à un ensemble $\mathcal{F}$ d'applications de E dans un ensemble G l'application $f \mapsto f(x)$ de E dans G, autrement dit de considérer, dans l'expression $f(x)$, f comme variable et x comme fixe, au rebours de la tradition classique » Bourbaki (1984), p. 134.

2. En effet, comme Dedekind et Weber l'ont signalé à la fin de la première partie, « la totalité (*Gesamheit*) des fonctions du corps Ω reste inchangée » lorsque l'on change de variable.

---

146 — RICHARD DEDEKIND ET HEINRICH WEBER

3. **Théorème.** [1] Si z est n'importe quelle variable finie en $\mathfrak{P}$, alors la collection $\mathfrak{p}$ de toutes les fonctions entières π de z qui s'annulent en $\mathfrak{P}$ est un idéal premier; on dit que le point $\mathfrak{P}$ *engendre* l'idéal premier $\mathfrak{p}$. Si ω est une fonction entière de z qui prend la valeur ω_0 en $\mathfrak{P}$, alors $\omega \equiv \omega_0 \pmod{\mathfrak{p}}$.

Démonstration. Si $\pi_0' = 0$ et $\pi_0'' = 0$, alors $(\pi' + \pi'')_0 = \pi_0' + \pi_0'' = 0$ et pour ω fonction entière quelconque de z, alors ω_0 est finie. De $\pi_0 = 0$, il suit donc $(\omega\pi)_0 = \omega_0\pi_0 = 0$. Par conséquent, $\mathfrak{p}$ est un idéal en z (§7, I., II.). L'idéal $\mathfrak{p}$ est différent de $\mathfrak{o}$ puisqu'il ne contient pas la fonction « 1 ». Si ω a la valeur ω_0 en $\mathfrak{P}$, alors $(\omega - \omega_0)_0 = 0$, donc $\omega \equiv \omega_0 \pmod{\mathfrak{p}}$. Par conséquent, toute fonction entière de z est congrue à une constante modulo $\mathfrak{p}$, donc $\mathfrak{p}$ est un idéal premier (§9, 7.).

4. **Théorème.** Un idéal premier $\mathfrak{p}$ ne peut pas être engendré par deux points distincts.

En effet, tout d'abord la valeur de chaque fonction entière ω en un point $\mathfrak{P}$ qui engendre l'idéal $\mathfrak{p}$ est pleinement déterminée par la congruence $\omega \equiv \omega_0 \pmod{\mathfrak{p}}$. Mais si η une fonction quelconque de Ω, on peut déterminer, d'après §12, 1., deux fonctions entières α et β toutes deux divisibles par $\mathfrak{p}$ telles que

$$\eta = \frac{\alpha}{\beta}.$$

Maintenant, puisque α_0 et β_0 ne s'annulent pas toutes les deux, il suit de (V) que

$$\eta_0 = \frac{\alpha_0}{\beta_0}$$

est également entièrement déterminée par $\mathfrak{p}$.

Il s'ensuit encore que deux points auxquels une variable z a une valeur finie sont différents l'un de l'autre si et seulement s'il existe une fonction entière de z qui a une valeur distincte en chacun des points.

1. Dedekind et Weber établissent d'emblée la correspondance entre idéaux premiers et points. Ils commencent ici une série de propositions visant à montrer la correspondance biunivoque entre idéaux premiers et fonctions. Rappelons que certaines des idées centrales de cette correspondance entre points de la surface et idéaux du corps est présente dès les premières lettres de Weber. Dans l'idée que le point *engendre* l'idéal premier, alors même qu'il est défini après cet idéal, on retrouve la trace de la genèse du concept de point, qui primait dans l'approche initialement adoptée par Weber.

5. **Théorème.** Si z est n'importe quelle variable de Ω et $\mathfrak{p}$ un idéal premier en z, alors il existe un (et d'après 4., seulement un) point $\mathfrak{P}$ qui engendre cet idéal et qui sera appelé « point-zéro » (*Nullpunkt*) de l'idéal $\mathfrak{p}$.

Démonstration. Soient η une fonction quelconque de Ω et ϱ une fonction de Ω telle que son sur-idéal est divisible par $\mathfrak{p}$ mais ne l'est pas par $\mathfrak{p}^2$. D'après §12, 6., on peut toujours et de manière unique déterminer un nombre entier m, une constante non nulle c et une fonction η_1 dont le sous-idéal n'est pas divisible par $\mathfrak{p}$, tels que

$$\eta = c\varrho^m + \eta_1\varrho^{m+1}.$$

On pose

$$\eta_0 = 0, \ c, \ \infty,$$

selon que m est positif, nul ou négatif.. Cette attribution de valeurs à une fonction du corps Ω engendre correspond à un point puisque, comme on peut le voir immédiatement, les conditions (I) à (V) sont remplies *.

Toute fonction dont le sur-idéal est divisible par $\mathfrak{p}$, et en particulier chaque fonction dans $\mathfrak{p}$ obtient la valeur nulle en $\mathfrak{P}$ par cette assignation, c'est-à-dire qu'un point $\mathfrak{P}$ ainsi défini engendre l'idéal premier $\mathfrak{p}$.

Toute fonction dont le sous-idéal est divisible par $\mathfrak{p}$, et seulement de telles fonctions, a la valeur ∞ en $\mathfrak{P}$. De cela, il suit qu'une fonction entière de z n'est jamais infinie en les points auxquels z a une valeur finie. Puisqu'une fonction fractionnaire de z a forcément un idéal premier dans son sous-idéal, alors elle doit être infinie en au moins un point où z est finie, et réciproquement chaque fonction qui n'est infinie en aucun point où z est finie est une fonction entière de [1] z.

6. De 3., 4., 5., il suit le résultat suivant : pour obtenir tous les points $\mathfrak{P}$ existants une et une seule fois chacun, il faut fixer (*ergreifen*) une variable quelconque z du corps Ω. On forme alors tous les idéaux premiers $\mathfrak{p}$ en z

---

* Si $\eta' = c'\varrho m' + \eta_1'\varrho m' + 1$, on a par exemple

$$\frac{\eta}{\eta_1} = \varrho m - m'(\frac{c}{c'} + \varrho\eta_1'')$$

où $\eta_1'' = \frac{c'\eta_1 - c\eta_1'}{c'(c' + \varrho\eta_1')}$ est une fonction dont le comportement est semblable à celui de η_1' (la démonstration des cas restants est encore plus simple).

1. Pour caractériser les points à l'infini, il faut donc recourir aux idéaux fractionnaires. L'introduction des polygones et des quotients de polygones, dans les sections suivantes, viendra compléter cette caractérisation.

et on construit pour chacun son point-zéro, et l'on a ainsi trouvé chacun des points $\mathfrak{P}$ auxquels z reste finie. Soit $\mathfrak{P}'$ un point différent de $\mathfrak{P}$, alors $z' = \frac{1}{z}$ a en $\mathfrak{P}'$ la valeur finie nulle et réciproquement chaque point de $\mathfrak{P}'$ auquel z' a la valeur nulle est distinct de $\mathfrak{P}$. L'idéal premier $\mathfrak{p}'$ en z' (qui se compose de toutes les fonctions entières z' qui s'annulent en $\mathfrak{P}'$) engendré par un tel $\mathfrak{P}'$ divise z'. Réciproquement, si le point-zéro d'un idéal $\mathfrak{p}'$ premier en z', qui divise z', est un point $\mathfrak{P}'$ pour lequel $z' = 0$, alors $z = \infty$. Avec ces points complémentaires (*Ergängzungspunkten*) correspondant au différent $\mathfrak{p}'$, qui sont en nombre fini, et ceux auparavant déduits de l'idéal premier $\mathfrak{p}$ en z, on décrit la totalité des points $\mathfrak{P}$ dont la collection forme la *surface de Riemann* [1] T.

§15. Ordres

1. **Définition.** Si $\mathfrak{P}$ est un point déterminé, alors on considère toutes les fonctions π dans Ω qui s'annulent en $\mathfrak{P}$ et on attribue à chacune un *ordre* (*Ordnungszahlen*) déterminé de la manière suivante [2].

Une telle fonction ϱ est d'ordre 1 ou est dite *infiniment petite du premier ordre* ou encore 0^1 en $\mathfrak{P}$ si *tous* les quotients $\frac{\pi}{\varrho}$ sont finis en $\mathfrak{P}$. Si ϱ' est une fonction comme ϱ, alors $\frac{\varrho'}{\varrho}$ ne vaut ni 0 ni ∞ en $\mathfrak{P}$. Réciproquement, si $\frac{\varrho'}{\varrho}$ ne vaut ni 0 ni ∞ en $\mathfrak{P}$, alors ϱ' est elle aussi infiniment petite du premier ordre. De plus, s'il existe pour toute fonction π un exposant positif r tel que $\frac{\pi}{\varrho^r}$ ne vaut ni 0 ni ∞ en $\mathfrak{P}$, alors la même chose est valable pour $\frac{\pi}{\varrho^r}$ et π reçoit l'ordre r en $\mathfrak{P}$ ou est dite infiniment petite d'ordre r en $\mathfrak{P}$. On dira aussi que π est 0^r en $\mathfrak{P}$ ou que π est 0 en $\mathfrak{P}^r$.

1. Ce que Dedekind et Weber appellent ici « surface de Riemann T » est seulement une collection de points sans continuité, sans multiplicité, sans structure particulière permettant de caractériser et d'étudier les singularités. Ces propriétés sont introduites dans les sections suivantes pour définir ce qu'ils appellent la « surface de Riemann absolue ».
2. La notion d'ordre va permettre de caractériser la multiplicité de la surface. Dedekind et Weber utilisent ici le vocabulaire de Riemann (assez commun à l'époque) pour désigner les singularités et leur multiplicité, par exemple « infiniment petit d'ordre r » pour les zéros d'ordre r. Ils adoptent également l'idée selon laquelle un zéro d'ordre r revient à une fonction s'annulant en r points superposés, ce qui introduit l'idée de point multiple. Cela ne signifie toutefois pas qu'ils adoptent aussi l'utilisation des infinitésimaux présente chez Riemann.

Pour résoudre la question de l'existence d'une telle fonction ϱ et d'un tel ordre r, on choisit une variable arbitraire z finie en $\mathfrak{P}$, on désigne par $\mathfrak{p}$ l'idéal premier en z engendré par $\mathfrak{P}$ et on représente chaque fonction π (à l'exception de la fonction nulle qui n'a pas d'ordre) comme quotient de deux idéaux premiers entre eux (d'après le §12). Le sur-idéal de chacune de ces fonctions est divisible par $\mathfrak{p}$ et il existe parmi elles des fonctions dont le sur-idéal n'est pas divisible par $\mathfrak{p}^2$, ces fonctions sont d'ordre 1. Pour les fonctions π restantes, l'ordre est l'exposant de la plus haute puissance de $\mathfrak{p}$ qui divise leur sur-idéal, ce qui suit d'emblée des théorèmes du §12.

2. Si une fonction η a la valeur finie η_0 en $\mathfrak{P}$, on dit que η prend cette valeur r fois en $\mathfrak{P}$ ou en r points coïncidents en $\mathfrak{P}$ ou encore en $\mathfrak{P}^r$ si la fonction $\eta - \eta_0$ est infiniment petite d'ordre r en $\mathfrak{P}$. En revanche, si $\eta_0 = \infty$, on dit que η prend la valeur ∞ r fois en $\mathfrak{P}$ ou en r points coïncidents en $\mathfrak{P}$ ou encore que η est ∞^r en $\mathfrak{P}$ ou ∞ en $\mathfrak{P}^r$, si $\frac{1}{\eta}$ s'annule en $\mathfrak{P}^r$ [1].

3. Si une fonction η est ∞^r en $\mathfrak{P}$, alors on lui attribue l'ordre $-r$. Si η ne prend ni la valeur 0 ni la valeur ∞ en $\mathfrak{P}$, alors elle est d'ordre 0. Ainsi, en un point au choix $\mathfrak{P}$, toute fonction du corps Ω a un ordre parfaitement déterminé, à l'exception des deux constantes 0 et ∞.

4. Si ϱ est une fonction qui prend l'ordre 1 en un point au choix $\mathfrak{P}$ et η une fonction d'ordre m (positif, négatif ou nul), alors on peut, d'après le théorème qui conclut le §12, déterminer pour tout r positif une suite de constantes $c_0, c_1, \ldots, c_{r-1}$ dont le premier terme est non nul et une fonction σ finie en $\mathfrak{P}$, telles que

$$\eta = c_0 \varrho^m + c_1 \varrho^{m-1} + \ldots + c_{r-1} \varrho^{m+r-1} + \sigma \varrho^{m+r}.$$

5. De cela, il suit immédiatement que l'ordre du produit de deux ou plus de deux fonctions est égal à la somme des ordres de chacune des fonctions.

L'ordre du quotient de deux fonctions est égal la différence des ordres du numérateur et du dénominateur.

---

1. Cette dernière définition permet donc de caractériser les pôles.

Si $\eta_1, \eta_2, \ldots, \eta_s$ est une suite de fonctions et m le plus petit algébriquement parmi les ordres de chacune des fonctions, alors, pour des constantes $e_1, e_2, \ldots, e_s$ qui ne s'annulent pas toutes, on a :

$$\eta_1 = e_1\varrho^m + \sigma_1\varrho^{m+1},$$
$$\eta_2 = e_2\varrho^m + \sigma_2\varrho^{m+1},$$
$$\ldots$$
$$\eta_s = e_s\varrho^m + \sigma_s\varrho^{m+1}.$$

De là, si $c_1, c_2, \ldots, c_s$ sont des constantes, alors l'ordre de

$$\eta = c_1\eta_1 + c_2\eta_2 + \ldots + c_s\eta_s$$

est égal à m dans le cas où $c_1e_1 + c_2e_2 + \ldots + c_se_s$ est non nul. Il est supérieur à m sinon.

6. On appelle *polygone* un complexe de points, qui peut contenir plusieurs fois certains points. On le désigne par les lettres $\mathfrak{A}$, $\mathfrak{B}$, $\mathfrak{C}$, $\ldots$

De plus, on note $\mathfrak{AB}$ le polygone formé par les points des polygones $\mathfrak{A}$ et $\mathfrak{B}$ mis ensemble de manière à ce que lorsqu'un point $\mathfrak{P}$ apparaît r fois dans $\mathfrak{A}$ et s fois dans $\mathfrak{B}$, il apparaît $r + s$ fois dans $\mathfrak{AB}$[1]. De cela, il suit immédiatement la signification (*Bedeutung*) de $\mathfrak{P}^r$ et de $\mathfrak{A} = \mathfrak{P}^r\mathfrak{P}_1^{r_1}\mathfrak{P}_2^{r_2} \ldots$ et les lois de divisibilité des polygones sont en parfaite concordance avec celles des nombres entiers et des idéaux. Le rôle des facteurs premiers est tenu par les points, et afin d'obtenir l'unité, on doit autoriser le polygone $\mathfrak{O}$ qui ne contient aucun point (polygone nul [*Nulleck*]).

Le nombre de points d'un polygone est appelé son *ordre*. Un polygone d'ordre n est également appelé, pour des raisons de brièveté, un n-gone (*n-Eck*).

Le *plus grand commun diviseur* de deux polygones $\mathfrak{A}$ et $\mathfrak{B}$ est le polygone qui contient chaque point autant de fois que le nombre minimum de fois où celui-ci apparaît dans $\mathfrak{A}$ et dans $\mathfrak{B}$. S'il s'agit de $\mathfrak{O}$, alors $\mathfrak{A}$ et $\mathfrak{B}$ sont dits premiers entre eux.

---

1. La définition discrète des points comme coïncidence de valeurs offre une caractérisation univalente et locale des fonctions, comme l'a suggéré Dedekind dans la lettre citée p. 38. La surface définie pour l'instant n'est qu'une « totalité simple », et pour pouvoir effectivement caractériser les fonctions par leurs zéros et leurs pôles, Dedekind et Weber ont besoin de pouvoir travailler avec des systèmes de points. Pour cela, ils introduisent des complexes de points, les polygones. Les polygones correspondent à ce que l'on appelle aujourd'hui des diviseurs positifs.

Le *plus petit commun multiple* de deux polygones $\mathfrak{A}$ et $\mathfrak{B}$ est le polygone qui contient chaque point autant de fois que le nombre maximum de fois où celui-ci apparaît dans $\mathfrak{A}$ et dans $\mathfrak{B}$. Si $\mathfrak{A}$ et $\mathfrak{B}$ sont premiers entre eux, alors $\mathfrak{AB}$ est leur plus petit commun multiple.

Si $\mathfrak{A} = \mathfrak{P}^r \mathfrak{P}_1^{r_1} \mathfrak{P}_2^{r_2} \dots$ est un polygone quelconque, alors il existe toujours une fonction z de Ω qui n'est infinie en aucun point de $\mathfrak{A}$. En effet, si z était infinie en un point de $\mathfrak{A}$, on pourrait alors choisir une constante c telle que $z - c$ n'ait la valeur 0 en aucun point, et par conséquent $\frac{1}{z-c}$ est finie en tout point de $\mathfrak{A}$. Prenons pour point de départ une telle variable z, alors la collection de toutes ces fonctions entières de z qui s'annulent aux points du polygone $\mathfrak{A}$ (chacune comptée par rapport à sa multiplicité) forme un idéal $\mathfrak{a} = \mathfrak{p}^r \mathfrak{p}_1^{r_1} \mathfrak{p}_2^{r_2} \dots$ et l'on peut dire que le polygone $\mathfrak{A}$ engendre l'idéal $\mathfrak{a}$ ou que $\mathfrak{A}$ est le *polygone zéro* de l'idéal $\mathfrak{a}$. Le concept d'idéal coïncide donc complètement avec le concept de système des fonctions entières qui s'annulent toutes aux mêmes points fixés. L'idéal $\mathfrak{o}$ est engendré par le polygone nul $\mathfrak{O}$ [1].

Le produit de deux ou plus de deux idéaux est engendré par le produit des polygones zéro des facteurs. Le plus grand commun diviseur et le plus petit commun multiple de deux idéaux est engendré par le plus grand commun diviseur et le plus petit commun multiple des polygones zéro correspondants.

7. **Théorème.** Si z est n'importe quelle variable de Ω et n le degré du corps Ω par rapport à z, alors z prend chaque valeur particulière c en exactement n points [2]. En effet, si $\mathfrak{o}$ désigne le système de toutes les fonctions entières de z et c une constante finie, alors ($\S 9$, 7.)

$$\mathfrak{o}(z - c) = \mathfrak{p}_1^{e_1} \mathfrak{p}_2^{e_2} \dots, \quad e_1 + e_2 + \dots = n$$

1. On obtient ainsi les deux éléments essentiels de la définition des points et des polygones : d'une part, le transfert des propriétés arithmétiques, que j'ai évoqué au cours de la préface ; d'autre part, la correspondance biunivoque entre les idéaux (quelconques) et les systèmes de points. Soulignons que Dedekind et Weber n'ont introduit, ici, que des polygones avec des puissances positives, ce qui implique qu'ils ne peuvent, à ce stade, considérer que des ordres positifs (c'est-à-dire les zéros). Plutôt que d'introduire une notion de polygone plus générale, qui aurait des puissances arbitraires, Dedekind et Weber vont définir un quotient de polygones – de la même manière qu'ils ont défini des fonctions et idéaux fractionnaires.

2. Ici, donc, on retrouve pleinement la multiplicité des fonctions : lorsque la variable prend la valeur c en n points (ou n fois la valeur c), cela correspond aux n feuillets superposés de Riemann.

si $\mathfrak{p}_1$, $\mathfrak{p}_2$, ... désignent des idéaux premiers en z tous distincts. Si l'on note $\mathfrak{P}_1$, $\mathfrak{P}_2$, ... les *points-zéro* de $\mathfrak{p}_1$, $\mathfrak{p}_2$, ..., alors d'après 2., z a la valeur c en e_1 points $\mathfrak{P}_1$ (ou en $\mathfrak{P}_1^{e_1}$), en e_2 points $\mathfrak{P}_2$ (ou en $\mathfrak{P}_2^{e_2}$), et ainsi de suite, et par conséquent aux n points du polygone $\mathfrak{P}_1^{e_1}\mathfrak{P}_2^{e_2}$ .... Réciproquement, si $\mathfrak{P}$ est un point auquel z a la valeur c, et $\mathfrak{p}$ l'idéal premier engendré par $\mathfrak{P}$ en z, alors $z \equiv c\,(\mathrm{mod}\ \mathfrak{p})$ et $\mathfrak{p}$ est donc un des idéaux $\mathfrak{p}_1$, $\mathfrak{p}_2$, ... Par conséquent, $\mathfrak{P}$ est un des points $\mathfrak{P}_1$, $\mathfrak{P}_2$, ... Ce résultat est également valable pour $c = \infty$. En effet, n est aussi le degré de Ω par rapport à $\frac{1}{z}$, alors lorsque cette dernière variable prend la valeur 0, z a la valeur ∞ en exactement n points. Du §11, on déduit qu'il y a seulement un nombre fini de valeurs de la constante c pour lesquels l'un des exposants e_1, e_2, ... peut être plus grand que 1.

Le nombre n, c'est-à-dire le nombre de points auxquels la fonction z a une même valeur, doit être nommé *l'ordre* (*Ordnung*) de la fonction z. Les constantes, et seulement elles, sont d'ordre nul. Pour toutes les autres fonctions de Ω, l'ordre est un entier positif. L'ordre d'une variable z est égal à l'ordre du corps Ω par rapport à z.

§16. *Points conjugués et valeurs conjuguées*

1. **Définition.** Si c est une valeur numérique déterminée alors il lui correspond, comme montré au §15, un polygone $\mathfrak{A}$ à n points (distincts ou pas) $\mathfrak{P}'$, $\mathfrak{P}''$, ..., $\mathfrak{P}^{(n)}$ auxquels la variable z d'ordre n prend cette valeur. Ces n points doivent être appelés points conjugués en z, ils sont déterminés par rapport à l'un d'eux (et par rapport à la variable z). Si l'on fait prendre à c successivement toutes les valeurs, alors le polygone $\mathfrak{A} = \mathfrak{P}'\mathfrak{P}'' \ldots \mathfrak{P}^{(n)}$ se déplace (*sich bewegen*) et ce de telle manière que tous ses points soient continûment (*stets*) modifiés. On obtient ainsi tous les points existants, et ceux multiples (en nombre fini) seulement lorsque $z - z_0$ ou $\frac{1}{z}$ s'annule pour un ordre supérieur à 1.

Soit alors le produit de ces polygones

$$\prod \mathfrak{A} = T \mathfrak{Z}_z$$

où T est la totalité simple (*einfache Gesamtheit*) de tous les points, la *surface de Riemann*, et $\mathfrak{Z}_z$ un certain polygone fini que l'on appelle *polygone de ramification* ou *polygone de branchement de T en z*. Chaque point $\mathfrak{Q}$ contenu dans $\mathfrak{Z}_z$ est appelé *point de ramification* ou *point de branchement de T en z* et est d'ordre s s'il apparaît s fois dans $\mathfrak{Z}_z$. On a $s = e - 1$ si $z - z_0$ ou $\frac{1}{z}$ est infiniment petit d'ordre e en $\mathfrak{Q}$. L'ordre du polygone $\mathfrak{Z}_z$ est appelé *ordre de ramification* ou *ordre de branchement* w_z de la surface T en z. Les points du polygone de ramification auxquels z a une valeur finie engendrent ensemble l'idéal de ramification (§11) [1].

Si l'on veut, depuis cette définition d'une surface de Riemann « absolue », qui est un concept invariant du corps Ω, passer à la conception riemannienne connue, il faut penser la surface déployée dans un plan de z qu'elle recouvre entièrement n fois, sauf aux points de ramification [2].

2. Théorème. Si

$$z' = \frac{c + dz}{a + bz}$$

avec a, b, c, d constantes dont le déterminant $ad - bc$ n'est pas nul, alors [3]

$$\mathfrak{Z}_z = \mathfrak{Z}_{z'} \quad ; \quad w_z = w_{z'}.$$

---

1. Dedekind et Weber énoncent donc, après de longs préliminaires, leur définition de la surface de Riemann qu'ils disent « absolue » et qui correspond à la notion introduite par Riemann, c'est-à-dire avec ramification, multiplicité, singularités… La caractérisation donnée jusqu'ici était discrète, et la continuité est reconquise en faisant parcourir aux produits de polygones l'ensemble des valeurs de la sphère de Riemann. Cela est possible en vertu de la première propriété énoncée dans ce paragraphe : pour *toute valeur* c de $\mathbb{C} \cup \infty$, il existe un polygone à n points pour lequel z prend cette valeur, donc z peut parcourir continûment $\mathbb{C} \cup \infty$. De cette manière, les points sont tous obtenus, et avec leur multiplicité. La surface ainsi définie, puisqu'elle ne dépend que des points, est un concept invariant du corps – c'est-à-dire qu'elle ne dépend pas de la variable choisie, satisfaisant l'exigence de généralité. Enfin, la correspondance entre le corps et la surface signifie que les singularités de la surface peuvent être exprimées en termes des propriétés (de divisibilité) des idéaux, et en particulier l'idéal de ramification défini dans le §11 est engendré par les points du polygone $\mathfrak{Z}_z$ décrivant la ramification de la surface.

2. Cette définition de la surface de Riemann ne possède aucune composante géométrique, et son lien avec l'idée riemannienne d'une surface de Riemann peut paraître difficile à saisir. Dedekind et Weber n'explorent pas l'idée d'une surface déployée au dessus du plan de z au-delà de cette indication assez laconique. Leur surface de Riemann est en réalité complètement détachée de considérations géométriques ou spatiales – aucune notion (que l'on appellerait) topologique n'intervient, d'ailleurs, à ce stade la théorie. La distance prise avec la composante géométrique des travaux de Riemann, et l'impossibilité de *revenir* à la géométrie à partir du travail de Dedekind et Weber peuvent être – et ont certainement été – vues comme des insuffisances de leur travail. Il semble, cependant, que cette faiblesse soit hors du *but* poursuivi par Dedekind et Weber – peut-être, même, pourrait-on dire qu'elle ne les concerne pas.

3. Dedekind et Weber montrent donc que l'idéal de ramification et l'ordre de ramification sont invariants par transformation birationnelle.

En effet, si en un point $\mathfrak{P}$, $z - z_0$ ou $\frac{1}{z}$ est infiniment petit d'ordre e, alors c'est également le cas de

$$z' - z'_0 = \frac{(ad - bc)(z - z_0)}{(a + bz)(z + bz_0)},$$

ou bien, si z_0 est infinie, de

$$z' - z'_0 = \frac{-(ad - bc)}{b(a + bz)},$$

ou si $z'_0 = \infty$ et donc $a + bz_0 = 0$, de

$$\frac{1}{z'} = \frac{a + bz}{c + dz}.$$

En particulier, si $z' = \frac{1}{z}$, alors l'ordre de ramification $w_z = w_{z'}$ est égal au degré du discriminant $\Delta_z(\Omega)$ augmenté du nombre de racines s'annulant (*verschwindenden Wurzeln*) de $\Delta_{z'}(\Omega) = 0$ (§11).

3. **Définition.** Les valeurs η', η'', $\ldots$, $\eta^{(n)}$ prises par une fonction au choix η de Ω en n points $\mathfrak{P}'$, $\mathfrak{P}''$, $\ldots$, $\mathfrak{P}^{(n)}$ conjugués en z sont appelées les *valeurs conjuguées de η en z*.

4. **Théorème.** Si $N_z(\eta)$ est la norme d'une fonction η par rapport à z, alors la valeur que prend cette fonction rationnelle de z en $z = z_0$ est égale au produit $\eta'\eta'' \ldots \eta^{(n)}$ des valeurs conjuguées de η en $z = z_0$. Cependant, on se dispense du cas où ce produit est indéterminé, c'est-à-dire lorsque l'une de ces valeurs conjuguées est 0 et une autre [1] ∞.

Pour prouver ce théorème, on peut supposer z_0 finie, puisque si $z_0 = \infty$, on se fonde sur la variable $\frac{1}{z} = z'$ et cela laisse la norme inchangée. De plus, on peut supposer que les valeurs η', η'', $\ldots$, $\eta^{(n)}$ sont toutes finies, puisque si l'une d'elle est infinie, aucune ne vaut 0 par convention, aussi peut-on considérer $\frac{1}{\eta}$ à la place de η.

Sous ces conditions, soit

$$\mathfrak{o}(z - c) = \mathfrak{p}_1^{e_1} \mathfrak{p}_2^{e_2} \ldots$$

et $\mathfrak{P}_1$, $\mathfrak{P}_2$, ... les points-zéro des idéaux premiers tous distincts $\mathfrak{p}_1$, $\mathfrak{p}_2$, ...
On construit le système de fonctions entières de z λ_i, μ_j de la manière suivante * :

λ_1 divisible par $\mathfrak{p}_1$ mais pas par $\mathfrak{p}_1^2$,
λ_2 divisible par $\mathfrak{p}_2$ mais pas par $\mathfrak{p}_2^2$,
λ_3 divisible par $\mathfrak{p}_3$ mais pas par $\mathfrak{p}_3^2$,
...

μ_1 divisible par $\mathfrak{p}_2^{e_2}$, $\mathfrak{p}_3^{e_3}$ ... mais pas par $\mathfrak{p}_1$, $\mathfrak{p}_2^{e_2+1}$, $\mathfrak{p}_3^{e_3+1}$, ...,
μ_2 divisible par $\mathfrak{p}_1^{e_1}$, $\mathfrak{p}_3^{e_3}$ ... mais pas par $\mathfrak{p}_2$, $\mathfrak{p}_1^{e_1+1}$, $\mathfrak{p}_3^{e_3+1}$, ...,
μ_3 divisible par $\mathfrak{p}_1^{e_1}$, $\mathfrak{p}_2^{e_2}$ ... mais pas par $\mathfrak{p}_3$, $\mathfrak{p}_1^{e_1+1}$, $\mathfrak{p}_2^{e_2+1}$, ...,
...

Les n fonctions

$$
\begin{array}{cccccc}
\mu_1 & \mu_1\lambda_1 & \mu_1\lambda_1^2 & \ldots & \mu_1\lambda_1^{e_1-1} \\
\mu_2 & \mu_2\lambda_2 & \mu_1\lambda_2^2 & \ldots & \mu_2\lambda_2^{e_2-1} \\
\mu_3 & \mu_3\lambda_3 & \mu_3\lambda_3^2 & \ldots & \mu_3\lambda_3^{e_3-1} \\
\ldots
\end{array}
$$

que l'on note η_1, ..., η_n, forment une base de Ω – cette observation fait partie de l'affirmation plus générale que l'on doit démontrer.
Si

$$(z - z_0)\zeta = x_1\eta_1 + x_2\eta_2 + \ldots + x_n\eta_n$$

avec x_1, x_2, ..., x_n polynômes et ζ à valeurs finies ζ', ζ'', ... aux points $\mathfrak{P}_1$, $\mathfrak{P}_2$, ..., alors tous les coefficients x_1, x_2, ..., x_n doivent être divisibles par $(z - z_0)$. En fait, par exemple dans le membre de gauche de l'équation, le point $\mathfrak{P}_1$ est infiniment petit d'ordre au moins e_1. On doit également avoir, d'après §15, 5.,

$$x_1\eta_1 + x_2\eta_2 + \ldots + x_n\eta_n = \mu_1(x_1 + x_2\lambda_1 + \ldots + x_n\lambda_1^{e_1-1})$$

infiniment petit du même ordre. Ceci n'est possible que si x_1, x_2, ..., x_{e_1} s'annulent en $\mathfrak{P}_1$ et sont donc divisibles par $z - z_0$. CQFD.

---

* La possibilité de déterminer de telles fonctions suit de la remarque du §9, 3. ou encore du §11, 2., où l'on peut poser par exemple $\lambda = \rho - b$, $\mu\lambda^e = \psi(\rho)$.

1. Rappelons que dans le §2, la norme d'une fonction rationnelle de z est définie comme la n-ème puissance de cette fonction. Dans les pages qui suivent, Dedekind et Weber parcourent à nouveau les notions introduites dans la première partie, comme la trace et le discriminant, pour clarifier leur définition dans ce nouveau contexte.

De là, on peut poser

$$
\begin{aligned}
\eta\mu_1\lambda_1^r = \quad & \mu_1(x_1^{(0)} + x_1^{(1)}\lambda_1 + \ldots + x_1^{(e_1-1)}\lambda_1^{(e_1-1)}) \\
+ \ & \mu_2(x_2^{(0)} + x_2^{(1)}\lambda_2 + \ldots + x_2^{(e_2-1)}\lambda_2^{(e_2-1)}) \\
+ \ & \mu_3(x_3^{(0)} + x_3^{(1)}\lambda_3 + \ldots + x_3^{(e_3-1)}\lambda_3^{(e_3-1)}) \\
+ \ & \ldots,
\end{aligned}
$$

où les $x_1^{(0)}$, $x_1^{(1)}$, $\ldots$, $x_2^{(0)}$, $\ldots$ sont des fonctions rationnelles de z qui sont toutes finies en $z - z_0$. Aux points $\mathfrak{P}_2$, $\mathfrak{P}_3$, $\ldots$ le membre gauche de l'équation est infiniment petit d'ordre au moins e_2, e_3, $\ldots$ La même chose est valable en $\mathfrak{P}_2$ pour μ_1, μ_3, $\ldots$ mais pas μ_2, en $\mathfrak{P}_3$ pour μ_1, μ_2, $\ldots$ mais pas μ_3, etc. Par conséquent, pour $z = z_0$

$$
\begin{aligned}
x_2^{(0)} = 0, \quad x_2^{(1)} = 0, \quad \ldots, \quad x_2^{(e_2-1)} = 0, \\
x_3^{(0)} = 0, \quad x_3^{(1)} = 0, \quad \ldots, \quad x_3^{(e_3-1)} = 0, \\
\ldots \qquad \ldots \qquad \ldots \qquad \ldots
\end{aligned}
$$

En $\mathfrak{P}_1$, le membre gauche est infiniment petit d'ordre au moins r, par conséquent, si $r < e_1$, pour $z = z_0$

$$
x_1^{(0)} = 0, \ x_1^{(1)} = 0, \ \ldots, \ x_1^{(r-1)} = 0, \ x_1^{(r)} = \eta'.
$$

La même conclusion s'applique aux fonctions $\eta\mu_2\lambda_2^r$, $\eta\mu_3\lambda_3^r$. Posons donc

$$
\begin{aligned}
\eta\eta_1 &= x_{1,1}\eta_1 + x_{1,2}\eta_2 + \ldots + x_{1,n}\eta_n, \\
\eta\eta_2 &= x_{2,1}\eta_1 + x_{2,2}\eta_2 + \ldots + x_{2,n}\eta_n, \\
&\ldots, \\
\eta\eta_n &= x_{n,1}\eta_1 + x_{n,2}\eta_2 + \ldots + x_{n,n}\eta_n.
\end{aligned}
$$

alors, dans le déterminant

$$
N(\eta) = \sum \pm x_{1,1}x_{2,2}\ldots x_{n,n},
$$

tous les éléments à gauche de la diagonale sont nuls pour $z = z_0$, tandis que dans les éléments diagonaux e_1 sont égaux à η', les e_2 sont égaux à η'', les e_3 sont égaux à η''', $\ldots$ Alors pour $z = z_0$,

$$
N(\eta) = \eta'^{e_1}\eta''^{e_2}\eta'''^{e_3}\ldots
$$

CQFD.

5. D'après la définition de la trace (§2),

$$
S(\eta) = x_{1,1} + x_{2,2} + \ldots + x_{n,n},
$$

on déduit par les mêmes considérations que pour $z = z_0$

$$
S(\eta) = e_1\eta' + e_2\eta'' + e_3\eta'''\ldots,
$$

ce qui n'est valable qu'à condition que les valeurs η', η'', $\ldots$ soient finies.

Le théorème 4. donne, pour t constante (ou rationnellement dépendante de z) arbitraire, pour $z = z_0$

$$N(t - \eta) = (t - \eta')^{e_1}(t - \eta'')^{e_2} \ldots$$

donc, par identification des coefficients de même puissance en t, on a pour chacun de ces coefficients une expression en termes de valeurs conjuguées (fonctions symétriques).

6. Si $\eta_1, \eta_2, \ldots, \eta_n$ est une base de Ω, alors en appliquant 5., on obtient la valeur du discriminant de ce système pour $z = z_0$

$$\Delta_z(\eta_1, \eta_2, \ldots, \eta_n) = \left(\sum \pm\eta_1'\eta_2'' \ldots \eta_n^{(n)}\right)^2$$

où $\eta_1', \eta_2'', \ldots, \eta_n^{(n)}$ sont les valeurs conjuguées des η_i pour $z = z_0$, identiques ou distinctes mais supposées finies.

§17. *Représentation des fonctions de Ω par un quotient de polygones*

Une fonction η du corps Ω a un ordre non nul seulement en un nombre fini de points. La somme de tous les ordres est égale à 0, par conséquent la somme des ordres positifs est égale à la somme des ordres négatifs et égale à l'ordre (*Ordnung*) de la fonction η (§15). Si l'on connaît l'ordre d'une fonction pour chaque point $\mathfrak{P}$, alors la fonction est déterminée à constante multiplicative près [1]. En effet, si η' a le même ordre que η, alors $\frac{\eta}{\eta'}$ est d'ordre nul, et est donc, d'après le §15, 7., une constante.

Si l'on construit le polygone $\mathfrak{A}$ dans lequel on prend chaque point auquel η a un ordre positif aussi souvent que cet ordre est attribué, et un deuxième polygone $\mathfrak{B}$ constitué de manière équivalente par les points auxquels η a un ordre négatif, alors les deux polygones $\mathfrak{A}$ et $\mathfrak{B}$ sont de même ordre et de l'ordre de η. Ces deux polygones sont également une manière de déterminer la fonction η à constante multiplicative près. On pose, comme notation symbolique :

$$\eta = \frac{\mathfrak{A}}{\mathfrak{B}}$$

et on appelle $\mathfrak{A}$ *sur-polygone* (*Obereck*) et $\mathfrak{B}$ *sous-polygone* (*Unter-eck*) [*][2].

Dans cette manière de faire, les deux polygones $\mathfrak{A}$ et $\mathfrak{B}$ sont premiers entre eux et il convient d'étendre cette définition en considérant la possibilité de l'existence d'un facteur commun entre $\mathfrak{A}$ et $\mathfrak{B}$, ce qui doit être fait en posant

$$\frac{\mathfrak{M}\mathfrak{A}}{\mathfrak{M}\mathfrak{B}} = \frac{\mathfrak{A}}{\mathfrak{B}}$$

où $\mathfrak{M}$ désigne un polygone quelconque. Posons, d'après cette définition généralisée,

$$\eta = \frac{\mathfrak{A}}{\mathfrak{B}}$$

alors, un point $\mathfrak{P}$ auquel η est d'ordre m apparaît m_1 fois dans $\mathfrak{A}$ et m_2 fois dans $\mathfrak{B}$, si $m_1 - m_2 = m$. On a alors toujours l'égalité entre les ordres de $\mathfrak{A}$ et de $\mathfrak{B}$, mais plus avec l'ordre de la fonction η.

De cette définition suit (d'après §5, 15) immédiatement la proposition suivante :
Si

$$\eta = \frac{\mathfrak{A}}{\mathfrak{B}}, \quad \eta' = \frac{\mathfrak{A}'}{\mathfrak{B}'},$$

alors

$$\eta\eta' = \frac{\mathfrak{A}\mathfrak{A}'}{\mathfrak{B}\mathfrak{B}'}, \quad \frac{\eta}{\eta'} = \frac{\mathfrak{A}\mathfrak{B}'}{\mathfrak{B}\mathfrak{A}'}.$$

---

[*] Toutes les fonctions de la famille (η) peuvent être écrites sous la forme $\frac{\mathfrak{A}}{\mathfrak{B}}$ et il serait donc correct de poser $(\eta) = \frac{\mathfrak{A}}{\mathfrak{B}}$. Toutefois, cette notation a une étendue (*Weitläufigkeit*) qui n'est pas nécessaire.

---

1. C'est-à-dire que la fonction est déterminée par ses zéros et ses pôles.
2. On a vu qu'une fonction est complètement caractérisée par son ordre en chaque point, qui est r si elle prend la valeur 0 et $-r$ si elle prend la valeur ∞, et 0 ailleurs. On sait également que la somme de ces ordres doit être 0, et que la somme des ordres positifs doit être égale à la somme des ordres négatifs. Si l'on voulait représenter la fonction en termes de polygones, et construire un polygone $\mathfrak{A}$ en chaque point auquel la fonction a un ordre r positif et un polygone $\mathfrak{B}$ en chaque point auquel elle a un nombre négatif, on aurait des polygones dont l'ordre est l'ordre de la fonction. Mais les polygones ont été définis sans possibilité d'avoir un ordre négatif. Pour cela, Dedekind et Weber proposent de considérer des quotients de polygones, qui répondent aux quotients d'idéaux définis dans la première partie. Cela permet d'introduire des ordres négatifs – les ordres du sous-polygone – sans pour autant s'éloigner de l'arithmétique des idéaux, que l'on souhaite retrouver dans les polygones. Le vocabulaire utilisé ici (sur-polygone, sous-polygone) suit également celui introduit pour les idéaux.

D'après §14, 5., *une fonction η' est une fonction entière de η si, et seulement, si chaque point qui est contenu dans le sous-polygone de η' est aussi contenu dans celui de η.*

§18. Polygones équivalents et classes de polygones

1. **Définition.** Deux polygones $\mathfrak{A}$ et $\mathfrak{A}'$ possédant le même nombre de points sont dit *équivalents*[1] s'il existe une fonction η de Ω qui peut s'écrire (§17)

$$\eta = \frac{\mathfrak{A}}{\mathfrak{A}'}.$$

2. **Théorème.** Si $\mathfrak{A}$ est équivalent à $\mathfrak{A}'$ et à $\mathfrak{A}''$, alors $\mathfrak{A}'$ est équivalent à $\mathfrak{A}''$. En effet, si l'on a

$$\eta' = \frac{\mathfrak{A}'}{\mathfrak{A}}, \quad \eta'' = \frac{\mathfrak{A}''}{\mathfrak{A}},$$

alors

$$\frac{\eta'}{\eta''} = \frac{\mathfrak{A}'}{\mathfrak{A}''}.$$

3. **Définition et théorème.** Tous les polygones $\mathfrak{A}'$, $\mathfrak{A}''$, ..., équivalents à un polygone donné $\mathfrak{A}$ forment une *classe de polygones*. De 2., on déduit que tout polygone appartient à une et une seule classe. En effet, si $\mathfrak{A}$ et $\mathfrak{B}$ sont deux polygones équivalents qui mènent à la classe A et à la classe B, alors, d'après 2., tout polygone de la classe B est dans la classe A et réciproquement, par conséquent les classes sont identiques.

Tous les polygones d'une classe ont le même ordre que l'on appelle *ordre de la classe*.

4. Il peut toutefois exister des polygones qui ne sont équivalents à aucun autre polygone et forment donc une classe à eux seuls. On appelle ces polygones des polygones *isolés*.

5. Si $\mathfrak{M}$ est un polygone quelconque, et $\mathfrak{A}$ équivalent à $\mathfrak{A}'$, alors $\mathfrak{M}\mathfrak{A}$ est équivalent à $\mathfrak{M}\mathfrak{A}'$. Réciproquement de l'équivalence entre $\mathfrak{M}\mathfrak{A}$ et $\mathfrak{M}\mathfrak{A}'$, on déduit l'équivalence entre $\mathfrak{A}$ et $\mathfrak{A}'$.

6. Si $\mathfrak{A}$ équivalent à $\mathfrak{A}'$ et $\mathfrak{B}$ équivalent à $\mathfrak{B}'$, alors $\mathfrak{A}\mathfrak{B}$ est équivalent à $\mathfrak{A}'\mathfrak{B}'$. La classe C à laquelle appartient le produit $\mathfrak{A}\mathfrak{B}$ contient tous les produits de deux polygones $\mathfrak{A}$ et $\mathfrak{B}$ appartenant aux classes A et B (mais

---

[1]. Cette notion d'équivalence est un premier pas vers les preuves des théorèmes d'Abel et de Riemann-Roch.

aussi, éventuellement, une infinité d'autres polygones), et doit donc être notée C comme produit des deux classes A et B :

$$C = AB = BA.$$

La définition du produit de plus de deux classes et la validité du théorème fondamental sur la multiplication [1] suivent d'eux-mêmes.

7. Si A, B, D trois classes qui vérifient la condition

$$DA = DB,$$

alors $A = B$. En effet, si $\mathfrak{A}$, $\mathfrak{B}$, $\mathfrak{D}$ sont trois polygones appartenant respectivement aux classes A, B, D, alors il suit de l'hypothèse que $\mathfrak{D}\mathfrak{A}$ est équivalent à $\mathfrak{D}\mathfrak{B}$, par conséquent $\mathfrak{A}$ est équivalent à $\mathfrak{B}$.

8. Si un polygone $\mathfrak{A}$ de la classe A divise [2] un polygone $\mathfrak{C}$ de la classe C, alors il en va de même pour tout polygone $\mathfrak{A}'$ de A. En effet, si $\mathfrak{C} = \mathfrak{A}\mathfrak{B}$, alors d'après 5., $\mathfrak{C}' = \mathfrak{A}'\mathfrak{B}$ est contenu dans C. On peut dire que *la classe C est divisible par la classe A*, bien que tout polygone de la classe C ne soit pas divisible par un polygone de la classe A. Si $\mathfrak{B}'$ est un polygone de la classe B de $\mathfrak{B}$, alors $\mathfrak{C}'' = \mathfrak{A}'\mathfrak{B}'$ est encore contenu dans C et par conséquent

$$C = AB.$$

Donc, si C est divisible par A, alors il existe une et une seule (§7) classe B vérifiant

$$C = AB.$$

§19. Familles de polygones

1. Si $\mathfrak{A}_1$, $\mathfrak{A}_2$, ... $\mathfrak{A}_s$ sont des polygones déterminés et équivalents et $\mathfrak{A}$ un polygone au choix de la classe A, alors il existe s fonctions de Ω telles que

$$\eta_1 = \frac{\mathfrak{A}_1}{\mathfrak{A}}, \quad \eta_2 = \frac{\mathfrak{A}_2}{\mathfrak{A}}, \quad ..., \quad \eta_s = \frac{\mathfrak{A}_s}{\mathfrak{A}}.$$

1. Il s'agit ici de l'associativité de la multiplication.
2. Dedekind et Weber utilisent ici le verbe « *aufgehen (in)* » qui signifie littéralement « être absorbé (dans) » et qui est utilisé pour la divisibilité (notamment des idéaux). Bien qu'ils n'aient pas défini de divisibilité pour les polygones à proprement parler, le fait d'avoir le transfert complet des lois de divisibilité des idéaux aux polygones permet d'induire cette relation de divisibilité – qui est ensuite transmise aux classes de polygones.

On pose, comme au §15, 5., pour un point $\mathfrak{P}$ au choix :

$$\eta_1 = e_1\varrho^m + \sigma_1\varrho^{m+1},$$
$$\eta_2 = e_2\varrho^m + \sigma_2\varrho^{m+1},$$
$$\ldots,$$
$$\eta_s = e_s\varrho^m + \sigma_s\varrho^{m+1},$$

où ϱ est 0^1 en $\mathfrak{P}$, e_1, e_2, $\ldots$, e_s des constantes non toutes nulles, et σ_1, $\ldots$, σ_s des fonctions finies en $\mathfrak{P}$. Alors, toute fonction η de la famille $(\eta_1, \ldots, \eta_k)$, c'est-à-dire toute fonction de la forme

$$\eta = c_1\eta_1 + \ldots + c_s\eta_s$$

possède un ordre en $\mathfrak{P}$ qui n'est pas plus petit que m et, d'après le §17, la fonction η peut être écrite sous la forme

$$\eta = \frac{\mathfrak{A}'}{\mathfrak{A}}$$

où $\mathfrak{A}'$ est lui aussi dans la classe A.

Choisissons, pour $\mathfrak{A}$, un autre quelconque polygone $\mathfrak{B}$ de la classe A et posons

$$\zeta = \frac{\mathfrak{A}}{\mathfrak{B}},$$

$$\eta_1\zeta = \eta_1' = \frac{\mathfrak{A}_1}{\mathfrak{B}}, \quad \eta_2\zeta = \eta_2' = \frac{\mathfrak{A}_2}{\mathfrak{B}}, \quad \ldots, \quad \eta_s\zeta = \eta_s' = \frac{\mathfrak{A}_s}{\mathfrak{B}},$$

alors on a aussi $\eta\zeta = \eta' = c_1\eta_1' + \ldots + c_s\eta_s'$, donc

$$\eta' = \frac{\mathfrak{A}'}{\mathfrak{B}}.$$

Tout polygone engendré par le dénominateur $\mathfrak{A}$ et un système de constantes c_1, $\ldots$, c_s est donc engendré également par tout autre dénominateur $\mathfrak{B}$ de la même classe, et la collection de tous les polygones $\mathfrak{A}'$ qui correspondent aux différentes valeurs des constantes c_1, $\ldots$, c_s est dépendante seulement des polygones $\mathfrak{A}_1$, $\mathfrak{A}_2$, $\ldots$ $\mathfrak{A}_s$. Cette collection doit par conséquent être nommée *famille de polygones* (*Polygonscharen*) de base $\mathfrak{A}_1$, $\mathfrak{A}_2$, $\ldots$ $\mathfrak{A}_s$ et notée

$$(\mathfrak{A}_1, \mathfrak{A}_2, \ldots \mathfrak{A}_s)^1.$$

---

1. Comme pour les « familles de fonctions », il s'agit d'un espace vectoriel de polygones. Nous conservons à nouveau le vocabulaire de Dedekind et Weber. Dans ce qui suit, les notions de famille, (in)dépendance linéaire, base, base irréductible introduites pour les

2. Si les polygones $\mathfrak{A}_1$, $\mathfrak{A}_2$, ... $\mathfrak{A}_s$ ont comme plus grand commun diviseur $\mathfrak{M}$, alors celui-ci est également, d'après 1., un diviseur de chacun des polygones $\mathfrak{A}'$ de la famille $(\mathfrak{A}_1, \mathfrak{A}_2, \ldots \mathfrak{A}_s)$ et est appelé *diviseur de la famille*. On peut déterminer, dans cette famille, un polygone $\mathfrak{A}' = \mathfrak{M}\mathfrak{B}$ tel que $\mathfrak{B}$ est premier à un polygone donné arbitraire. En effet, en conservant la notation de 1., si un point $\mathfrak{P}$ est contenu exactement μ fois dans $\mathfrak{M}$ et ν fois dans $\mathfrak{N}$, alors, si l'on pose

$$\eta = e\varrho^m + \sigma\varrho^{m+1},$$

m n'est jamais inférieur à $\mu - \nu$. Et $m = \mu - \nu$ si l'on choisit les constantes $c_1, \ldots, c_s$ telles que

$$e = e_1 c_1 + \ldots + e_s c_s.$$

Le point $\mathfrak{P}$ est donc au moins μ fois dans $\mathfrak{A}'$ et, d'après la dernière hypothèse, n'y est pas plus de μ fois. On peut toujours choisir les constantes $c_1, \ldots, c_s$ telles qu'un nombre quelconque d'expressions de la forme

$$\sum c_i e_i, \ \sum c_i e_i', \ \ldots$$

où les constantes e_i, e_i' ne sont pas nulles, ne s'annulent pas non plus, ce qui entraîne la validité de notre affirmation.

3. Si les fonctions $\eta_1, \ldots, \eta_s$, définies en 1., sont linéairement dépendantes ou indépendantes, alors la même chose est vraie pour les $\eta_1', \ldots, \eta_s'$. On appellera en conséquence les polygones $\mathfrak{A}_1$, $\mathfrak{A}_2$, ... $\mathfrak{A}_s$ *linéairement dépendants* ou *indépendants* et leur système *linéairement réductible* ou *irréductible*.

Comme d'après §5, 4., toute famille de fonctions admet une base irréductible, il suit que toute famille de polygones admet, elle aussi, une base irréductible. Si s est le nombre de polygones d'une telle base, on appelle la famille un s-uplet ou encore on dit que s est la dimension de la famille. Pour n'importe quels s polygones d'une telle famille, ceux-ci forment ou ne forment pas une base selon qu'ils sont indépendants ou pas (cf. §5, 4.).

4. Si les polygones $\mathfrak{A}_1$, $\mathfrak{A}_2$, ... $\mathfrak{A}_s$ sont linéairement dépendants ou indépendants, et si $\mathfrak{M}$ désigne un polygone au choix, alors les $\mathfrak{M}\mathfrak{A}_1$, $\mathfrak{M}\mathfrak{A}_2$, ... $\mathfrak{M}\mathfrak{A}_s$ sont linéairement dépendants ou indépendants, et réciproquement.

fonctions sont transférées aux polygones, de sorte que ces outils et résultats vont pouvoir être utilisés pour l'étude des propriétés de la surface et les preuves des théorèmes d'Abel et de Riemann-Roch.

§20. Réduction de la dimension de la famille par les conditions de divisibilité [1]

1. Soit

$$S = (\mathfrak{A}_1, \mathfrak{A}_2, \ldots \mathfrak{A}_s)$$

une s-uple famille de polygones de diviseur $\mathfrak{M}$. On considère l'ensemble (*Mannigfaltigkeit*) des polygones $\mathfrak{A}'$ de la famille S, et on demande lesquels contiennent un point arbitraire donné $\mathfrak{P}$ au moins une fois plus que le diviseur $\mathfrak{M}$ de la famille.

Si le point $\mathfrak{P}$ est contenu μ fois dans $\mathfrak{M}$ et ν fois dans un quelconque polygone $\mathfrak{A}$ équivalent à $\mathfrak{A}_1, \mathfrak{A}_2, \ldots \mathfrak{A}_s$, alors si l'on pose, comme au §19,

$$\frac{\mathfrak{A}_1}{\mathfrak{A}} = \eta_1 = e_1\varrho^m + \sigma_1\varrho^{m+1},$$

$$\frac{\mathfrak{A}_2}{\mathfrak{A}} = \eta_2 = e_2\varrho^m + \sigma_2\varrho^{m+1},$$

$$\ldots$$

$$\frac{\mathfrak{A}_s}{\mathfrak{A}} = \eta_1 = e_s\varrho^m + \sigma_s\varrho^{m+1},$$

on a $m = \mu - \nu$ et parmi les constantes $e_1, \ldots, e_s$ au moins l'une d'elles, disons e_s, est différente de 0. Le polygone $\mathfrak{A}'$ que l'on cherche est caractérisé par l'équation

$$\frac{\mathfrak{A}'}{\mathfrak{A}} = \eta' = c_1\eta_1 + c_2\eta_2 + \ldots + c_s\eta_s$$

où les constantes $c_1, \ldots, c_s$ sont liées par la condition

$$c_1e_1 + c_2e_2 + \ldots + c_se_s = 0.$$

On peut donc poser

$$\frac{\mathfrak{A}'}{\mathfrak{A}} = e_s\eta' = c_1(e_s\eta_1 - e_1\eta_s) + \ldots + c_{s-1}(e_s\eta_{s-1} - e_{s-1}\eta_s).$$

---

1. Les considérations sur la dimension des familles de polygones seront utiles pour la définition de la dimension des classes de polygones, elle-même centrale pour le théorème de Riemann-Roch.

Mais, de là, si l'on pose

$$\eta_1' = e_s\eta_1 - e_1\eta_s,$$
$$\eta_2' = e_s\eta_2 - e_2\eta_s,$$
$$\dots$$
$$\eta_s' = e_s\eta_{s-1} - e_{s-1}\eta_s,$$

il suit que les fonctions η_i' forment une $(s-1)$-uple famille $(\eta_1', \dots, \eta_{s-1}')$. En effet, les fonctions $\eta_1', \dots, \eta_{s-1}'$ sont linéairement indépendantes si les fonctions $\eta_1, \dots, \eta_{s-1}$ le sont, comme nous l'avons supposé. Les polygones $\mathfrak{A}'$ forment eux aussi une famille de dimension $s-1$,

$$S' = (\mathfrak{A}_1', \mathfrak{A}_2', \dots \mathfrak{A}_{s-1}')$$

si l'on pose

$$\frac{\mathfrak{A}'_i}{\mathfrak{A}} = e_s\eta_i - e_i\eta_s.$$

Le diviseur de cette famille est divisible par $\mathfrak{M}\mathfrak{P}$ mais ne lui est pas nécessairement identique.

2. De cela, il suit immédiatement que les polygones d'une famille S divisibles par un r-gone $\mathfrak{R}$ forment une famille de dimension *au moins* $(s-r)$. En effet, supposons que cela ait été démontré pour un r-gone $\mathfrak{R}$, alors d'après 1., l'affirmation est vraie pour un $(r+1)$-gone $\mathfrak{P}\mathfrak{R}$ puisqu'en ajoutant le point $\mathfrak{P}$, si $\mathfrak{P}$ est contenu dans les diviseurs de la famille déjà réduite par $\mathfrak{R}$, la dimension ne change plus, sinon elle serait diminuée de 1.

De cela, suit comme cas particulier qu'il existe toujours, dans une s-uple famille, *au moins* un polygone qui est divisible par un $(s-1)$-gone donné.

3. Si $r \leqq s$, on peut choisir le r-gone $\mathfrak{R}$ tel que les polygones de la famille S divisibles par $\mathfrak{R}$ forment une famille de dimension exactement $(s-r)$. Pour cela, on choisit un point $\mathfrak{P}$ qui ne fait pas partie des diviseurs de S. Les polygones divisibles par $\mathfrak{P}$ forment une $(s-1)$-uple famille S'. On choisit alors un deuxième point $\mathfrak{P}'$ qui ne fait pas partie des diviseurs de S', alors les polygones de S' divisibles par $\mathfrak{P}'$, c'est-à-dire les polygones de S divisibles par $\mathfrak{P}\mathfrak{P}'$, forment une $(s-2)$-uple famille, et ainsi de suite. On voit, par cette manière de procéder, que $\mathfrak{R}$ peut être supposé premier à un quelconque polygone donné. Si $r = s$, alors il n'existe aucun polygone divisible par $\mathfrak{R}$ dans S.

§21. Dimension des classes de polygones

1. *Les polygones d'une même classe forment une famille de dimension finie, qui doit être appelée dimension de la classe* [1].
Démonstration. Choisissons s polygones $\mathfrak{A}_1, \mathfrak{A}_2, \ldots \mathfrak{A}_s$ dans une classe A d'ordre m, alors les polygones de la famille $(\mathfrak{A}_1, \mathfrak{A}_2, \ldots \mathfrak{A}_s)$ appartiennent également à la classe A. Le nombre de polygones linéairement indépendants contenus dans A ne peut être supérieur à $m + 1$. En effet, sinon, d'après §20, 2., on aurait un polygone divisible par un $(m + 1)$-gone au choix, ce qui est absurde. Ainsi, si s est le nombre maximal de polygones linéairement indépendants $\mathfrak{A}_1, \mathfrak{A}_2, \ldots \mathfrak{A}_s$ de la classe A, alors chaque polygone de la classe doit être compris dans la famille $(\mathfrak{A}_1, \mathfrak{A}_2, \ldots \mathfrak{A}_s)$, et s est *la dimension de la classe*. Le système de polygones $\mathfrak{A}_1, \mathfrak{A}_2, \ldots \mathfrak{A}_s$ doit être nommé *la base de la classe*.

Les polygones isolés forment des classes de dimension 1.

2. Si, dans une classe C, il existe exactement s polygones linéairement indépendants divisibles par un polygone donné $\mathfrak{A}$ de la classe A,

$$\mathfrak{C}_1 = \mathfrak{A}\mathfrak{B}_1, \quad \mathfrak{C}_2 = \mathfrak{A}\mathfrak{B}_2, \quad \ldots, \quad \mathfrak{C}_s = \mathfrak{A}\mathfrak{B}_s,$$

alors C est divisible par A et il existe encore dans C autant de polygones linéairement indépendants

$$\mathfrak{C}'_1 = \mathfrak{A}'\mathfrak{B}_1, \quad \mathfrak{C}'_2 = \mathfrak{A}'\mathfrak{B}_2, \quad \ldots, \quad \mathfrak{C}'_s = \mathfrak{A}'\mathfrak{B}_s,$$

divisibles par un polygone au choix $\mathfrak{A}'$ équivalent à $\mathfrak{A}$ (§18, 8., §19, 4.). Ce nombre s dépend uniquement des deux classes A et C et peut donc être noté (A, C) [2]. La valeur du symbole (A, C) est 0 si C n'est pas divisible par A. La dimension de la classe A est d'après cela notée (O, A), où

1. Ce résultat est le résultat central pour les classes de polygones. Il permet d'introduire le nombre désigné par (A, C) dans le point 2., ainsi que de définir la notion de classe propre, qui vont être essentiels pour la preuve du théorème de Riemann-Roch.
2. Soulignons, ici, le parallèle avec la notion de norme introduite pour les modules et les idéaux.

O représente la classe composée du polygone nul $\mathfrak{O}$. Si l'on a (d'après §18, 8.)

$$C = AB,$$

alors

(1) $(A, C) = (A, AB) = (O, B),$

car les polygones $\mathfrak{B}_1, \mathfrak{B}_2, \ldots \mathfrak{B}_s$, qui sont tous contenus dans B, sont linéairement indépendants, par conséquent (O, B) ne peut pas être inférieure à s. Réciproquement, si $\mathfrak{B}$ est un polygone de la classe B, alors $\mathfrak{A}\mathfrak{B}$ est contenu dans C et donc également dans la famille $(\mathfrak{A}\mathfrak{B}_1, \mathfrak{A}\mathfrak{B}_2, \ldots \mathfrak{A}\mathfrak{B}_s)$. Par conséquent, $\mathfrak{B}$ est contenu dans la famille $(\mathfrak{B}_1, \mathfrak{B}_2, \ldots \mathfrak{B}_s)$, c'est-à-dire $(O, B) = s$.

Si a est l'ordre de la classe A, alors d'après §20, 2., on a

$$(A, B) \geqq (O, C) - a,$$

ce qui, via l'égalité (1), donne le théorème général

(2) $(O, B) \geqq (O, AB) - a.$

3. Si tous les polygones de base d'une classe A ont comme plus grand commun diviseur $\mathfrak{M}$, alors celui-ci est un diviseur de tous les polygones de la classe A. Si $\mathfrak{M} = \mathfrak{O}$, alors la classe est dite *propre* (*eigentlich*), et dans le cas contraire, elle est dite *impropre de diviseur* $\mathfrak{M}$. Si l'on extrait (*unterdrücken*) le diviseur $\mathfrak{M}$ de tous les polygones d'une classe impropre A [1], on obtient une classe propre A' d'ordre inférieur mais de même dimension. La relation entre A et A' est notée

$$A = \mathfrak{M}A'.$$

4. Le diviseur $\mathfrak{M}$ d'une classe impropre A est toujours un polygone isolé. En effet, si

$$A = \mathfrak{M}A',$$

alors, d'après §19, 2., on peut choisir un polygone $\mathfrak{A}'$ dans la classe propre A' qui est premier avec $\mathfrak{M}$. Alors si $\mathfrak{M}'$ est équivalent à $\mathfrak{M}$, $\mathfrak{M}'\mathfrak{A}'$ est donc équivalent à $\mathfrak{M}\mathfrak{A}'$, il est ainsi compris dans A et donc divisible par $\mathfrak{M}$. Par conséquent, $\mathfrak{M}'$ est divisible par $\mathfrak{M}$ et, puisqu'ils sont du même ordre,

$$\mathfrak{M}' = \mathfrak{M}.$$

Ainsi, $\mathfrak{M}$ forme à lui seul une classe M et la notation $\mathfrak{M}A'$ est équivalente à MA' (§18, 6.)

---

1. C'est-à-dire si l'on divise tous les polygones de la classe impropre A par $\mathfrak{M}$.

§22. Les bases normales de o

1. On considère dans la suite le système o de toutes les fonctions entières ω d'une variable arbitraire z dans Ω, et le système o' de toutes les fonctions entières ω' de $z' = \frac{1}{z}$. De la définition des fonctions entières, il découle immédiatement que les deux systèmes n'ont en commun que les constantes. En revanche, *chaque* fonction ω peut être transformée en une fonction ω' en la multipliant par une certaine puissance positive de z'. Si $\omega z'^r$ est dans o', alors $\omega z'^{r+1}$, $\omega z'^{r+2}$, ..., sont également dans o'. Dans la suite de fonctions

$$\omega, \quad \frac{\omega}{z} = z'\omega, \quad \frac{\omega}{z^2} = z'^2\omega, \quad \ldots$$

à partir d'un terme déterminé $\omega z'^r$, toutes les fonctions suivantes seront incluses dans o', tandis que les précédentes n'y seront pas. Le plus petit nombre r pour lequel $\omega z'^r$ est dans o' doit être nommé l'*exposant* de la fonction ω en z. Les constantes, et seulement elles, sont d'exposant nul. Si ω est non nul et r est son exposant, alors $r+1$ est l'exposant de $(z-c)\omega$. En effet, si $\omega = z^r\omega'$, alors

$$\frac{(z-c)\omega}{z^{r+1}} = (1 - cz')\omega' \text{ est dans } o',$$

$$\frac{(z-c)\omega}{z^r} = z\omega' - c\omega' \text{ n'est pas dans } o',$$

puisque bien que $c\omega'$ le soit, $\frac{\omega}{z^{r-1}}$ n'est pas dans o'. De cela, il suit de manière générale :

Si x est un polynôme en z de degré s et r l'exposant de ω, alors $(r+s)$ est l'exposant de $x\omega$.

2. On choisit maintenant un système de fonctions λ_1, ..., λ_n dans o par la procédure suivante [1] :

λ_1 est une constante non nulle, par exemple 1 ; λ_2 est, parmi les fonctions de o qui ne sont pas congrues à une constante par rapport au module oz, celle d'exposant r_2 le plus bas possible, et ainsi de suite. En général, soit λ_s, parmi les fonctions de o, celle qui n'est pas congrue à une fonction de la famille $(\lambda_1, \lambda_2, \ldots, \lambda_{s-1})$ et d'exposant r_s le plus bas possible. Puisque $(o, oz) = N(z) = z^n$ est du n-ème degré, il existe

---

1. Cette procédure va permettre de construire de proche en proche la base normale. Geyer (1981) p. 125 souligne que cette construction rappelle la théorie des nombres et les travaux de Dirichlet sur la réduction des formes quadratiques.

exactement n fonctions linéairement indépendantes par rapport au module $\mathfrak{o}z$ dans $\mathfrak{o}$ (§6). La suite de fonctions $\lambda_1, \ldots, \lambda_n$ doit donc contenir ni plus ni moins de n termes. On a alors (§5)

$$\mathfrak{o} \equiv (\lambda_1, \ldots, \lambda_n) \pmod{\mathfrak{o}z}.$$

Les exposants $r_1, \ldots, r_n$ des fonctions $\lambda_1, \ldots, \lambda_n$ vérifient

$$r_1 = 0, \ 1 \leqq r_2 \leqq r_3 \leqq \ldots \leqq r_n.$$

Toute fonction de $\mathfrak{o}$ dont l'exposant est $< r_s$ est congrue d'après le module $\mathfrak{o}z$ à une fonction de la $(s-1)$-uple famille

$$(\lambda_1, \ldots, \lambda_{s-1}).$$

Ces fonctions $\lambda_1, \ldots, \lambda_n$ *forment une base de* $\mathfrak{o}$, comme il suit de l'observation suivante.

Supposons que ce ne soit pas le cas, on pourrait alors (§3, 7.) déterminer une fonction linéaire $z - c$ et un système de constantes non toutes nulles $a_1, \ldots, a_n$ telles que l'on ait

$$a_1\lambda_1 + \ldots + a_n\lambda_n = (z - c)\omega.$$

Si, parmi ces constantes, la dernière non nulle est a_s, alors on a aussi

$$a_1\lambda_1 + \ldots + a_s\lambda_s = (z - c)\omega,$$

et l'exposant de ω est forcément plus petit que r_s (puisque $\frac{(z-c)\omega}{z^{r_s}}$ est dans $\mathfrak{o}'$). Alors ω est congrue à une fonction de la famille $(\lambda_1, \ldots, \lambda_{s-1})$ modulo $\mathfrak{o}z$, et, puisque a_s est différent de 0, λ_s également, ce qui contredit l'hypothèse.

Les fonctions $\lambda_1, \ldots, \lambda_n$ forment donc une base de $\mathfrak{o}$ qui doit être nommée *base normale*[1] . Les propriétés caractéristiques de la base normale sont :

---

1. Une base normale est donc une base de $\mathfrak{o}$ qui est également adaptée à $\mathfrak{o}'$, la clôture intégrale pour $z' = \frac{1}{z}$. Une telle base permet de traiter en un seul geste les points à l'infini et les points ordinaires. Ces développements techniques sont pour la théorie de Dedekind et Weber et ont eu une belle postérité (notamment chez Grothendieck). On pourra consulter Geyer (1981) p. 122 et suivantes pour plus de détails sur le sujet et une reformulation en termes modernes. Ce que Weber évoque tout d'abord comme une « base normale » au début de ses recherches ne correspond pas à la « base normale » définie ici, mais à la base de $\mathfrak{o}$ définie au §3, ou encore à ce que Dedekind appelle une « *Grundreihe* » dans sa théorie des nombres algébriques Dedekind (1871), p. 447.

I. Les fonctions $\lambda_1, \ldots, \lambda_n$ sont linéairement indépendantes par rapport au module $\mathfrak{o}z$.

II. Toute fonction de $\mathfrak{o}$ dont l'exposant est plus petit que l'exposant r_s de λ_s est de la forme

$$c_1\lambda_1 + \ldots + c_{s-1}\lambda_{s-1} + z\omega_s,$$

où $c_1, \ldots, c_{s-1}$ sont des constantes et ω_s une fonction de $\mathfrak{o}$.

3. Les fonction obtenues dans $\mathfrak{o}'$

$$\lambda_1' = \frac{\lambda_1}{z^{r_1}}, \quad \lambda_2' = \frac{\lambda_2}{z^{r_2}}, \quad \ldots, \quad \lambda_n' = \frac{\lambda_n}{z^{r_n}}$$

forment une base normale de $\mathfrak{o}'$.

En effet, si ω est une fonction de $\mathfrak{o}$ *non divisible par z* d'exposant r, alors l'exposant de $\omega' = \frac{\omega}{z'^r}$ en fonction de z' est toujours r, puisque l'on a bien $\frac{\omega'}{z'^r} = \omega$ dans $\mathfrak{o}$ mais que ce n'est pas le cas $\frac{\omega'}{z'^{r-1}} = \frac{\omega}{z}$. Les fonctions $\lambda_1, \ldots, \lambda_n$ étant toutes non divisibles par z, les exposants de $\lambda_1', \ldots, \lambda_n'$ par rapport à z' sont donc respectivement $r_1, \ldots, r_n$. Il a déjà été montré que le système de fonctions $\lambda_1', \ldots, \lambda_n'$ vérifie les propriétés I. et II. si $\mathfrak{o}$ et z y sont changés en $\mathfrak{o}'$ et z'.

Supposons que la condition I. ne soit pas remplie, on peut alors déterminer des constantes $a_1, \ldots, a_s$ dont la dernière ne s'annule pas telles que

$$a_1\lambda_1' + a_2\lambda_2' + \ldots + a_s\lambda_s' = z'\omega',$$

alors (en multipliant par z^{r_s}) :

$$a_1z^{r_s-r_1}\lambda_1 + a_2z^{r_s-r_2}\lambda_2 + \ldots + a_s\lambda_s = \omega,$$

d'où

$$\omega = z^{r_s-1}\omega'$$

est donc une fonction de $\mathfrak{o}$ dont l'exposant est inférieur à r_s. Mais puisque a_s est non nulle, ceci est impossible d'après l'hypothèse sur les λ_i. La condition I. est donc vérifiée et l'on a donc :

$$\mathfrak{o}' \equiv (\lambda_1', \ldots, \lambda_n') \,(\text{mod } \mathfrak{o}'z').$$

Supposons maintenant que la condition II. ne soit pas remplie et qu'il existe une fonction λ' dans $\mathfrak{o}'$ d'exposant $r < r_s$ qui ne soit pas de la forme

$$a_1\lambda_1' + a_2\lambda_2' + \ldots + a_{s-1}\lambda_{s-1}' + z'\omega'.$$

On peut alors choisir $e \geqq s$ tel que

$$\lambda' = a_1\lambda_1' + a_2\lambda_2' + \ldots + a_e\lambda_e' + z'\omega'$$

à coefficients constants avec a_e ne s'annulant pas. On a donc $r_e \geqq r_s > r$.

Par conséquent, $\lambda = z^{r_e-1}\lambda'$ est une fonction de $\mathfrak{o}$, et il suit de la multiplication par z^{r_e} :

$$z\lambda = a_1 z^{r_e-r_1}\lambda_1 + a_2 z^{r_e-r_2}\lambda_2 + \ldots + a_e\lambda_e + z^{r_e-1}\omega'.$$

On a alors $\omega = z^{r_e-1}\omega'$ une fonction de $\mathfrak{o}$ dont l'exposant (d'après 1.) est $\leqq r_e - 1$, et qui vérifie la congruence

$$\omega \equiv a_1'\lambda_1 + a_2'\lambda_2 + \ldots + a_e'\lambda_e \pmod{\mathfrak{o}z}$$

avec $a_e' = -a_e$ non nul. Mais d'après la propriété II. des fonctions λ_i, il doit suivre que l'exposant de ω doit être supérieur à r_e, ce qui est une contradiction.

On a donc montré que le système de fonctions $\lambda_1', \ldots, \lambda_n'$ forme une base normale de $\mathfrak{o}'$.

4. Construisons maintenant les discriminants de Ω en fonction des variables z et z' à l'aide des deux bases normales λ_i et λ_i' :

$$\Delta_z(\Omega) = \text{cste.}(\lambda_1, \ldots, \lambda_n),$$
$$\Delta_{z'}(\Omega) = \text{cste.}(\lambda_1', \ldots, \lambda_n').$$

Mais si l'on prend pour les λ_i' les expressions $z'^{r_i}\lambda_i$, alors d'après le théorème §2, (13) :

$$\Delta_{z'}(\Omega) = \text{cste.}z'^{2(r_1+r_2+\ldots+r_n)}\Delta_z(\Omega).$$

Si $\Delta_z(\Omega)$ est de degré δ, alors $\Delta_{z'}(\Omega)$ possède $2(r_1 + r_2 + \ldots + r_n) - \delta$ fois la racine $z' = 0$. De cela, il découle, d'après §16, 2., *l'ordre de ramification*

$$w_s = 2(r_1 + r_2 + \ldots + r_n)$$

qui est toujours un nombre pair [1].

---

1. Le lien de l'ordre de ramification avec le discriminant est important et avait déjà été évoqué auparavant, notamment p. 154. La propriété de parité sera également important dans la définition du genre dans laquelle apparaît $\frac{1}{2}w$.

§23. Quotients différentiels [1]

1. Puisque toute fonction non nulle du corps Ω ne prend la valeur 0 qu'en un nombre fini de points, une fonction de Ω dont on peut prouver qu'elle prend la valeur 0 en une infinité de points est nécessairement identiquement nulle. Ou encore, deux fonctions de Ω qui prennent la même valeur en une infinité de points sont identiques.

2. Si α et β sont deux variables du corps Ω, alors il existe dans Ω une fonction que l'on note $\left(\frac{d\alpha}{d\beta}\right)$ qui vérifie la condition suivante en une infinité de points :

$$\left(\frac{d\alpha}{d\beta}\right)_0 = \left(\frac{\alpha - \alpha_0}{\beta - \beta_0}\right)_0,$$

on appelle cette fonction le *quotient différentiel* de α par β. En effet, si $F(\alpha,\beta)$ est l'équation irréductible entre α et β, alors si l'on exclue dans un premier temps les points (en nombre fini) auxquels α_0 ou β_0 prennent la valeur ∞, ou quand $F'(\alpha_0) = 0$ [2] ou $F'(\beta_0) = 0$, on a [3] :

$$0 = F(\alpha,\beta) = F(\alpha_0, \beta_0) + (\alpha - \alpha_0)F'(\alpha_0) + (\beta - \beta_0)F'(\beta_0)$$

$$+ \frac{1}{2}[(\alpha - \alpha_0)^2 F''(\alpha_0, \alpha_0) + 2(\alpha - \alpha_0)(\beta - \beta_0)F''(\alpha_0, \beta_0)$$

$$+ (\beta - \beta_0)^2 F''(\beta_0, \beta_0)]$$

$$+ \dots$$

---

1. Avoir une structure différentielle est indispensable pour étudier les surfaces de Riemann, puisque de nombreux théorèmes centraux de la théorie des fonctions algébriques concernent l'intégration. Dedekind et Weber font ici le premier pas pour introduire ces notions. Comme ils l'indiquent eux-mêmes, c'est ici le fondement algébrique qui doit servir de base aux « recherches sur la continuité et toutes les questions qui y sont liées ». Dedekind et Weber vont donc définir les différentielles par le biais des *quotients différentiels* définis ici de manière purement algébrique. Si la définition peut sembler un peu compliquée, c'est le prix à payer pour un fondement purement algébrique. Le quotient différentiel est donc une nouvelle fonction, définie tout d'abord par sa valeur en tout point.

2. Ici, $F'(\alpha)$ dénote $\frac{\partial F}{\partial \alpha}$. Puisque F est un polynôme, ses dérivées partielles sont également des polynômes.

3. Dedekind et Weber donnent ici le développement de Taylor de F qui est une somme finie de polynômes.

Parmi les deux quotients $\left(\frac{\alpha-\alpha_0}{\beta-\beta_0}\right)_0$ et $\left(\frac{\beta-\beta_0}{\alpha-\alpha_0}\right)_0$, il y en a forcément un qui est fini. Si c'est le premier, on obtient, d'après l'équation précédente :

$$0 = \frac{\alpha-\alpha_0}{\beta-\beta_0}F'(\alpha_0) + F'(\beta_0) + \frac{1}{2}(\beta-\beta_0)\left[\left(\frac{\alpha-\alpha_0}{\beta-\beta_0}\right)^2 F''(\alpha_0,\alpha_0)\right.$$
$$\left. +2\left(\frac{\alpha-\alpha_0}{\beta-\beta_0}\right)F''(\alpha_0,\beta_0) + 2F''(\beta_0,\beta_0)\right] + \ldots$$

On a donc, au point $\mathfrak{P}$:

$$\left(\frac{\alpha-\alpha_0}{\beta-\beta_0}\right)_0 = -\frac{F'(\beta_0)}{F'(\alpha_0)} = -\left(\frac{F'(\beta)}{F'(\alpha)}\right)_0.$$

Si $\left(\frac{\alpha-\alpha_0}{\beta-\beta_0}\right)_0$ était infini, on pourrait obtenir la même chose en considérant $\frac{\beta-\beta_0}{\alpha-\alpha_0}$. Par conséquent le quotient

(1) $$\left(\frac{d\alpha}{d\beta}\right) = -\frac{F'(\beta)}{F'(\alpha)}$$

a la propriété recherchée. Cela reste vrai lorsque l'une des fonctions α,β est une constante. En effet, si, par exemple, α est constante, alors $F(\alpha,\beta) = \alpha - \alpha_0$ est indépendante de β, donc $F'(\alpha) = 1, F'(\beta) = 0$.

3. De ce qui précède suit, dans le cas où β n'est pas constante, que le quotient $\left(\frac{\alpha-\alpha_0}{\beta-\beta_0}\right)_0$ a une valeur finie, sauf en un nombre fini de points. Par conséquent, si γ est une troisième variable de Ω, alors en une infinité de points, on a :

$$\left(\frac{\alpha-\alpha_0}{\beta-\beta_0}\right)_0 = \left(\frac{\alpha-\alpha_0}{\gamma-\gamma_0}\right)_0\left(\frac{\gamma-\gamma_0}{\beta-\beta_0}\right)_0$$

et donc aussi

$$\left(\frac{d\alpha}{d\beta}\right)_0 = \left(\frac{d\alpha}{d\gamma}\right)_0\left(\frac{d\gamma}{d\beta}\right)_0.$$

De cette identité et de 1., on peut donc conclure :

(2) $$\left(\frac{d\alpha}{d\beta}\right) = \left(\frac{d\alpha}{d\gamma}\right)\left(\frac{d\gamma}{d\beta}\right) \quad *$$

---

* On peut également définir le quotient différentiel par l'équation
$$\left(\frac{d\alpha}{d\beta}\right) = -\frac{F'(\beta)}{F'(\alpha)}$$

4. Il découle de cette dernière proposition que l'on peut affecter à toute fonction α, β, γ, ... du corps Ω, une fonction $d\alpha$, $d\beta$, $d\gamma$, ... (la différentielle) de sorte que l'on ait généralement [1] :

$$\frac{d\alpha}{d\beta} = \left(\frac{d\alpha}{d\beta}\right).$$

Les différentielles de constantes, et *seulement* elles, sont nulles. Les autres sont pleinement déterminées dès lors que l'une d'elles est fixée. S'il existe entre les variables α, β, γ, ... une équation rationnelle

$$F(\alpha,\ \beta,\ \gamma,\ \ldots) = 0,$$

alors il suit que

(3) $$F'(\alpha)d\alpha + F'(\beta)d\beta + F'(\gamma)d\gamma + \ldots = 0,$$

puisque l'on peut montrer, de la même manière qu'en 2., que cette relation est vérifiée en une infinité de points.

De cette dernière proposition suivent immédiatement les règles bien connues pour l'addition, la soustraction, le produit et le quotient de différentielles :

(4) $$d(\alpha \pm \beta) = d\alpha \pm d\beta,$$

(5) $$d(\alpha\beta) = \alpha d\beta + \beta d\alpha,$$

(6) $$d\left(\frac{\alpha}{\beta}\right) = \frac{\beta d\alpha - \alpha d\beta}{\beta^2}.$$

5. Si ω est une fonction *entière* de z, alors $\frac{d\omega}{dz}$ n'est en général pas une fonction entière. En revanche, il est évident, d'après la relation (§3, 7.) que

$$\omega = x_1 + \omega_1 + x_2\omega_2 + \ldots + x_n\omega_n,$$

et obtenir

$$\left(\frac{d\alpha}{d\beta}\right) = \left(\frac{d\alpha}{d\gamma}\right)\left(\frac{d\gamma}{d\beta}\right)$$

par la division algébrique.

[Cette égalité est le théorème de dérivation des fonctions composées (NDT).]

---

1. Ainsi, la définition choisie par Dedekind et Weber est bien purement algébrique : ils définissent d'abord une fonction du corps et montrent que cette fonction vérifie des propriétés formelles connues de dérivation. Il leur est alors possible d'affecter à chaque fonction du corps une autre fonction du corps, appelée différentielle, vérifiant la définition du quotient différentiel. Tout cela est possible car les fonctions étant des polynômes, leurs dérivées le sont aussi. Le fait de travailler sur des polynômes est ici crucial en ce que cela dispense de faire appel à la propriété de continuité.

puisque les quotients différentiels des polynômes x_1, $\ldots$, x_n sont encore
des polynômes, que les sous-idéaux de toutes les fonctions $\frac{d\omega}{dz}$ doivent
diviser un idéal déterminé, c'est-à-dire le plus petit commun multiple des
sous-idéaux de $\frac{d\omega_1}{dz}$, $\frac{d\omega_2}{dz}$, $\ldots$, $\frac{d\omega_n}{dz}$. On doit examiner quel est cet idéal.
À cette fin, on considère $z - c$ une fonction linéaire de z arbitraire et

$$\mathfrak{o}(z - c) = \mathfrak{p}^e \mathfrak{p}_1^{e_1} \mathfrak{p}_2^{e_2} \ldots$$

où les idéaux premiers $\mathfrak{p}$, $\mathfrak{p}_1$, $\mathfrak{p}_2$, $\ldots$ sont tous distincts. Soit la fonction
ζ définie au §11, 2., c'est-à-dire une fonction entière qui prend une valeur
distincte et simple en chaque point $\mathfrak{P}$, $\mathfrak{P}_1$, $\mathfrak{P}_2$, $\ldots$ engendrés par les
idéaux premiers $\mathfrak{p}$, $\mathfrak{p}_1$, $\mathfrak{p}_2$, $\ldots$ On peut alors exprimer ω sous la forme

$$\omega = y_0 + y_1\zeta + \ldots + y_{n-1}\zeta^{n-1}$$

où les y_0, y_1, $\ldots y_{n-1}$ sont des fonctions rationnelles qui peuvent certes
être fractionnaires mais ne contiennent certainement pas le facteur $z - c$
dans leur dénominateur. De cela, on déduit que le sous-idéal $\frac{d\omega}{dz}$ ne peut
être divisible par aucune puissance des idéaux $\mathfrak{p}$, $\mathfrak{p}_1$, $\mathfrak{p}_2$, $\ldots$ supérieure à
celles qui divisent le sous-idéal de $\frac{d\zeta}{dz}$. Mais si

$$f(\zeta, z) = 0$$

est l'équation irréductible existant entre ζ et z, alors, d'après §11, 2., on a

$$\mathfrak{o}f'(\zeta, z) = \mathfrak{m}\mathfrak{p}^{e-1}\mathfrak{p}_1^{e_1-1}\mathfrak{p}_2^{e_2-1} \ldots$$

et $\mathfrak{m}$ premier aux idéaux $\mathfrak{p}$, $\mathfrak{p}_1$, $\mathfrak{p}_2$, $\ldots$ Mais puisque l'on a

$$\frac{d\zeta}{dz} = -\frac{f'(z)}{f'(\zeta)},$$

alors le sous-idéal de $\frac{d\zeta}{dz}$, et par conséquent celui de $\frac{d\omega}{dz}$, ne peut contenir
aucune puissance des facteurs $\mathfrak{p}$, $\mathfrak{p}_1$, $\mathfrak{p}_2$, $\ldots$ plus de $(e - 1)$, $(e_1 - 1)$, $(e_2 - 1)$, $\ldots$ fois [1]. Alors comme $z - c$ peut être tout facteur linéaire
arbitraire, $\frac{d\omega}{dz}$ ne peut avoir comme sous-idéal qu'un sous idéal divisant

---

1. Ici, il s'agit bien sûr de puissances respectives pour chaque facteur.

l'idéal de ramification $\mathfrak{z} = \prod \mathfrak{p}^{e-1}$ (§11). Donc, si $\mathfrak{a}$ désigne un idéal, on a

$$\mathfrak{z}\frac{d\omega}{dz} = \mathfrak{a},$$

et donc, d'après §11, (7) :

$$\mathfrak{o}\frac{d\omega}{dz} = \mathfrak{e}\mathfrak{a}.$$

De cela, on peut conclure que les fonctions $\frac{d\omega}{dz}$ appartiennent au module $\mathfrak{e}$ complémentaire de $\mathfrak{o}$.

6. Si $F(\omega, z)$ l'équation irréductible qui existe entre ω et z est du n-ème degré par rapport à ω, alors $1, \omega, \omega^2, \ldots, \omega^{n-1}$ forment une base de Ω et l'on a donc, d'après §11, (10),

$$\mathfrak{o}F'(\omega) = \mathfrak{z}\mathfrak{f}.$$

Puisque

$$\frac{d\omega}{dz} = \frac{F'(z)}{F'(\omega)},$$

$\mathfrak{o}F'(z)$ doit être divisible par l'idéal $\mathfrak{f}$ et on a donc

$$\mathfrak{o}F'(z) = \mathfrak{f}\mathfrak{a}.$$

On appelle alors $\mathfrak{f}$ *l'idéal des points doubles* [1] par rapport à ω et z.

7. Si $\mathfrak{P}$ est un point auquel $z - c$ est infiniment petit du premier ordre (et n'est donc pas un point de ramification en z), alors, d'après 5., les fonctions $\frac{d\omega}{dz}$ sont toutes finies en $\mathfrak{P}$. Alors si η est une fonction de Ω finie en $\mathfrak{P}$, on peut exprimer cette fonction comme quotient de deux fonctions entières $\frac{\alpha}{\beta}$ avec β non nulle en $\mathfrak{P}$. En conséquence, d'après (6), $\frac{d\eta}{dz}$ est aussi fini en $\mathfrak{P}$.

8. Soient maintenant α et β deux variables arbitraires de Ω. Nous allons étudier le comportement de $\frac{d\alpha}{d\beta}$ en n'importe quel point $\mathfrak{P}$.

---

[1]. Rappelons que $\mathfrak{f}$ a été défini comme $f'(\theta)\mathfrak{e} = \mathfrak{f}$ et qu'il a été prouvé qu'il ne contient que des fonctions entières. $\mathfrak{f}$ est donc engendré par les points doubles. Cela interviendra à nouveau dans l'étude du genre, puisque Cayley l'avait défini comme $\frac{1}{2}(n-1)(n-2) - d$ avec n le degré de la courbe et d le nombre de points doubles ou de rebroussement (aussi appelé « *deficiency* » par Cayley).

Choisissons une variable z dans Ω qui soit infiniment petite du premier ordre en $\mathfrak{P}$. Si α a une valeur finie α_0 en $\mathfrak{P}$, alors on peut déterminer (d'après §15, 1., 2.) un entier positif r et une fonction α' finie et non nulle en $\mathfrak{P}$ tels que

$$\alpha = \alpha_0 + z^r \alpha'.$$

Ceci est encore vrai si α est infinie en $\mathfrak{P}$, seulement r est alors un nombre négatif et l'on doit poser α_0 égale à une constante finie arbitraire, par exemple 0. De la même manière, on peut obtenir

$$\beta = \beta_0 + z^s \beta',$$

r et s sont alors les ordres (*Ordnungszahlen*) de $\alpha - \alpha_0$ et $\beta - \beta_0$ et peuvent être aussi bien positifs que négatifs, mais ne peuvent pas être 0. De (2), il suit

$$\frac{d\alpha}{d\beta} = z^{r-s} \frac{r\alpha' + z\frac{d\alpha'}{dz}}{s\beta' + z\frac{d\beta'}{dz}},$$

ou bien

$$\frac{\beta - \beta_0}{\alpha - \alpha_0} \frac{d\alpha}{d\beta} = \frac{r + z\frac{d\alpha'}{\alpha' dz}}{s + z\frac{d\beta'}{\beta' dz}}.$$

En considérant toujours l'indexation par 0 comme l'attribution d'une valeur en un point $\mathfrak{P}$ à une fonction, puisque, d'après 7.,

$$\left(\frac{d\alpha'}{\alpha' dz}\right)_0 \quad \text{et} \quad \left(\frac{d\beta'}{\beta' dz}\right)_0$$

sont finis, alors

(7)
$$\left(\frac{\beta - \beta_0}{\alpha - \alpha_0} \frac{d\alpha}{d\beta}\right)_0 = \frac{r}{s}$$

est aussi fini et non nul. De cela, il découle que *l'ordre du quotient différentiel $\frac{d\alpha}{d\beta}$ est égal à la différence des ordres de $\alpha - \alpha_0$ et $\beta - \beta_0$.* Si $r \gtrless s$ alors $\left(\frac{\alpha-\alpha_0}{\beta-\beta_0}\right)_0$ et par conséquent $\left(\frac{d\alpha}{d\beta}\right)_0$ sont nuls ou infinis. Si $r = s$, alors les deux quotients sont finis et non nuls. On a donc, dans tous les cas

(8)
$$\left(\frac{\alpha - \alpha_0}{\beta - \beta_0}\right)_0 = \left(\frac{d\alpha}{d\beta}\right)_0.$$

Ici, α_0 et β_0 sont les valeurs de α et β en $\mathfrak{P}$ si celles-ci sont finies, ou une constante au choix, par exemple 0, dans le cas contraire.

9. Si a, b sont les ordres de $\alpha - \alpha_0$ et $\beta - \beta_0$ en $\mathfrak{P}$, alors si a et b sont positifs, le point $\mathfrak{P}$ apparaît respectivement $(a - 1)$ et $(b - 1)$ fois dans les polygones de ramification $\mathfrak{Z}_\alpha$, $\mathfrak{Z}_\beta$ en α et β. En revanche, si $a < 0$, le point $\mathfrak{P}$ apparaît $(-a - 1)$ fois dans $\mathfrak{Z}_\alpha$ et la même chose est valable si $b < 0$ (§16, 1.). On note $\mathfrak{A}$ et $\mathfrak{B}$ les sous-polygones respectifs de α et β. Alors, puisque l'ordre de $\frac{d\alpha}{d\beta}$ est toujours (comme nous l'avons montré) $a - b$, on obtient pour cette fonction la représentation comme quotient de polygones :

$$(9) \qquad \frac{d\alpha}{d\beta} = \frac{\mathfrak{Z}_\alpha \mathfrak{B}^2}{\mathfrak{Z}_\beta \mathfrak{A}^2}.$$

§24. Le genre du corps Ω

1. Désignons par w_α et w_β les ordres de ramification, et par n_α et n_β les ordres des variables α et β. De la formule (9) du précédent paragraphe, et puisque le numérateur et le dénominateur de $\frac{d\alpha}{d\beta}$ doivent contenir le même nombre de points, il suit l'importante relation [1]

$$w_\alpha - 2n_\alpha = w_\beta - 2n_\beta.$$

Si l'on pose alors

$$(1) \qquad p = \frac{1}{2}w - n + 1$$

qui est, d'après §22, 4., un nombre entier, ce nombre est indépendant du choix des variables et un nombre caractéristique du corps Ω que l'on appelle le *genre* [2] du corps Ω. Le fait que ce nombre n'est jamais négatif

---

1. Cela signifie que $w - 2n$ est indépendant du choix de la variable (ce qui ne pouvait être prouvé jusqu'ici), un point essentiel pour prouver que le genre est un invariant de la surface.

2. Intuitivement, le genre d'une surface est son nombre de trous : une sphère est de genre 0, un tore de genre 1, un bretzel de genre 3. Plus précisément, le genre d'une surface (compacte, connexe, orientable et sans bord) est le nombre maximal de cercles deux à deux disjoints que l'on peut y tracer sans la disconnecter (ce qui correspond à la définition donnée par Riemann). C'est Clebsch qui donne son nom au concept, ainsi qu'une définition en termes de degré de l'équation et du nombre de points doubles et de rebroussement. La définition donnée par Dedekind et Weber, ici, est tirée de ce que l'on appelle aujourd'hui la formule de Riemann-Hurwitz. Pour une étude très complète du concept de genre, on pourra consulter Popescu-Pampu (2012, 2016).

se déduit en prenant la valeur $r_1 + r_2 + \ldots + r_n$ pour $\frac{1}{2}w$ (§22). On obtient alors

(2) $$p = (r_2 - 1) + (r_3 - 1) + \ldots + (r_n - 1)$$

qui ne peut pas devenir négatif, puisque $r_2, r_3, \ldots, r_n \geqq 1$.

2. Soient α et β deux fonctions de Ω d'ordre m et n et ayant la propriété que toute fonction rationnelle de Ω est représentable en termes de α et β. On a alors

$$F(\alpha,\beta) = a_0\alpha^n + a_1\alpha^{n-1} + \ldots + a_{n-1}\alpha + a_n$$
$$= b_0\beta^m + b_1\beta^{m-1} + \ldots + b_{m-1}\beta + b_m = 0$$

l'équation irréductible entre α et β où les $a_1, \ldots a_n$ sont des polynômes en β et les $b_1, \ldots, b_m$ sont des polynômes en α.

De plus, soit

$$\alpha = \frac{\mathfrak{A}_1}{\mathfrak{A}}, \quad \beta = \frac{\mathfrak{B}_1}{\mathfrak{B}},$$

avec $\mathfrak{A}_1$ et $\mathfrak{A}$ premiers entre eux et $\mathfrak{B}_1$ et $\mathfrak{B}$ également, et tels que $\mathfrak{A}_1$ et $\mathfrak{A}$ soient d'ordre m et $\mathfrak{B}_1$ et $\mathfrak{B}$ d'ordre n. Maintenant, soit

$$F'(\alpha) = na_0\alpha^{n-1} + (n-1)a_1\alpha^{n-2} + \ldots + a_{n-1},$$
$$\alpha F'(\alpha) = -a_1\alpha^{n-1} - 2a_2\alpha^{n-2} - \ldots - na_n,$$

il suit que

$$F'(\alpha) = \frac{\mathfrak{R}}{\mathfrak{A}^{n-2}\mathfrak{B}^m},$$

et de même

$$F'(\beta) = \frac{\mathfrak{L}}{\mathfrak{A}^n\mathfrak{B}^{m-2}}.$$

Il reste à montrer que le polygone $\mathfrak{R}$ est divisible par $\mathfrak{Z}_\beta$ et le polygone $\mathfrak{L}$ est divisible par $\mathfrak{Z}_\alpha$.

Pour $\mathfrak{R}$, cela est facile à voir, avec l'hypothèse que pour tous les points de $\mathfrak{Z}_\beta$, la fonction β a une valeur finie et a_0 une valeur non nulle. En effet, soit

$$\alpha' = a_0\alpha$$

une fonction entière de β. Si l'on pose

$$f(\alpha') = a^{n-1}F(\alpha,\beta),$$

on a

$$f'(\alpha') = a_0^{n-2}F'(\alpha).$$

Maintenant, puisque d'après §11, 5., $\mathfrak{o}_\beta f'(\alpha')$ est divisible par l'idéal de ramification en β engendré par $\mathfrak{Z}_\beta$, il suit la validité de notre affirmation. La même chose est valable pour $F'(\beta)$.

Si l'on fait maintenant, pour α et β les substitutions linéaires arbitraires :

$$\alpha = \frac{c + d\alpha'}{a + b\alpha'} \; ; \quad \beta = \frac{c' + d'\beta'}{a' + b'\beta'},$$

$$(a + b\alpha')(d - b\alpha) = ad - bc,$$

$$(a' + b'\beta')(d' - b'\beta) = a'd' - b'c',$$

alors, d'après §16, 2., on a

$$\mathfrak{Z}_\alpha = \mathfrak{Z}_{\alpha'} \; ; \quad \mathfrak{Z}_\beta = \mathfrak{Z}_{\beta'},$$

et l'équation irréductible α' et β' s'écrit

$$F_1(\alpha', \beta') = (a + b\alpha')^n (a' + b'\beta')^m F(\alpha,\beta) = 0.$$

Mais l'on peut toujours choisir des constantes a, b, c, d, a', b', c', d', telles que les conditions données précédemment soient remplies aussi bien pour α' que pour β'.

En effet, dans $F_1(\alpha', \beta')$, si l'on met les coefficients a_0', b_0' de α'^n et β'^m sous la forme

$$a_0' = (a' + b'\beta')^m (a_0 d^n + a_1 d^{n-1} b + \ldots + a_n b^n)$$

$$= \left(\frac{a'd' - b'c'}{d' - b'\beta} \right)^m (a_0 d^n + a_1 d^{n-1} b + \ldots + a_n b^n),$$

$$b_0' = (a + b\alpha')^n (b_0 d'^m + b_1 d'^{m-1} b' + \ldots + b_m b'^m)$$

$$= \left(\frac{ad - bc}{d - b\alpha} \right)^n (b_0 d'^m + b_1 d'^{m-1} b' + \ldots + b_m b'^m),$$

on voit alors facilement qu'il n'existe qu'un nombre fini de valeurs des rapports $d : b$ et $d' : b'$ pour lesquelles les fonctions a_0' et $d' - b'\beta$ peuvent s'annuler en un point de $\mathfrak{Z}_\beta$, et les b_0' et $d - b\alpha$ peuvent s'annuler en un point de $\mathfrak{Z}_\alpha$.

Posons maintenant

$$\alpha' = \frac{\mathfrak{A}'_1}{\mathfrak{A}'}, \quad \beta' = \frac{\mathfrak{B}'_1}{\mathfrak{B}'},$$

il s'ensuit (§19, 1.) que

$$d - b\alpha = \frac{\mathfrak{A}_2}{\mathfrak{A}}, \quad a + b\alpha' = \frac{\mathfrak{A}'_2}{\mathfrak{A}'},$$

par conséquent,

$$\mathfrak{A}_2 \mathfrak{A}'_2 = \mathfrak{A} \mathfrak{A}'.$$

Mais puisque b est supposé non nul, $\mathfrak{A}_2$ et $\mathfrak{A}$ sont premiers entre eux, car en un point de $\mathfrak{A}$, l'ordre de $d - b\alpha$ est le même que celui de α (§15, 5.). Par conséquent

$$\mathfrak{A}_2 = \mathfrak{A}' \quad ; \quad \mathfrak{A}'_2 = \mathfrak{A},$$

donc

$$a + b\alpha' = \frac{\mathfrak{A}}{\mathfrak{A}'},$$

et de même

$$a' + b'\beta' = \frac{\mathfrak{B}}{\mathfrak{B}'}.$$

Mais maintenant, puisque $F(\alpha,\beta) = 0$, on a

$$F_1'(\alpha') = (ad - bc)(a + b\alpha')^{n-2}(a' + b'\beta')^m F'(\alpha)$$

et si, comme il a été supposé,

$$F_1'(\alpha') = \frac{\mathfrak{R}\mathfrak{Z}_\beta}{\mathfrak{A}'^{n-2}\mathfrak{B}'^m},$$

il suit

$$F'(\alpha) = \frac{\mathfrak{R}\mathfrak{Z}_\beta}{\mathfrak{A}^{n-2}\mathfrak{B}^m},$$

et de la même manière

$$F'(\beta) = \frac{\mathfrak{R}\mathfrak{Z}_\alpha}{\mathfrak{A}^n \mathfrak{B}^{m-2}}.$$

Le fait que le polygone $\mathfrak{R}$, qui apparaît dans le numérateur des deux expressions, doive être le même suit de :

$$\frac{d\alpha}{d\beta} = -\frac{F'(\beta)}{F'\alpha)} = \frac{\mathfrak{B}^2 \mathfrak{Z}_\alpha}{\mathfrak{A}^2 \mathfrak{Z}_\beta}.$$

Maintenant, si l'ordre des polygones $\mathfrak{A}^{n-2}\mathfrak{B}^m$ est

$$m(n - 2) + mn = 2m(n - 1),$$

alors celui de $\mathfrak{R}$

$$2r = 2m(n - 1) - w_\beta$$

est toujours un nombre pair. De cela, il s'ensuit que [1]

$$(3) \qquad p = \frac{1}{2} w_\beta - n + 1 = (n-1)(m-1) - r.$$

Le polygone $\mathfrak{R}$ est appelé le *polygone des points doubles en* (α, β).

§25. Les différentielles dans Ω

Si z, z_1 sont n'importe quelles deux variables de Ω d'ordre n et n_1 et d'ordre de ramification w et w_1 ; de plus, si $\mathfrak{Z}$ et $\mathfrak{Z}_1$ sont les polygones de ramification, et $\mathfrak{U}$ et $\mathfrak{U}_1$ les sous-polygones de z et z_1, alors d'après §23, on a

$$(1) \qquad \frac{dz}{dz_1} = \frac{\mathfrak{Z}\mathfrak{U}_1^2}{\mathfrak{Z}_1\mathfrak{U}^2}.$$

Toute fonction ω de Ω peut s'écrire

$$(2) \qquad \omega = \frac{\mathfrak{U}^2\mathfrak{A}}{\mathfrak{Z}\mathfrak{B}}$$

où $\mathfrak{A}$ et $\mathfrak{B}$ sont des polygones dont les ordres a et b vérifient

$$2n + a = w + b,$$

ou bien (§24)

$$(3) \qquad a = b + 2p - 2.$$

Maintenant, si l'on considère une fonction ω_1 définie par l'équation

$$\omega dz = \omega_1 dz_1,$$

alors ω_1 obtient, d'après (1), la représentation

$$\omega_1 = \frac{\mathfrak{U}_1^2\mathfrak{A}}{\mathfrak{Z}_1\mathfrak{B}}.$$

Des expressions de la forme

$$\omega dz = \omega_1 dz_1$$

seront nommées dans la suite *différentielles* dans Ω et nous nous y référerons en utilisant le symbole [1] $d\tilde{\omega}$. Une telle différentielle est par cette définition un *invariant*, c'est-à-dire indépendante du choix de la

---

1. On retrouve ici la définition proposée par Clebsch dans Clebsch (1868), p. 1238 : « J'ai proposé de nommer genre d'une courbe le nombre $p = 1/2(n-1)(n-2) - d$ (*deficiency* de M. Cayley), n étant l'ordre de la courbe, d le nombre de ses points doubles ou de rebroussement. Le genre de deux courbes algébriques doit être le même pour que l'on puisse faire correspondre à chaque point de l'une un seul point de l'autre, et réciproquement. »

variable z et est pleinement déterminée par les deux polygones $\mathfrak{A}$ et $\mathfrak{B}$.
On peut, sans risque de malentendu, employer la notation symbolique

$$d\tilde{\omega} = \frac{\mathfrak{A}}{\mathfrak{B}}.$$

Ainsi, par exemple, on a :

$$dz = \frac{3}{\mathfrak{U}^2}.$$

Cette notation de la différentielle comme quotient de polygones se distingue de la notation semblable pour les fonctions de Ω (§17) en ce que dans cette dernière, le numérateur et le dénominateur ont le même ordre, tandis que pour la différentielle l'ordre du numérateur est dépasse celui du dénominateur de $2p - 2$. Comme pour la notation du §17, on peut éliminer un éventuel diviseur commun de $\mathfrak{A}$ et $\mathfrak{B}$. Si $\mathfrak{A}$ et $\mathfrak{B}$ sont premiers entre eux, $\mathfrak{A}$ est appelé le sur-polygone et $\mathfrak{B}$ le sous-polygone de la différentielle $d\tilde{\omega}$.

Le concept de différentielle dans Ω exposé ici de manière générale comprend les différentielles des fonctions du corps Ω définie dans le §23, 4. comme cas particuliers. On appelle ces dernières des *différentielles propres*, tandis que les autres, qui ne peuvent pas être représentées comme différentielles de fonctions existantes dans Ω, sont appelées *différentielles impropres ou abéliennes*.

Les fonctions de la forme (2), que l'on peut écrire avec notre nouvelle notation $\frac{d\tilde{\omega}}{dz}$, sont appelées les *quotients différentiels par rapport à z* et, de la même manière, se différencient en *quotients propres et impropres* selon que $d\tilde{\omega}$ est une différentielle propre ou impropre *.

---

* Le quotient de deux différentielles propres ou impropres $\frac{d\tilde{\omega}}{d\tilde{\omega}'}$ a toujours pour signification une fonction déterminée de Ω. Nous nous limiterons dans la suite à l'observation de quotients pour lesquels au moins le dénominateur est une différentielle propre.

1. Dedekind et Weber étendent donc la définition donnée au §23. Cela va leur permettre de distinguer entre différentes sortes de différentielles, pour reformuler, en leurs termes, la classification des intégrales de première, deuxième et troisième espèce établie par Legendre.

Il reste maintenant à déterminer l'étendue du concept de différentielle, c'est-à-dire à trouver tous les polygones $\mathfrak{A}$ et $\mathfrak{B}$ qui peuvent être sur-polygones et sous-polygones d'une différentielle. Pour cela, nous commençons par les observations générales suivantes.

La condition nécessaire et suffisante pour que $\frac{\mathfrak{A}}{\mathfrak{B}}$ soit une différentielle est que

$$\frac{\mathfrak{U}^2\mathfrak{A}}{3\mathfrak{B}}$$

soit une fonction de Ω pour une variable z arbitraire, donc que $\mathfrak{U}^2\mathfrak{A}$ soit équivalent à $3\mathfrak{B}$. Cette relation reste vérifiée lorsque $\mathfrak{A}$ et $\mathfrak{B}$ sont remplacés par des polygones équivalents $\mathfrak{A}'$ et $\mathfrak{B}'$. Fixons $\mathfrak{B}$ et si $\frac{\mathfrak{A}}{\mathfrak{B}}$ est une différentielle, alors

$$\frac{\mathfrak{A}'}{\mathfrak{B}}, \quad \frac{\mathfrak{A}''}{\mathfrak{B}}, \quad \dots$$

sont des différentielles si et seulement si les polygones $\mathfrak{A}, \mathfrak{A}', \mathfrak{A}'', \dots$ appartiennent à la même classe A. Si les polygones $\mathfrak{A}_1, \mathfrak{A}_2, \mathfrak{A}_3, \dots$ forment une base de A et

$$A = (\mathfrak{A}_1, \mathfrak{A}_2, \mathfrak{A}_3, \dots),$$

alors les quotients différentiels par rapport à une variable arbitraire z correspondants, $\frac{d\tilde{\omega}_1}{dz}, \frac{d\tilde{\omega}_2}{dz}, \frac{d\tilde{\omega}_3}{dz}, \dots$, forment la base d'une famille de fonctions de dimension finie. En conséquence, on dira aussi que les $d\tilde{\omega}_1, d\tilde{\omega}_2, d\tilde{\omega}_3, \dots$ forment la base d'une *famille de différentielles* de même dimension

$$(d\tilde{\omega}_1, d\tilde{\omega}_2, d\tilde{\omega}_3, \dots).$$

Cela signifie que toute différentielle $d\tilde{\omega}$ dont le sous-polygone est $\mathfrak{B}$ ou un diviseur de $\mathfrak{B}$, peut être écrite sous la forme

$$d\tilde{\omega} = c_1 d\tilde{\omega}_1 + c_2 d\tilde{\omega}_2 + c_3 d\tilde{\omega}_3 + \dots$$

avec $c_1, c_2, c_3, \dots$ coefficients constants.

§26. *Les différentielles de première espèce*

Nous allons étudier, dans un premier temps, la forme la plus simple parmi les différentielles, c'est-à-dire celles dont le sous-polygone est le polygone nul $\mathfrak{O}$. De telles différentielles (dont l'existence, il est vrai, doit

encore être démontrée) sont appelées *différentielles de première espèce* [1].
Le sur-polygone $\mathfrak{W}$ d'une telle différentielle dw, dont l'ordre est $2p -$
2, est désigné comme le *polygone fondamental (Grundpolygon)* de dw
et appelé un *polygone complet de première espèce*, tandis que tous les
diviseurs de ce polygone sont appelés *polygones de première espèce*. Si
$\mathfrak{W} = \mathfrak{A}\mathfrak{B}$, on dira que $\mathfrak{A}$ et $\mathfrak{B}$ sont des polygones *complémentaires* l'un
de l'autre. Un polygone qui n'est pas diviseur d'un polygone complet de
première espèce, et en particulier tout polygone de plus de $2p - 2$ points,
est appelé *polygone de deuxième espèce* [2].

1. D'après les remarques précédentes, tous les polygones complets de
première espèce forment une classe de polygones W dont la dimension
doit être déterminée. S'il se trouve que cette dimension est > 0, alors
l'existence des polygones de première espèce est démontrée. Cette
dimension est la même que celle de la famille de différentielles de
première espèce, ou encore, pour une variable z arbitraire, la même que
celle de la famille de *quotients différentiels de première espèce*, si l'on
définit comme quotient différentiel de première espèce par rapport à z la
fonction

$$u = \frac{dw}{dz}.$$

Une telle fonction u peut s'écrire, d'après §25, (2), sous la forme

$$u = \frac{\mathfrak{U}^2 \mathfrak{W}}{3},$$

1. Sans continuité, Dedekind et Weber ne peuvent introduire d'intégration et vont donc
reformuler, en termes de différentielles, la classification de Legendre. Rappelons que
les intégrales de première espèce sont partout finies et continues et sont le résultat de
l'intégration de fonctions qui sont partout holomorphes. Il y en a au plus p. Les différentielles
de première espèce sont donc celles qui sont partout holomorphes sur la surface, c'est-à-dire
qui n'ont pas de singularités. Tout cela va en particulier leur servir à prouver le théorème
d'Abel. Mais pour prouver ce théorème avec leur arsenal conceptuel, ils doivent le scinder
en plusieurs cas, et leur reformulation peut sembler bien lointaine du théorème « original ».
2. À nouveau, les notions introduites sont appliquées aux polygones, qui vont servir de
fondement pour les preuves. Ainsi, par exemple, pour prouver l'existence des différentielles
de première espèce, il faut montrer que la classe des polygones complets de première espèce,
c'est-à-dire des sur-polygones de ces différentielles, n'est pas vide. Cela permet à Dedekind
et Weber de prouver l'existence sans autre manipulation que celles des (relations entre)
polygones, conservant ainsi leur approche arithmético-algébrique et restreinte aux concepts
et outils qu'ils ont introduits.

et l'on reconnaît facilement, en observant l'ordre aux points distincts, qu'un tel quotient différentiel de première espèce est pleinement défini par les deux propriétés caractéristiques suivantes :

I. En tout point $\mathfrak{P}$ auquel z prend la valeur finie z_0, on a

$$(u(z - z_0))_0 = 0.$$

II. En un point $\mathfrak{P}$ auquel z est infinie, on a

$$(zu)_0 = 0.$$

Si l'on désigne, comme au §11, 4., le produit de tous les facteurs linéaires mutuellement distincts du discriminant $\Delta_z(\Omega)$ par

$$r = (z - c)(z - c_1)(z - c_2)\ldots,$$

et $\mathfrak{r}$ le produit de tous les idéaux premiers mutuellement distincts qui divisent r, alors la condition I. est complètement équivalente avec celle que ru soit une fonction de $\mathfrak{r}$ ou encore que u soit une fonction du module $\mathfrak{e}$ complémentaire à $\mathfrak{o}$ [§11, 4., (6)] [1]. Afin d'obtenir la totalité des fonctions u, il faut donc chercher les fonctions de $\mathfrak{e}$ qui vérifient la condition II.

2. Pour atteindre ce but, nous partons d'une *base normale* de $\mathfrak{o}$, $\lambda_1, \lambda_2, \ldots, \lambda_n$ (§22), et l'on désigne par $\mu_1, \mu_2, \ldots, \mu_n$ sa base complémentaire, de manière à ce que toute fonction satisfaisant la condition I., et par conséquent tout quotient différentiel de première espèce, soit de la forme

(1) $$u = y_1\mu_1 + y_2\mu_2 + \ldots + y_n\mu_n$$

où $y_1, \ldots, y_n$ sont des polynômes en z. Mais il suit des propriétés fondamentales de la base complémentaire (§10, 3.) que

$$y_s = S(u\lambda_s), \quad \frac{y_s}{z^{r_s-1}} = S\left(uz.\frac{\lambda_s}{z^{r_s}}\right).$$

Maintenant, puisque $\frac{\lambda_s}{z^{r_s}}$ est dans $\mathfrak{o}'$, donc fini pour $z = \infty$, et qu'en ces points, d'après II., uz s'annule, alors d'après §16, 5., $\frac{y_s}{z^{r_s-1}}$ doit s'annuler pour $z = \infty$. Ainsi, le degré des polynômes y_s ne peut pas dépasser $r_s - 2$.

---

1. Cela signifie donc que u est un quotient différentiel $d\omega/dz$.

186		RICHARD DEDEKIND ET HEINRICH WEBER

Il suit que si $r_s < 2$, y_s doit s'annuler, ainsi l'on doit en toutes circonstances avoir (§22, 2.) :

$$y_1 = 0 \; ; \quad S(u) = 0$$

(*Théorème d'Abel pour les différentielles de première espèce*) [1] et si $r_s \geqq$ 2, on a :

$$(2) \qquad y_s = c_0 + c_1 z + c_2 z^2 + \ldots + c_{r_s - 2} z^{r_s - 2}.$$

Il reste à montrer que ces conditions sont également suffisantes, c'est-à-dire que toute fonction de la forme (1) dans laquelle y_s est de la forme (2), satisfait la condition II. Ou encore, ce qui revient à la même chose, que si $r_s \geqq 2$, $z^{r_s - 1} \mu_s$ s'annule en tout point auquel z est infinie. Cela suit immédiatement de l'étude du système $\mathfrak{o}'$ des fonctions entières de $z' = \frac{1}{z}$ pour lequel, d'après le §22, 3., les fonctions

$$\lambda_1' = \frac{\lambda_1}{z^{r_1}}, \quad \lambda_2' = \frac{\lambda_2}{z^{r_2}}, \quad \ldots, \quad \lambda_n' = \frac{\lambda_n}{z^{r_n}}$$

forment une base normale. La base complémentaire de celle-ci est, d'après §10, 5. :

$$\mu_1' = z^{r_1} \mu_1, \quad \mu_2' = z^{r_2} \mu_2, \quad \ldots, \quad \mu_n' = z^{r_n} \mu_n.$$

En appliquant la propriété I. à z' et μ', on a

$$z' \mu_s' = 0 \quad \text{pour} \quad z' = 0,$$

par conséquent

$$z^{r_s - 1} \mu_s = 0 \quad \text{pour} \quad z = \infty.$$

CQFD.

Mais puisque les fonctions $z^h \mu_s$ sont linéairement indépendantes (car les fonctions μ_s sont linéairement indépendantes), il suit de §24, (2) le théorème fondamental :

---

1. Il s'agit du théorème d'addition d'Abel, publié dans Abel (1841), et que nous avons rappelé p. 63. On pourra consulter Kleiman (2002). Comme le souligne Stillwell (2012) p. 123, on reconnaît difficilement, ici, le théorème d'Abel. Des résultats donnés plus loin dans *Fonctions algébriques* semblent plus proches mais ne citent pas le nom d'Abel – notamment le « théorème fondamental » donné à la page suivante et les résultats du paragraphe §33.

La famille de différentielles du premier espèce est de dimension

$$(r_2 - 1) + (r_3 - 1) + \ldots + (r_n - 1) = p$$

et par conséquent p est également la dimension de la classe W des polygones complets de première espèce [1].

On peut choisir les p fonctions $z^h \mu_s$ ($h \leq r_s - 2$) comme base de la famille de quotients différentiels de première espèce par rapport à z, et les polygones fondamentaux $\mathfrak{W}_1$, $\mathfrak{W}_2$, ..., $\mathfrak{W}_p$ des différentielles correspondantes dw_i forment une base de la classe W.

3. Pour une application ultérieure, il nous faut considérer encore une sorte particulière de quotient différentiel de première espèce u' pour lesquels la condition II. est remplacée par la condition suivante :

III. En tout point $\mathfrak{P}$ auquel z est infinie, on a

$$(z^k u')_0 = 0$$

avec k entier positif.

Les fonctions u' peuvent s'écrire

$$u = \frac{\mathfrak{U}^{k+1} \mathfrak{W}'}{3}$$

et forment toujours une famille. De même, les polygones $\mathfrak{W}'$ forment une classe W' dont l'ordre est

$$w - n(k + 1) = 2p - 2 - n(k - 1).$$

En revanche, les polygones $\mathfrak{W}'$ ne sont *pas* indépendants du choix de la variable z. La dimension de la classe W' se détermine de la même manière que celle de la classe W. En effet, puisque la condition I. est satisfaite, les fonctions u' sont elles aussi de la forme (1). Toutefois, maintenant

$$\frac{y_s}{z^{r_s - k}} = S\left(u' z^k \frac{\lambda_s}{z^{r_s}}\right)$$

doit s'annuler pour $z = \infty$. Par conséquent, le degré des polynômes y_s ne peut pas dépasser le nombre $r_s - k - 1$. Donc y_s est identiquement nulle dès que $r_s < k + 1$ et dans le cas contraire, on a :

$$(3) \qquad y_s = c_0 + c_1 z + \ldots + c_{r_s - k - 1} z^{r_s - k - 1}.$$

---

1. On retrouve ici le résultat affirmant que toute différentielle de première espèce est une combinaison linéaire de p différentielles de première espèce. La « classe W » sera centrale pour le théorème de Riemann-Roch. Elle correspond à ce que l'on appelle aujourd'hui la « classe canonique ».

Réciproquement, si y_s est de cette forme, alors la fonction

$$u' = \sum^s y_s \mu_s$$

satisfait la condition III. En effet, comme nous l'avons montré en 2.

$$z^k \left(z^{r_s-k-1} \mu_s \right) = z^{r_s-1} \mu_s$$

prend la valeur 0 pour $z = \infty$.

De cela, il découle que la dimension de la famille de fonctions u', et par conséquent celle de la classe W' est

$$= \sum^i (r_i - k)$$

où ne sont, cependant, conservés que les termes positifs. Si tous les $r_i - k \leqq 0$, alors les fonctions recherchées n'existent pas.

§27. Les classes de polygones de première et deuxième espèce

Si $\mathfrak{A}$ est un polygone de première espèce, alors tous les polygones équivalents à $\mathfrak{A}$ sont également de première espèce. En effet, si $\mathfrak{A}$ et $\mathfrak{B}$ sont deux polygones complémentaires et

$$\mathfrak{A}\mathfrak{B} = \mathfrak{W},$$

alors

$$AB = W$$

pour A et B les classes de $\mathfrak{A}$ et $\mathfrak{B}$ et, si $\mathfrak{A}'$ est équivalent à $\mathfrak{A}$, $\mathfrak{A}'\mathfrak{B} = \mathfrak{W}'$ est aussi équivalent à $\mathfrak{W}$ (§18, 5.).

Nous appelons de telles classes contenant des polygones de première espèce les *classes de polygones de première espèce* et les classes restantes les *classes de polygones de deuxième espèce* [1]. La classe W des polygones

---

1. À nouveau, les notions introduites précédemment sont transférées aux polygones et classes de polygones. Alors qu'il y a des différentielles de deuxième et troisième espèce, Dedekind et Weber définissent seulement deux espèces pour les classes de polygones. Les classes de deuxième espèce contiennent toutes les différentielles qui ne sont pas de première espèce. Le théorème de Riemann-Roch sera donné, dans les prochains paragraphes, en termes des dimensions de ces classes.

complets de première espèce est appelée *classe principale*, et deux classes
A et B vérifiant

$$AB = W$$

sont des *classes complémentaires*.
Si

$$\eta = \frac{\mathfrak{A}'}{\mathfrak{A}}$$

est une fonction de Ω, et $\mathfrak{A}$ et $\mathfrak{A}'$ premiers entre eux, alors la classe A de
$\mathfrak{A}$ est une classe propre. Nous appelons alors η une fonction *de première
ou deuxième espèce* selon que la classe A est de première ou deuxième
espèce.

Si A est une classe arbitraire de première espèce et q le nombre
de polygones $\mathfrak{W}$ mutuellement distincts divisibles par un polygone
quelconque $\mathfrak{A}$ de A, alors, d'après §21, 2., on a

$$q = (A, W) = (O, B),$$

c'est-à-dire égal à la dimension de la classe B complémentaire de A. De
la même manière, (B, W) est identique à la dimension de A. Si A est une
classe de deuxième espèce, alors $(A, W) = 0$. Puisque p est la dimension
de W, toute classe dont l'ordre est $\leqq p - 1$ est de première espèce, d'après
§20, 2., 3. Et il existe en particulier une classe A d'ordre $p - k$ telle que
$(A, W) = (O, B) = k$. Des mêmes propositions suit qu'il existe des
classes d'ordre p qui sont de deuxième espèce.

§28. Le théorème de Riemann-Roch pour les classes propres

Le théorème de Riemann-Roch, qui permet de connaître, dans sa
formulation habituelle, le nombre de constantes arbitraires contenues
dans une fonction qui devient infinie en un certain nombre de points
donnés, donne, dans notre présentation, une relation entre la dimension
et l'ordre d'une classe resp. une classe et sa classe complémentaire [1].

---

1. Rappelons qu'en termes modernes, le théorème de Riemann-Roch donne la dimension
de l'espace vectoriel formé par les fonctions qui deviennent infinies en m points. Le
théorème de Riemann-Roch a été présenté comme l'un des plus frappants exemples du lien
intime ente les notions topologiques (comme le genre) et les propriétés des fonctions. Cet
aspect semble complètement perdu dans le travail de Dedekind et Weber, qui manipulent
seulement des objets algébriques. Sur le théorème de Riemann-Roch, on pourra consulter
Gray (1987, 1998), Stillwell (2012), p. 10-16, Bottazzini et Gray (2013), p. 337-339,
Popescu-Pampu (2016), p. 43-45.

Dans l'immédiat, nous nous limiterons aux classes propres, mais avant de déduire cette relation fondamentale, nous commencerons par quelques remarques.

1. Dans une classe propre A, on peut toujours, d'après §19, 2., choisir deux polygones $\mathfrak{A}$ et $\mathfrak{A}'$ premiers entre eux (l'un d'eux peut être pris au choix dans la classe). Posons alors

$$z = \frac{\mathfrak{A}'}{\mathfrak{A}},$$

et si $\mathfrak{A}''$ désigne un troisième polygone arbitraire de la classe A :

$$\omega = \frac{\mathfrak{A}''}{\mathfrak{A}} \quad ; \quad \frac{\omega}{z} = \frac{\mathfrak{A}''}{\mathfrak{A}'},$$

alors, d'après le §17, ω est une fonction entière de z et $\frac{\omega}{z}$ est une fonction entière de $\frac{1}{z}$. Alors, l'exposant de ω est $\leqq 1$ (§22).

Réciproquement, si ω est une fonction entière de z d'exposant $\leqq 1$, alors elle est de la forme

$$\omega = \frac{\mathfrak{A}''}{\mathfrak{A}}$$

où $\mathfrak{A}''$ est un polygone de la classe A. En effet, si l'on a

$$\omega = \frac{\mathfrak{A}''_1}{\mathfrak{A}_1} \quad ; \quad \frac{\omega}{z} = \frac{\mathfrak{A}''_1 \mathfrak{A}}{\mathfrak{A}_1 \mathfrak{A}'}$$

avec $\mathfrak{A}''_1$ premier à $\mathfrak{A}_1$, tout d'abord $\mathfrak{A}_1$ ne peut contenir aucun point qui ne soit pas également dans $\mathfrak{A}$, puisque ω est une fonction entière de z. Il n'est pas non plus possible que $\mathfrak{A}_1$ contienne un point plus de fois que $\mathfrak{A}$, car sinon $\frac{\omega}{z}$ serait infinie en un tel point (qui ne peut pas être dans $\mathfrak{A}'$) et ne serait donc pas une fonction entière de $\frac{1}{z}$. Par conséquent, $\mathfrak{A}$ est divisible par $\mathfrak{A}_1$ et ω peut s'écrire $\frac{\mathfrak{A}''}{\mathfrak{A}}$.

2. Afin d'obtenir la totalité des polygones de la classe A, il nous faut seulement chercher les fonctions entières de z dont l'exposant est $\leqq 1$.

Si n est l'ordre de la classe A et de la variable z, et les $\lambda_1, \ldots, \lambda_n$ forment une base normale de $\mathfrak{o}$ d'exposants $r_1, \ldots, r_n$ parmi lesquels r_s est le dernier $\leqq 1$, alors, d'après §22, 2., toute fonction ω d'exposant $\leqq 1$ peut s'écrire sous la forme

$$\omega = c_1 \lambda_1 + c_2 \lambda_2 + \ldots + c_s \lambda_s + z\omega_1.$$

Puisque l'exposant de $z\omega_1$ ne peut pas être supérieur à 1, ω_1 doit être une constante et l'on a donc :

$$\omega = c_1 \lambda_1 + c_2 \lambda_2 + \ldots + c_s \lambda_s + c_{s+1} z.$$

Réciproquement, toute fonction pouvant s'écrire de cette manière satisfait l'exigence énoncée. La dimension de la classe A est alors $s+1$, et, en adéquation avec §21, 1., est toujours $\leqq n+1$. La limite supérieure $n+1$ ne peut être atteinte que dans le cas où $p = 0$ et elle sera effectivement atteinte, puisque dans ce cas $r_2, r_3, \ldots = 1$. De cela, il suit que si $p = 0$, *seul un point isolé $\mathfrak{P}$ peut appartenir à une classe propre.*

3. Si parmi les exposants $r_{s+1}, r_{s+2}, \ldots, r_n$, il en existe un plus grand que 2, alors certainement $r_n > 2$ aussi. D'après §26, 2., si $\mathfrak{Z}$ désigne l'idéal de ramification en z, les

$$\mu_n = \frac{\mathfrak{A}^2\mathfrak{W}}{\mathfrak{Z}}, \quad \mu_n z = \frac{\mathfrak{A}^2\mathfrak{W}_1}{\mathfrak{Z}} = \frac{\mathfrak{A}\mathfrak{A}'\mathfrak{W}}{\mathfrak{Z}}$$

sont des quotients différentiels de première espèce par rapport à z, alors

$$\mathfrak{A}\mathfrak{W}_1 = \mathfrak{A}'\mathfrak{W},$$

ou encore, puisque $\mathfrak{A}$ et $\mathfrak{A}'$ sont premiers entre eux,

$$\mathfrak{W} = \mathfrak{A}\mathfrak{B}, \quad \mathfrak{W}_1 = \mathfrak{A}'\mathfrak{B}$$

c'est-à-dire que la classe A est une classe de *première* espèce (et z une variable de première espèce). Supposons d'abord pour l'instant que A soit une classe de *deuxième* espèce, alors

$$r_{s+1}, r_{s+2}, \ldots, r_n = 2,$$

et

$$p = (r_2 - 1) + (r_3 - 1) + \ldots + (r_s - 1) + (r_{s+1} - 1) + \ldots + (r_n - 1)$$
$$= n - s.$$

La dimension $s + 1$ de la classe A est alors [1]

$$(O, A) = n - p + 1.$$

4. Supposons maintenant que A soit une classe de première espèce et, comme au §27,

$$q = (A, W),$$

alors, il existe q polygones complets de première espèce linéairement indépendants divisibles par $\mathfrak{A}$, et les quotients différentiels de première espèce par rapport à z correspondants, qui sont toujours exactement au

---

1. On retrouve ici le résultat tel qu'énoncé par Roch.

nombre de q mais ne sont plus linéairement indépendants, sont de la forme :

$$v = \frac{\mathfrak{A}^2\mathfrak{B}}{3}$$

où $\mathfrak{B}$ est un polygone à $2p - 2 - n$ points, la classe B de $\mathfrak{B}$ est la classe complémentaire de A et sa dimension est donc égale à q (§27).

Mais les fonctions v ont la propriété qu'aux sommets de $\mathfrak{A}$, c'est-à-dire lorsque $z = \infty$, non seulement zv mais également

$$z^2 v = \frac{\mathfrak{A}\mathfrak{A}'^2\mathfrak{B}}{3}$$

s'annulent. Elles sont donc pleinement déterminées par cette propriété et par l'exigence qu'elles soient des quotients différentiels de première espèce. En effet, si l'on a

$$v = \frac{\mathfrak{A}^2\mathfrak{W}}{3}, \quad vz^2 = \frac{\mathfrak{A}'^2\mathfrak{W}}{3},$$

alors, si $z^2 v$ s'annule en tout point de $\mathfrak{A}$, $\mathfrak{W}$ doit être divisible par $\mathfrak{A}$ puisque $\mathfrak{A}'$ est supposé premier à $\mathfrak{A}$. On a donc, d'après §26, 3.,

$$q = (r_{s+1} - 2) + (r_{s+2} - 2) + \ldots + (r_n - 2),$$

et par ailleurs

$$p = (r_{s+1} - 1) + (r_{s+2} - 1) + \ldots + (r_n - 1),$$

par conséquent :

$$p - q = n - s, \quad s = n - p + q.$$

Ici est contenu le *théorème de Riemann-Roch* que l'on peut, dans ce cas, en considérant le §27, donner sous la forme suivante : *Si A et B sont deux classes de première espèce complémentaires dont l'une au moins est propre, et d'ordres respectifs a et b, alors*

$$a + b = 2p - 2,$$

par conséquent

$$(O, A) - \frac{1}{2}a = (O, B) - \frac{1}{2}b.$$

5. On peut, si l'on n'exclut pas le cas où $(A, W) = 0$, donner le théorème de *Riemann-Roch* en regroupant les deux cas :

Si A est une classe propre d'ordre n, alors sa dimension est [1]

$$(O, A) = n - p + 1 + (A, W).$$

Puisque la dimension d'une classe propre (si elle ne consiste pas en le seul *Nulleck*) doit être au moins égale à 2, on a si $(A, W) = 0$,

$$n \geq p + 1,$$

ce dont découle le théorème dû à Riemann :
Toute fonction dont l'ordre est $\leq$ p est une fonction de première espèce.

6. On peut, grâce à ce théorème, démontrer facilement que *la classe principale W des polygones complets de première espèce est toujours propre.*

En effet, si $\mathfrak{M}$ est le diviseur de W, alors d'après §19, 2., on peut trouver dans W un polygone $\mathfrak{A}\mathfrak{M}$ tel que $\mathfrak{A}$ soit premier à $\mathfrak{M}$. La classe A de $\mathfrak{A}$ est propre (§21, 3.) et en même temps $\mathfrak{A}\mathfrak{M}$ est le seul polygone de la classe W divisible par $\mathfrak{A}$ (car tout polygone de W est divisible par $\mathfrak{M}$). Donc on a

$$(A, W) = 1.$$

Maintenant, si p est la dimension de W et de A, alors, d'après le théorème de Riemann-Roch, l'ordre de A est $2p - 2$, c'est-à-dire aussi grand que celui de W. Par conséquent, $\mathfrak{M} = \mathfrak{O}$

§29. Le théorème de Riemann-Roch pour les classes impropres de première espèce [2]

Si A est une classe de première espèce de diviseur $\mathfrak{M}$ et

$$A = \mathfrak{M}A',$$

---

1. Ici, (O, A), la dimension de la classe A, correspond donc au nombre de fonctions linéairement indépendantes (noté μ par Riemann et Roch), n est le nombre de pôles, p est le genre et (A, W) est le nombre de différentielles du premier ordre linéairement indépendantes s'annulant en des points fixés.

2. Dedekind et Weber prouvent maintenant le théorème de Riemann-Roch pour les classes impropres. Ils auront ainsi prouvé le théorème pour les classes de polygones de première espèce.

alors, A' est une classe propre de première espèce. Soient B la classe complémentaire de A, B' celle de A', a et b les ordres des classes A et B, et m l'ordre de $\mathfrak{M}$. Si de tous les polygones de la classe B' divisibles par $\mathfrak{M}$ on élimine le facteur $\mathfrak{M}$, on obtient la classe B. En effet, on a

$$\mathfrak{AB} = \mathfrak{A'MB} = \mathfrak{W},$$

donc $\mathfrak{MB}$ appartient à la classe B', et réciproquement, si

$$\mathfrak{A'B'} = \mathfrak{A'MB} = \mathfrak{W},$$

alors $\mathfrak{B}$ appartient à la classe B.

De cela, il suit d'après §21, 2., que

$$(O, B) \geqq (O, B') - m.$$

Si maintenant A' est une classe propre de même dimension que A et d'ordre $a - m$, alors (§28, 5.) :

$$(O, A) = (O, A') = a - m - p + 1 + (A', W),$$

ou encore

$$(O, A) = (O, B') - m + a - p + 1,$$

de là :

$$(O, A) \leqq (O, B) + a - p + 1 = (O, B) + \frac{1}{2}(a - b),$$

et donc

$$(O, A) - \frac{1}{2}a \leqq (O, B) - \frac{1}{2}b.$$

Puisque les classes A et B peuvent être interverties l'une avec l'autre, il suit de la même manière

$$(O, B) - \frac{1}{2}b \leqq (O, A) - \frac{1}{2}a,$$

c'est-à-dire

$$(O, B) - \frac{1}{2}b = (O, A) - \frac{1}{2}a.$$

Nous avons donc démontré le théorème de Riemann sous la forme du §28 pour les classes de polygones de première espèce en toute généralité [*].

---

[*] Dans la présentation de Christoffel (*Über die kanonische Form der Riemannschen Integrale erster Gattung*, Annali di Mathematica pura ed applicata, Serie II, Tomo IX), l'égalité

$$(A, W) + a - p = (O, B) + a - p = (O, A) - 1$$

§30. *Classes impropres de deuxième espèce* [1]

Nous devons maintenant chercher sous quelle condition une classe de polygones de deuxième espèce A d'ordre n peut être impropre, ce dont la validité générale du théorème de Riemann-Roch découlera immédiatement.

1. Toute classe A peut être transformée par la multiplication par une autre classe N d'ordre ν en une classe propre AN. En effet, si $\mathfrak{A}$ est un polygone de A, on choisit une variable z qui reste finie en tout point de $\mathfrak{A}$ (§15, 6.). Alors si η est une fonction de l'idéal en z engendré par $\mathfrak{A}$, le sous-polygone de η est alors divisible par $\mathfrak{A}$, donc de la forme $\mathfrak{A}\mathfrak{N}$ et la classe de $\mathfrak{A}\mathfrak{N}$ est propre.

2. La dimension d'une classe propre de deuxième espèce AN est, d'après §28, 8.

$$(O, AN) = n + \nu - p + 1,$$

et il suit, d'après §21, 2.,

$$(O, A) \geqq n - p + 1.$$

Maintenant, si $\mathfrak{M}$ est le diviseur de la classe A d'ordre m, et

$$A = \mathfrak{M}A',$$

alors A' est une classe propre de même dimension que A et par conséquent (§28, 5.) :

$$(O, A) = (O, A') = n - m - p + 1 + (A', W).$$

On a donc

$$(A', W) \geqq m,$$

c'est-à-dire qu'il est certain que A' doit être de première espèce si A est une classe impropre. Alors soit B' la classe complémentaire de A', on a donc aussi

$$(O, B') \geqq m.$$

---

est « l'excédent » et

$$(A, W) - 1 = (O, B) - A$$

est le « défaut » du système de points $\mathfrak{A}$.
[Le « système de points » est polygone $\mathfrak{A}$. Dedekind et Weber utilisent ici la terminologie de Christoffel. (NDT)]

1. Il reste à Dedekind et Weber à étudier le cas des classes de polygones de deuxième espèce pour prouver le théorème de Riemann-Roch de manière complètement générale.

Si l'on avait $(O, B') > m$, on pourrait trouver dans B', d'après §20, 2.,
un polygone $\mathfrak{M}\mathfrak{B}$ divisible par $\mathfrak{M}$ et l'on aurait

$$\mathfrak{A}'\mathfrak{M}\mathfrak{B} = \mathfrak{A}\mathfrak{B} = \mathfrak{W},$$

donc A serait de première espèce, ce qui contredit l'hypothèse de départ.
On a alors

$$(A', W) = m$$

et par conséquent

$$(O, A) = n - p + 1.$$

On retrouve, pour ce cas précis, le théorème de Riemann-Roch sous la
forme du §28, 3.

3. Si la classe A ne contient qu'un polygone isolé, alors $(O, A) = n - p + 1 = 1$, donc $n = p$, c'est-à-dire qu'un polygone isolé de deuxième
espèce est toujours d'ordre p. Réciproquement, d'après 2., tout polygone
de deuxième espèce d'ordre p est un polygone isolé.

4. En conservant la notation de 2., on a $(O, B') = m$, alors, d'après
la proposition §20, 2. que l'on a souvent appliquée, on peut trouver un
polygone dans B' divisible par un $(m - 1)$-gone au choix. Posons alors,
en isolant un point $\mathfrak{P}$ de $\mathfrak{M}$:

$$\mathfrak{M} = \mathfrak{P}\mathfrak{M}',$$

alors il existe un polygone $\mathfrak{M}'\mathfrak{B}$ dans B' et l'on a

$$\mathfrak{A}'\mathfrak{M}'\mathfrak{B} = \mathfrak{W}.$$

Le polygone $\mathfrak{A}'\mathfrak{M} = \mathfrak{A}''$ et sa classe A'' sont de première espèce et, si P
désigne la classe de $\mathfrak{P}$, A est de la forme

$$A = PA''.$$

On doit en même temps avoir $(A'', W) = (O, B'') = 1$, c'est-à-dire que
la classe complémentaire B'' de A'' comprend seulement un polygone
isolé $\mathfrak{B}''$, puisque sinon il existerait dans B'' un polygone divisible par $\mathfrak{P}$
et A serait de première espèce, contrairement à l'hypothèse.

5. Réciproquement, si A'' est une classe de première espèce pour
laquelle $(A'', W) = 1$, alors la classe complémentaire B'' de A'' est
composée d'un polygone isolé $\mathfrak{B}''$. De plus, si $\mathfrak{P}$ est un point qui ne
divise pas B'' et P sa classe, alors $A = PA''$ est une classe impropre
de deuxième espèce d'ordre n dont $\mathfrak{P}$ est un diviseur .

Le fait que A soit de deuxième espèce découle tout d'abord de l'hypothèse selon laquelle $\mathfrak{P}$ ne divise pas $\mathfrak{B}''$. La dimension de A est alors, d'après 2.

$$(O, A) = n - p + 1$$

avec n est l'ordre de A. Par ailleurs, la dimension de la classe A'' est, d'après les §§28 et 29

$$(O, A'') = n - p + (A'', W) = n - p + 1.$$

Par conséquent, A et A'' sont de même dimension. Mais tous les polygones de la classe A'' deviennent polygones de la classe A par multiplication par un point $\mathfrak{P}$ et, étant donnée l'égalité des dimensions, cela épuise la totalité de A. Tous les polygones de la classe A contiennent donc le facteur $\mathfrak{P}$ qui divise par conséquent aussi le diviseur de A.

6. Dans le cas particulier où le genre p du corps Ω est 0, les polygones et les classes de première espèce n'apparaissent pas. Alors, il n'existe dans tous les cas pas non plus de classe impropre. La dimension d'une classe est alors égale à son ordre $+1$. En particulier, tout point $\mathfrak{P}$ appartient à une classe propre de dimension 2 et il existe des fonctions z dans Ω qui sont de premier ordre. On peut représenter *rationnellement* toute fonction du corps Ω en termes d'une telle fonction, puisqu'il existe entre z et une autre variable du corps Ω une équation irréductible par rapport à cette dernière qui est du premier ordre (§15, 7.).

§31. Les différentielles de deuxième et troisième espèce [1]

1. Si maintenant, d'après la notation introduite au §25,

$$d\tilde{\omega} = \frac{\mathfrak{A}}{\mathfrak{B}}$$

est une différentielle de Ω et si a et b sont les ordres de $\mathfrak{A}$ et $\mathfrak{B}$, alors on a

$$a = b + 2p - 2.$$

---

[1]. Jusqu'à présent, Dedekind et Weber n'ont étudié que les différentielles de première espèce, bien qu'ils aient défini les classes de polygones de première et deuxième espèce. Maintenant, et avec l'aide du théorème de Riemann-Roch, ils se tournent vers les différentielles de deuxième et troisième espèce.

Supposons $\mathfrak{A}$ et $\mathfrak{B}$ premiers entre eux. Si $\mathfrak{U}$ désigne le sous-polygone, et $\mathfrak{Z}$ l'idéal de ramification pour une variable arbitraire z, alors $\mathfrak{U}^2\mathfrak{A}$ doit être équivalent à $\mathfrak{Z}\mathfrak{B}$ (§25). Désignons par U, Z, A et B les classes respectives des polygones $\mathfrak{U}$, $\mathfrak{Z}$, $\mathfrak{A}$ et $\mathfrak{B}$, on doit donc avoir

$$U^2 A = ZB.$$

Par ailleurs, si W est la classe principale de première espèce, on a

$$U^2 W = Z,$$

dont il suit la relation

$$A = BW.$$

Réciproquement, si $\mathfrak{A}$ est un polygone arbitraire dans la classe BW, alors de l'équivalence entre $\mathfrak{U}^2\mathfrak{A}$ et $\mathfrak{Z}\mathfrak{B}$ suit l'existence d'une différentielle de la forme $\frac{\mathfrak{A}}{\mathfrak{B}}$. De cela, il découle que $\mathfrak{B}$ peut être sous-polygone d'une différentielle $d\tilde{\omega}$ si, et seulement si, il existe un polygone premier à $\mathfrak{B}$ dans la classe BW, c'est-à-dire si le diviseur de BW est premier à $\mathfrak{B}$. La dimension de la classe BW donne en même temps la dimension de la famille de différentielles $d\tilde{\omega}$ qui correspond au sous-polygone $\mathfrak{B}$ (§25). Puisque $(W, W) = 1$, les théorèmes §30, 4. 5., donnent alors le résultat suivant :

a) Si $\mathfrak{B}$ est composé d'un seul point (si $b = 1$), alors la classe BW est une classe impropre de diviseur $\mathfrak{B}$. Par conséquent, *l'ordre b du sous-polygone d'une différentielle $d\tilde{\omega}$ ne peut pas être égal à un.*

b) Si $b \geq 2$, alors BW est toujours une classe propre de deuxième espèce et de dimension

$$b + p - 1.$$

Par conséquent, *le sous-polygone d'une différentielle peut être n'importe quel polygone de plus d'un point, et parmi les différentielles associées à un sous-polygone d'ordre b, il en existe $b + p - 1$ linéairement indépendantes.*

2. Cherchons maintenant, sous l'hypothèse que $b \geq 2$, une base de la classe A telle que chaque élément $\mathfrak{A}_r$ de cette base donne une différentielle $d\tilde{\omega}_r$ de nature la plus simple possible, c'est-à-dire telle que son sous-polygone soit une puissance d'un seul point ou le produit de seulement deux points distincts.

Supposons qu'une telle base BW ait été trouvée

$$(1) \qquad\qquad \mathfrak{A}_1, \, \mathfrak{A}_2, \, \mathfrak{A}_3, \, \ldots, \, \mathfrak{A}_{p+b-1},$$

alors, si P désigne la classe d'un point $\mathfrak{P}$, on construit une base semblable pour BPW de dimension $b + p$, c'est-à-dire :

(2) $$\mathfrak{PA}_1, \mathfrak{PA}_2, \ldots, \mathfrak{PA}_{p+b-1}, \mathfrak{A}'.$$

Les premiers $b+p-1$ polygones de cette base appartiennent évidemment à la classe BPW et sont indépendant les uns des autres puisque les polygones de (1) le sont. En même temps les différentielles qu'ils forment

$$d\tilde\omega_r = \frac{\mathfrak{PA}_r}{\mathfrak{PB}} = \frac{\mathfrak{A}_r}{\mathfrak{B}}$$

sont identiques à celles formées par (1). Il ne reste plus qu'à construire $\mathfrak{A}'$ pour lequel on distingue deux cas.

a) $\mathfrak{P}$ divise $\mathfrak{B}$ et $\mathfrak{B} = \mathfrak{MP}^m$ avec $\mathfrak{M}$ non divisible par $\mathfrak{P}$, alors $P^{m+1}W$ est une classe propre (car $m + 1 \geq 2$, §30, 4.) dans laquelle il existe donc un polygone $\mathfrak{N}$ non divisible par $\mathfrak{P}$. Posons $\mathfrak{A}' = \mathfrak{MN}$, alors $\mathfrak{A}'$ appartient à la classe BPW et n'est pas divisible par $\mathfrak{P}$. Ainsi, il n'appartient pas à la famille $(\mathfrak{PA}_1, \mathfrak{PA}_2, \ldots, \mathfrak{PA}_{b+p-1})$ de diviseur $\mathfrak{P}$. Par conséquent, les polygones (2) sont indépendants les uns des autres et forment une base de la classe BPW. La différentielle formée par $\mathfrak{A}'$

$$d\tilde\omega' = \frac{\mathfrak{A}'}{\mathfrak{PB}} = \frac{\mathfrak{N}}{\mathfrak{P}^{m+1}}$$

est donc de la forme voulue, car son sous-polygone est une puissance d'un seul point.

b) $\mathfrak{P}$ ne divise pas $\mathfrak{B}$, on choisit alors une fois pour toutes un point $\mathfrak{P}_1$ qui divise $\mathfrak{B}$ et on pose $\mathfrak{B} = \mathfrak{MP}_1$ (il est sans importance que $\mathfrak{M}$ soit divisible par $\mathfrak{P}_1$). On choisit alors dans la classe propre PP_1W un polygone $\mathfrak{N}$ que n'est divisible ni par $\mathfrak{P}$ ni par $\mathfrak{P}_1$, alors $\mathfrak{A}' = \mathfrak{NM}$ appartient encore à la classe BPW, et puisque $\mathfrak{A}$ n'est pas divisible par $\mathfrak{P}$, il suit comme précédemment que les polygones (2) forment donc une base de BPW. En même temps, on a

$$d\tilde\omega' = \frac{\mathfrak{A}'}{\mathfrak{PB}} = \frac{\mathfrak{N}}{\mathfrak{PP}_1}$$

qui est donc de la forme voulue.

Il reste encore à décrire le début de cette opération. Si $b = 0$, alors $\mathfrak{B} = \mathfrak{O}$ et

$$BW = W = (\mathfrak{W}_1, \ldots, \mathfrak{W}_p)$$

(la classe principale de première espèce).

Si $b = 2$, on choisit dans la classe propre BW un polygone $\mathfrak{N}$ premier à $\mathfrak{B}$, alors

$$BW = (\mathfrak{B}\mathfrak{W}_1, \ldots, \mathfrak{B}\mathfrak{W}_p, \mathfrak{N}).$$

Si l'on part de cette base, afin de déterminer, de la manière décrite précédemment, une base (1) correspondant au polygone arbitraire donné

$$\mathfrak{B} = \mathfrak{P}_1^{m_1}\mathfrak{P}_2^{m_2}\mathfrak{P}_3^{m_3}\ldots$$

et on détermine les deux polygones $\mathfrak{A}'_r$ et $\mathfrak{B}'_r$ vérifiant

$$d\tilde{\omega}_r = \frac{\mathfrak{A}_r}{\mathfrak{B}} = \frac{\mathfrak{A}'_r}{\mathfrak{B}'_r}$$

tels qu'ils n'aient aucun diviseur commun. Alors les polygones $\mathfrak{B}'_r$ comme sous-polygones de $d\tilde{\omega}_r$ sont comme suit :

a) Le dénominateur $\mathfrak{O}$ apparaît p fois, et les différentielles $d\tilde{\omega}_r$ associées sont de première espèce.

b) Chacun des sous-polygones $\mathfrak{P}_1^2$, $\mathfrak{P}_1^3$, $\ldots, \mathfrak{P}_1^{m_1}$ (si $m_1 \geqq 2$), $\mathfrak{P}_2^2$, $\mathfrak{P}_2^3$, $\ldots, \mathfrak{P}_2^{m_2}$ $\mathfrak{P}_3^2$, $\mathfrak{P}_3^3$, $\ldots, \mathfrak{P}_3^{m_3}$ apparaît une fois.

Les différentielles $d\tilde{\omega}_r$ correspondant aux sous-polygones $\mathfrak{P}^r$ sont, quand une distinction plus précise est nécessaire, notées $dt_{(\mathfrak{P}^{r-1})}$ et appelées *différentielles de deuxième espèce* [1].

c) Finalement, les produits $\mathfrak{P}_1\mathfrak{P}_2$, $\mathfrak{P}_1\mathfrak{P}_3$, $\ldots$ apparaissent chacun un nombre fini de fois. Les différentielles $d\tilde{\omega}_r$ sont alors notées $d\pi_{(\mathfrak{P}_1,\mathfrak{P}_r)}$ et appelées *différentielles de troisième espèce* [2].

Toute différentielle $d\tilde{\omega}$ dont le sous-polygone est $\mathfrak{B}$ peut être écrite sous la forme

$$(3) \qquad\qquad d\tilde{\omega} = \sum^r c_r d\tilde{\omega}_r$$

avec c_r constantes. Cette forme est appelée la *forme normale* des différentielles $d\tilde{\omega}$. Si l'on a choisi chacune des différentielles individuelles $d\tilde{\omega}_r$ de manière déterminée, alors on peut construire la forme normale *de manière unique*, ce qui suit immédiatement de l'indépendance linéaire des différentielles $d\tilde{\omega}_r$.

---

1. Ce sont les différentielles avec un nombre fini de pôles.
2. Ce sont des différentielles avec des infinités simples et des résidus opposés.

§32. Les résidus

1. Si $d\tilde{\omega}$ est une différentielle arbitraire de Ω et $\mathfrak{P}$ un point qui est m fois dans le sous-polygone $\mathfrak{B}$ de la différentielle ($m \geqq 0$), alors on choisit une variable z telle qu'elle soit ∞^1 en $\mathfrak{P}$. On peut alors déterminer de manière unique (d'après §15, 4.) :

$$(1) \quad \frac{d\tilde{\omega}}{dz} = a_{m-2}z^{m-2} + a_{m-3}z^{m-3} + \ldots + a_1 z + a_0 + a_{-1}z^{-1} + \eta z^{-2}$$

avec a des constantes et η une fonction de Ω finie en $\mathfrak{P}$. Le coefficient $-a_{-1}$ de $-z^{-1}$ dans cette expression est appelée *résidu de la différentielle* [1] $d\tilde{\omega}$ *au point* $\mathfrak{P}$. De cette définition suivent les théorèmes suivants.

2. Le résidu au point $\mathfrak{P}$ est nul si et seulement si $m > 0$, c'est-à-dire si le point $\mathfrak{P}$ appartient effectivement au sous-polygone de $d\tilde{\omega}$ et est donc toujours nul pour une différentielle de première espèce.

3. Le résidu d'une somme de différentielles est égal à la somme des résidus de chacune des différentielles.

---

1. Le résidu d'une fonction holomorphe f en un point α où la fonction présente une singularité est le coefficient du terme $(z - a)^{-1}$ du développement en série de Laurent de f. Il s'agit d'un nombre complexe décrivant le comportement de l'intégrale curviligne de f autour de α. Le nom « résidu » vient de Cauchy : « Si après avoir cherché les valeurs de x qui rendent la fonction $f(x)$ infinie on ajoute à l'une de ces valeurs désignée par x_1 la quantité infiniment petite ε puis que l'on développe $f(x_1 + \varepsilon)$ suivant les puissances ascendantes de la même quantité, les premiers termes du développement renfermeront des puissances négatives de ε et l'un d'eux sera le produit de $\frac{1}{\varepsilon}$ par un coefficient fini que nous appellerons le *résidu* de la fonction $f(x)$ relatif à la valeur particulière x_1 de la variable x. Les résidus de cette espèce se présentent naturellement dans plusieurs branches de l'analyse algébrique et de l'analyse infinitésimale. Leur considération fournit des méthodes simples et d'un usage facile qui s'appliquent à un grand nombre de questions diverses, et des formules nouvelles qui paraissent mériter l'attention des géomètres. Ainsi par exemple on déduit immédiatement du calcul des résidus la formule d'interpolation de Lagrange, la décomposition des fractions rationnelles dans le cas des racines égales ou inégales, des formules générales propres à déterminer les valeurs des intégrales définies, la sommation d'une multitude de séries et particulièrement de séries périodiques, l'intégration des équations linéaires aux différences finies ou infiniment petites et à coefficients constants avec ou sans dernier terme variable, la série de Lagrange, et d'autres séries du même genre, la résolution des équations algébriques ou transcendantes etc. » Cauchy (1826), p. 11.

4. Le résidu d'une différentielle *propre* est toujours 0. En effet, si σ est une fonction de Ω, et si les b sont des constantes et σ' une fonction finie en $\mathfrak{P}$, alors on a

$$\sigma = b_m z^m + b_{m-1} z^{m-1} + \ldots + b_1 z + \sigma'$$

en différentiant cette expression en z, puisque $\frac{d\sigma'}{dz}$ est infiniment petit du second ordre au moins (§23, 10.). Il suit que dans l'expression de $\frac{d\sigma}{dz}$, il ne figure aucun terme en z^{-1}, ce qui démontre notre affirmation.

5. Les résidus d'une différentielle $d\tilde{\omega}$ sont indépendants du choix de la variable z. En effet, si z_1 est une deuxième variable de même nature que z, alors, pour a constante et ζ finie en $\mathfrak{P}$, on a

(2) $z = az_1 + \zeta.$

Si, pour des raisons de brièveté, on note

$$\alpha = \frac{a_{m-2} z^{m-1}}{m-1} + \frac{a_{m-3} z^{m-2}}{m-2} + \ldots + a_0 z$$

alors il s'ensuit que

$$\frac{d\tilde{\omega}}{dz_1} = \frac{d\tilde{\omega}}{dz} \frac{dz}{dz_1} = \frac{d\alpha}{dz_1} + a_{-1} z^{-1} \frac{dz}{dz_1} - \eta \frac{dz^{-1}}{dz_1}.$$

Maintenant, si ζ', ζ'' sont des fonctions finies en $\mathfrak{P}$, il suit facilement, grâce aux §23 et §15, 4., que

$$z^{-1} \frac{dz}{dz_1} = z_1^{-1} + z_1^{-2} \zeta', \qquad \frac{dz^{-1}}{dz_1} = z_1^{-2} \zeta'',$$

ce dont on tire, d'après 3., 4., la validité de notre affirmation[*].

6. *La somme des résidus d'une différentielle en tous les points $\mathfrak{P}$ est toujours nulle.*

Afin de prouver cet important théorème, nous pouvons nous limiter à l'étude des résidus qui correspondent à l'ensemble des points distincts qui appartiennent au sous-polygone $\mathfrak{B}$ de $d\tilde{\omega}$. On ajoute à ceux-ci autant de points distincts arbitraires avec des résidus nuls qu'il le faut pour

---

[*] On peut également, pour définir les résidus, partir d'une variable r infiniment *petite* du premier ordre en $\mathfrak{P}$. Alors,

$$\frac{d\tilde{\omega}}{dr} = a_m r^{-m} + \ldots + a_1 r^{-1} + \eta$$

où η est finie en $\mathfrak{P}$. a_1 est alors le résidu de $d\tilde{\omega}$ en $\mathfrak{P}$.

obtenir le polygone $\mathfrak{P}_1\mathfrak{P}_2 \ldots \mathfrak{P}_n$ formé uniquement de points simples et appartenant à une classe propre. On choisit alors une variable z d'ordre n dont le sous-polygone est exactement ce polygone et qui est ∞^1 aux points $\mathfrak{P}_1$, $\mathfrak{P}_2$, $\ldots$, $\mathfrak{P}_n$ et seulement en ces points. Parmi ceux-ci se trouvent les points tous distincts qui divisent $\mathfrak{B}$. Sous cette hypothèse, pour $i = 1, \ldots, n$, il suit

$$(3) \quad \frac{d\tilde{\omega}}{dz} = a^{(i)}_{m-2}z^{m-2} + a^{(i)}_{m-3}z^{m-3} + \ldots + a^{(i)}_0 + a^{(i)}_{-1}z^{-1} + \eta^{(i)}z^{-2}$$

où $\eta^{(i)}$ est une fonction finie en $\mathfrak{P}_i$. On autorise la valeur 0 pour les constantes $a^{(i)}$, ainsi l'exposant m peut être supposé indépendant de i (m est alors, si les $a^{(i)}_{m-2}$ ne sont pas toutes nulles, l'exposant de la plus haute puissance d'un point isolé qui apparaît dans $\mathfrak{B}$). Le théorème à démontrer est alors équivalent à montrer que $\sum^i a^{(i)}_{-1} = 0$. Afin de démontrer cela, on construit la trace de la fonction $\frac{d\tilde{\omega}}{dz}$ pour la variable z (§2), et on se sert d'un élargissement du processus de §16, 4. On choisit un système de fonctions ϱ_1, ϱ_2, $\ldots$, ϱ_n tel que

$$\varrho_1 = 0^m \text{ en } \mathfrak{P}_2, \mathfrak{P}_3, \ldots, \mathfrak{P}_n \text{ finie et non nulle en } \mathfrak{P}_1,$$
$$\varrho_2 = 0^m \text{ en } \mathfrak{P}_1, \mathfrak{P}_3, \ldots, \mathfrak{P}_n \text{ finie et non nulle en } \mathfrak{P}_2,$$
$$\ldots$$
$$\varrho_n = 0^m \text{ en } \mathfrak{P}_1, \mathfrak{P}_2, \ldots, \mathfrak{P}_{n-1} \text{ finie et non nulle en } \mathfrak{P}_n.$$

Maintenant, si x_1, x_2, $\ldots$, x_n sont des fonctions rationnelles de z et

$$\eta = x_1\varrho_1 + x_2\varrho_2 + \ldots + x_n\varrho_n,$$

η est une fonction de Ω qui est finie pour $z = \infty$ c'est-à-dire en $\mathfrak{P}_1\mathfrak{P}_2 \ldots \mathfrak{P}_n$. Par conséquent, x_1, x_2, $\ldots$, x_n doivent être finis pour $z = \infty$. En effet, si x_1, x_2, $\ldots$, x_n ne sont pas tous finis pour $z = \infty$, alors il existe un exposant r tel que les produits x_1z^{-r}, $x_2z^{-r}, \ldots, x_nz^{-r}$ sont tous finis pour $z = \infty$, et au moins l'un deux, disons x_1z^{-r} est non nul. Alors l'équation

$$\eta z^{-r} = x_1z^{-r}\varrho_1 + x_2z^{-r}\varrho_2 + \ldots + x_nz^{-r}\varrho_n$$

mène à la contradiction suivante : au point $\mathfrak{P}_1$, le membre de gauche s'annule et tous les membres de droite, sauf le premier, s'annulent.

De cela, il suit également, si l'on pose $\eta = 0$, que les fonctions ϱ_1, ϱ_2, $\ldots$, ϱ_n forment une base de Ω. Donc si l'on pose, avec $x_{i,j}$ fonctions rationnelles de z ($i = 1, \ldots, n$) :

$$(4) \quad \frac{d\tilde{\omega}}{dz}\varrho_i = x_{i,1}\varrho_1 + x_{i,2}\varrho_2 + \ldots + x_{i,n}\varrho_n,$$

alors (§2)

$$(5) \qquad S\left(\frac{d\tilde{\omega}}{dz}\right) = x_{1,1} + x_{2,2} + \ldots + x_{n,n}.$$

Maintenant, il suit de (3) que $z^{-m+2}\frac{d\tilde{\omega}}{dz}\varrho_i$ est finie pour $z = \infty$ et, d'après la propriété démontrée précédemment pour les fonctions ϱ_i, il suit que

$$z^{-m+2}x_{i,j}$$

est aussi finie pour $z = \infty$. Maintenant, prenons, par exemple, les fonctions $\varrho_1, \varrho_3, \ldots, \varrho_n$ infiniment petites d'ordre m au point $\mathfrak{P}_2$ alors que ϱ_2 y est finie et non nulle. Alors en $\mathfrak{P}_2$ les fonctions

$$z\frac{d\tilde{\omega}}{dz}\varrho_1, \quad zx_{1,1}\varrho_1, \quad zx_{1,3}\varrho_3, \quad \ldots, \quad zx_{1,n}\varrho_n$$

s'annulent toutes. Par conséquent, $zx_{1,2}$ doit également s'annuler pour $z = \infty$. La même chose suit pour $zx_{1,3}, \ldots, zx_{1,n}$ et en général pour tous les $zx_{i,j}$ tant que i et j sont distincts. Par conséquent, $z^2 x_{i,j}$ est finie pour $z = \infty$.

Posons maintenant, où x_i désigne une nouvelle fonction rationnelle :

$$(6) \quad x_{i,i} = a^{(i)}_{m-2}z^{m-2} + a^{(i)}_{m-3}z^{m-3} + \ldots + a^{(i)}_0 + a^{(i)}_{-1}z^{-1} + x_i z^{-2},$$

il suit de (3)

$$x_{i,i} - \frac{d\tilde{\omega}}{dz} = z^{-2}(x_i - \eta^{(i)}),$$

et de (4)

$$(\eta^{(i)} - x_i)\varrho_i = z^2 x_{i,1}\varrho_1 + \ldots + z^2 x_{i,i-1}\varrho_{i-1} + z^2 x_{i,i+1}\varrho_{i+1} + \ldots + z^2 x_{i,n}\varrho_n.$$

Maintenant, puisqu'en $\mathfrak{P}_i$, $\eta^{(i)}$ est finie et ϱ_i est non nulle, de plus tous les termes du membre droit de l'équation sont nuls, il suit que x_i est aussi finie en $\mathfrak{P}_i$ et donc, puisqu'elle est rationnelle, aussi pour $z = \infty$. De (5) et (6), il suit

$$(7) \qquad \begin{aligned} S\left(\tfrac{d\tilde{\omega}}{dz}\right) &= \sum^i a^{(i)}_{m-2}z^{m-2} + \sum^i a^{(i)}_{m-3}z^{m-3} + \ldots \\ &+ \sum^i a^{(i)}_{-1}z^{-1} + \sum^i x_i z^{-2}. \end{aligned}$$

Mais par ailleurs, si, à nouveau, $\mathfrak{U}$ est le sous-polygone et $\mathfrak{Z}$ le polygone de ramification en z ;

$$\frac{d\tilde{\omega}}{dz} = \frac{\mathfrak{U}^2\mathfrak{A}}{\mathfrak{Z}\mathfrak{B}},$$

et $\mathfrak{B}$ ne contient aucun point qui n'est pas contenu dans $\mathfrak{U}$. De cela, il s'ensuit, comme au §26, que $\frac{d\tilde{\omega}}{dz}$ considérée comme fonction de z est une fonction du module $\mathfrak{e}$ complémentaire du module $\mathfrak{o}$, et par conséquent

$$S\left(\frac{d\tilde{\omega}}{dz}\right)$$

est un *polynôme* en z (§11, 4.). En tenant compte de ce résultat, il suit de (7) que $\sum^i x_i = 0$, ainsi que la proposition à montrer :

$$\sum^i a_{-1}^{(i)} = 0.$$

On peut donner ce théorème sous les formes suivantes : le résidu en $\mathfrak{P}$ d'une différentielle de deuxième espèce $dt_{(\mathfrak{P}^{r-1})}$ est nul.

Les résidus d'une intégrale de troisième espèce $d\pi_{(\mathfrak{P}_1,\mathfrak{P}_2)}$ en $\mathfrak{P}_1$, $\mathfrak{P}_2$ sont opposés l'un de l'autre et nécessairement non nuls, car sinon $d\pi$ serait une différentielle de première espèce.

De ces remarques, il suit en considérant 4., qu'une différentielle propre $d\sigma$ représentée sous sa forme normale ne contient aucune différentielle de troisième espèce. Il vaut la peine de mentionner également, que les résidus de la différentielle *logarithmique* $\frac{d\sigma}{\sigma}$ sont des nombres entiers, à savoir les ordres des fonctions σ (d'après §23).

§33. Relations entre différentielles de première et deuxième espèce

1. Soit σ une fonction de Ω dont le sous-polygone est

$$\mathfrak{B}' = \mathfrak{P}_1^{m_1+1}\mathfrak{P}_2^{m_2+1}\ldots \qquad (m_1, m_2, \ldots \geqq 2),$$

et le polygone de ramification (§16) est

$$\mathfrak{S} = \mathfrak{S}'\mathfrak{P}_1^{m_1+1}\mathfrak{P}_2^{m_2+1}\ldots$$

où $\mathfrak{S}'$ n'est pas divisible par les points $\mathfrak{P}_1$, $\mathfrak{P}_2$, ... tous distincts. Alors, avec la notation du §25, on a

$$d\sigma = \frac{\mathfrak{S}}{\mathfrak{B}'^2} = \frac{\mathfrak{S}'}{\mathfrak{P}_1^{m_1}\mathfrak{P}_2^{m_2}\ldots}$$

ce qui montre, tout d'abord, qu'*une différentielle propre ne peut jamais être de première espèce*.

2. La différentielle propre $d\sigma$, qui ne peut contenir que des différentielles de première et deuxième espèce dans sa forme normale, appartient à la famille des différentielles dont le sous-polygone est

$$\mathfrak{B} = \mathfrak{P}_1^{m_1}\mathfrak{P}_2^{m_2}\ldots = \mathfrak{B}'\mathfrak{P}_1\mathfrak{P}_2\ldots$$

Réciproquement, on trouve toujours au moins une telle différentielle propre $d\sigma$ dans une telle famille, en supposant que $m_1, m_2, \ldots \geqq 2$ et $\mathfrak{B}'$ appartienne à une classe propre de polygones. En effet, d'après 1., il est seulement nécessaire qu'il existe une fonction σ de sous-polygone $\mathfrak{B}'$ dans Ω.

3. De cela, il suit l'important théorème suivant. *Toutes les différentielles de deuxième espèce peuvent être exprimées comme combinaison linéaire à coefficients constants de p différentielles de deuxième espèce choisies convenablement, au moyen de différentielles de première espèce et de différentielles propres* [1].

Afin de montrer cette affirmation, on choisit un polygone quelconque de deuxième espèce $\mathfrak{A}$ et d'ordre p. Si $\mathfrak{P}$ est un point arbitraire et r un exposant positif alors le polygone $\mathfrak{A}\mathfrak{P}^r$ est également de deuxième espèce. Par conséquent, le diviseur $\mathfrak{M}$ de la classe du polygone ne peut pas être divisible par $\mathfrak{P}$, car sinon $\mathfrak{A}\mathfrak{P}^{r-1}$ et donc également $\mathfrak{A}$ seraient de première espèce (§30, 4). Posons maintenant

$$\mathfrak{A}\mathfrak{P}^r = \mathfrak{M}\mathfrak{B}',$$

alors $\mathfrak{P}$ ne divise pas $\mathfrak{M}$ et par conséquent $\mathfrak{B}'$ contient $\mathfrak{P}$ exactement r fois plus souvent que $\mathfrak{A}$. En même temps, $\mathfrak{B}'$ appartient à une classe propre. Maintenant, si

$$\mathfrak{B}' = \mathfrak{P}^{m+r}\mathfrak{P}'^{m'}\mathfrak{P}''^{m''}$$

alors les points $\mathfrak{P}^{m+r}$, $\mathfrak{P}'^{m'}$, $\mathfrak{P}''^{m''}$, $\ldots$ divisent tous $\mathfrak{A}$. Si l'on pose alors

$$\mathfrak{B} = \mathfrak{P}^{m+r+1}\mathfrak{P}'^{m'+1}\mathfrak{P}''^{m''+1}\ldots = \mathfrak{B}'\mathfrak{P}\mathfrak{P}'\mathfrak{P}''\ldots,$$

il existe forcément d'après 2. une différentielle propre $d\sigma$ dans la famille de différentielles correspondant au sous-polygone $\mathfrak{B}$. La représentation de celle-ci par la forme normale contient certainement la différentielle

$$(1) \qquad\qquad dt_{(\mathfrak{P}^{m+r})},$$

1. Ce théorème est beaucoup plus proche du « théorème d'Abel », comme nous l'avons évoqué dans les notes du §26. 2.

et en outre toutes ou quelques unes des différentielles

$$(2) \quad \begin{cases} dt_{(\mathfrak{P})}, & dt_{(\mathfrak{P}^2)}, & \cdots & dt_{(\mathfrak{P}^m)}, & \cdots & dt_{(\mathfrak{P}^{m+r-1})}, \\ dt_{(\mathfrak{P}')}, & dt_{(\mathfrak{P}'^2)}, & \cdots & dt_{(\mathfrak{P}'^m)}, \\ dt_{(\mathfrak{P}'')}, & dt_{(\mathfrak{P}''^2)}, & \cdots & dt_{(\mathfrak{P}''^m)}, \\ \cdots \end{cases}$$

ainsi que des différentielles de première espèce. On peut donc exprimer la différentielle (1) comme combinaison linéaire à coefficients constants de (2), de différentielles de première espèce et de $d\sigma$.

Ainsi, si le p-gone de deuxième espèce est

$$\mathfrak{A} = \mathfrak{P}_1^{m_1} \mathfrak{P}_2^{m_2} \cdots,$$

alors on obtient, par l'application répétée de la procédure que l'on vient de décrire, que toutes les différentielles de deuxième espèce, comme l'affirme notre théorème, peuvent être exprimées par p différentielles

$$\begin{cases} dt_{(\mathfrak{P}_1)}, & \cdots & dt_{(\mathfrak{P}_1^{m_1})}, \\ dt_{(\mathfrak{P}_2)}, & \cdots & dt_{(\mathfrak{P}_2^{m_2})}, \\ \cdots \end{cases}$$

Braunschweig et Königsberg i. Pr., Octobre 1880.

BIBLIOGRAPHIE

ABEL Niels Henrik, 1841, « Mémoire sur une propriété générale d'une classe très étendue de fonctions transcendantes », dans SYLOW L. et S. LIE (éds.), *Œuvres complètes de Niels Henrik Abel*, tome 1, p. 145-211, Sceaux, Jean Gabay.

AVIGAD Jeremy, 2006, « Methodology and metaphysics in the development of Dedekind's theory of ideals », dans FERREIRÓS José et JEREMY GRAY (eds.), Ferreirós et Gray (2006), p. 159-186, Oxford, Oxford University Press.

BENIS-SINACEUR Hourya, 1994, « Calculation, order, and continuity », dans PHILIP EHRLICH (ed.), *Real Numbers, Generalizations of the Reals, and Theories of Continua*, p. 191-206, Dordrecht, Kluwer Academic Publishers.

BENIS-SINACEUR Hourya, 2015, « Is Dedekind a logicist? Why does such a question arise? », dans BENIS-SINACEUR Hourya, PANZA Marco, et SANDU Gabriel (eds.), *Functions and Generality of Logic : Reflections on Dedekind's and Frege's Logicisms*, p. 1-59, Basingstone, Springer.

BENIS-SINACEUR Hourya, 2017, « Dedekind's and Frege's views on logic », *Mathematische Semesterberichte*, 64(2), p. 187-198.

BENIS-SINACEUR Hourya et DŽAMONJA Mirna, à paraître, « Aux origines du structuralisme mathématique », dans PANZA Marco (éd.), *Précis de philosophie des mathématiques.* (Communiqué par l'auteure), Paris, Publications de La Sorbonne.

BONIFACE Jacqueline, 1999, « Kronecker. Sur le concept de nombre », *Gazette de la Société Mathématique de France*, 81, p. 49-70. Trad. fr. de Kronecker (1887).

BONIFACE Jacqueline, 2002, *Les constructions des nombres réels dans le mouvement d'arithmétisation de l'analyse*, Comprendre les mathématiques par les textes historiques. Paris, Ellipses.

BONIFACE Jacqueline, 2004, *Hilbert et la notion d'existence en mathématiques*. Paris, Vrin.

BOTTAZZINI Umberto et GRAY Jeremy, 2013, *Hidden Harmony - Geometric Fantasies : The Rise of Complex Function Theory*, Sources and Studies in the History of Mathematics and Physical Sciences. New York, Springer.

BOURBAKI Nicolas, 1984, *Éléments d'histoire des mathématiques*. Paris, Hermann. Re-éd. (2007), New York, Springer.

BRILL Alexander et NOETHER Max, 1892, *Bericht über die Entwicklung der Theorie der algebraischen Functionen in älterer und neuerer Zeit*, volume 3. Berlin, Heidelberg, Jahresbericht der Deutschen Mathematiker-Vereinigung. Springer.

BRIOT Charles, 1879, *Théorie des fonctions abéliennes*. Paris, Gauthier-Villars.

CAUCHY Augustin-Louis, 1826, *Exercices de mathématiques*, numéro vol. 1. Biblioteca Provinciale and Ufficio topografico.

CHORLAY Renaud, 2007, *L'émergence du couple local / global dans les théories géométriques, de Bernhard Riemann à la théorie des faisceaux 1851-1953*. Thèse de doctorat, Université Paris Diderot, Paris.

CLEBSCH Alfred, 1868, « Sur les surfaces algébriques », *C. R. Acad. Sci. Paris*, 67, p. 1238-1239.

CLEBSCH Alfred et GORDAN Paul, 1866, *Theorie der Abelschen Functionen*. Leipzig, Teubner.

CORRY Leo, 2004a, *David Hilbert and his mathematical workilbert and the Axiomatization of Physics (1898-1918) : From Grundlagen der Geometrie to Grundlagen der Physik*, Archimedes. Dordrecht, Springer.

CORRY Leo, 2004b, *Modern Algebra and the Rise of Mathematical Structures*. New York, Springer.

DEDEKIND Richard, 1852, « Über die Elemente der Theorie der Eulerschen Integrale », dans Dedekind (1930-1932), volume I, p. 1-26.

DEDEKIND Richard, 1854a, « Über die Einführung neuer Funktionen in der Mathematik », dans Dedekind (1930-1932), volume III, p. 428-439. Trad. fr. dans Dedekind (2008), 225-238.

DEDEKIND Richard, 1854b, « Über die Transformationsformeln für rechtwinklige Coordinatensysteme ». *Niedersachsische Staats- und Universitätsbibliothek, Göttingen, Cod. Ms., Dedekind VI, 7.*

DEDEKIND Richard, 1856-1858, « Eine Vorlesung über Algebra », dans Scharlau (1981), p. 59-108.

DEDEKIND Richard, 1871, « Über die Composition der binären quadratischen Formen, Xth Supplement », dans *Vorlesungen über Zahlentheorie*, 2nd edition, p. 380-497. Partiellement repr. dans Dedekind (1930-1932), volume III, p. 223-262.

DEDEKIND Richard, 1872, « *Stetigkeit und irrationale Zahlen* », dans Dedekind (1930-1932), volume III, p. 315-335. Trad. fr. dans Dedekind (2008), p. 57-90.

DEDEKIND Richard, 1873, « Anzeige von P. Bachmann 'Die Lehre von der Kreisteilung und ihre Beziehungen zur Zahlentheorie' », dans *Literaturzeitung der Zeitschrift für Mathematik und Physik*, Bd. 18, p. 14-24. Repr. in Dedekind (1930-1932), volume III, p. 408-420.

DEDEKIND Richard, 1876-1877, « Théorie des nombres entiers algébriques », Publié en cinq parties dans le *Bulletin des Sciences Astronomiques et Mathématiques* : BSAM 11 (1876), p. 278-288 ; BSAM Sér. 2(1):1 (1877), p. 17-41, 69-92, 144-164, et 207-248. Partiellement repr. dans Dedekind (1930-1932), III, p. 262-296.

DEDEKIND Richard, 1878, « Über den Zusammenhang zwischen der Theorie der Ideale und der Theorie der höheren Kongruenzen », dans Dedekind (1930-1932), volume I, p. 202-233.

DEDEKIND Richard, 1879, « Über die Theorie der algebraischen Zahlen, XIth Supplement », dans *Vorlesungen über Zahlentheorie*, 3e édition, p. 434-611. Partiellement repr. dans Dedekind (1930-1932), volume III, p. 297-315.

DEDEKIND Richard, 1882, « Über die Diskriminanten endlicher Körper », dans *Abhandlungen der Königlichen Gesellschaft der Wissenschaften zu Göttingen*. Bd. 29, S. 1-56. Repr. in Dedekind (1930-1932), volume I, p. 351-396.

DEDEKIND Richard, 1888, Was sind und was sollen die Zahlen? Braunschweig, Vieweg. Repr. dans Dedekind (1930-1932), volume III, p. 335-392. Trad. fr. dans Dedekind (2008), p. 131-220.

DEDEKIND Richard, 1894, « Über die Theorie der algebraischen Zahlen, XIth Supplement », dans *Vorlesungen über Zahlentheorie*, 4e édition, p. 434-657. Repr. dans Dedekind (1930-1932) III, p. 1-222.

DEDEKIND Richard, 1895, « Über die Begrundung der Idealtheorie », dans *Nachrichten von der Königlichen Gesellschaft der Wissenschaften zu Göttingen, Mathem.-phys. Klasse*, S. 106-113. Repr. dans Dedekind (1930-1932), volume II, p. 50-58.

DEDEKIND Richard, 1930-1932, *Gesammelte mathematische Werke*. 3 vols. New York, Robert Fricke, Emmy Noether et Öystein Ore, Éditeurs, F. Vieweg and Sohn, Vieweg, Braunschweig. Re-éd. (1968) Chelsea Publishing Co.

DEDEKIND Richard, 2008, *La création des nombres*. Textes introduits, traduits et annotés par Hourya Benis-Sinaceur. Paris, Vrin.

DEDEKIND Richard et WEBER Heinrich, 1882, « Theorie der algebraischen Funktionen einer Veränderlichen », dans *Journal für reine und angewandte Mathematik*, Bd. 92, S. 181-290. Repr. dans Dedekind (1930-1932), volume I, p. 238-351.

DETLEFSEN Michael, 2012, « Dedekind against intuition : rigor, scope and the motives of his logicism », dans CELLUCCI Carlo et al. (eds.), *Logic and Knowledge*, p. 205-217, Cambridge, Cambridge Scholars Publishing.

DIEUDONNÉ Jean, 1974, *Cours de Géométrie Algébrique : Aperçu historique sur le développement de la géométrie algébrique*. Paris, Presses Universitaires de France.

DUGAC Pierre, 1970, « Charles Méray (1835-1911) et la notion de limite », *Revue d'histoire des sciences et de leurs applications*, 23(4), p. 333-350.

DUGAC Pierre, 1973, « Éléments d'analyse de Karl Weierstrass », *Archive for History of Exact Sciences*, 10(1-2), p. 41-174.

DUGAC Pierre, 1976a, « Problèmes de l'analyse mathématique au XIXe siècle, cas de Karl Weierstrass et Richard Dedekind », *Historia Mathematica*, 3, p. 5-19.

DUGAC Pierre, 1976b, *Richard Dedekind et les fondements des mathématiques*. Paris, Vrin.

EDWARDS Harold, NEUMANN Olaf, et PURKERT Walter, 1982, « Dedekind's '*Bunte Bemerkungen*' zu Kroneckers '*Grundzüge*' », *Archive for History of Exact Sciences*, 27(1), p. 49-85.

EDWARDS Harold M., 1980, « The Genesis of Ideal Theory », *Archive for History of Exact Sciences*, 23, p. 321-378.

EDWARDS Harold M., 1990, *Divisor theory*. Boston, Birkhäuser.

EPPLE Moritz, 2003, « The End of the Science of Quantity : Foundations of Analysis, 1860-1910 », dans Jahnke (2003), p. 291-324.

FERREIRÓS José, 2008, *Labyrinth of Thought : A History of Set Theory and Its Role in Modern Mathematics*. New York, 2e édition, Springer.

FERREIRÓS José, 2010, « On Dedekind's Logicism ». Inédit.

FERREIRÓS José et GRAY Jeremy (eds.), 2006, *The Architecture of Modern Mathematics : Essays in history and philosophy*. Oxford University Press.

GAUSS Carl Friedrich, 1801, *Disquisitiones Arithmeticae*. Leipzig, Gerhard Fleischer. Repr. dans Gauss (1863-1874, 1900-1933), tome I.

GAUSS Carl Friedrich, 1863-1874, 1900-1933, *Carl Friedrich Gauss Werke*, 12 vols. Göttingen, Gedruckt in der Dieterichschen Universitäts-Druckerei W. Fr. Kaestner.

GEYER Wulf-Dieter, 1981, « Richard Dedekind, 1831-1981. Eine Würdigung zu seinem 150. Geburtstag », dans Scharlau (1981), p. 109-133.

GOLDSTEIN Catherine et SCHAPPACHER Norbert, 2007, « A Book in Search of a Discipline (1801-1860) », dans Goldstein *et al.* (2007), p. 3-66.

GOLDSTEIN Catherine, SCHAPPACHER Norbert, et SCHWERMER Joachim (eds.), 2007, *The Shaping of Arithmetic after C. F. Gauss's Disquisitiones Arithmeticae*. Berlin, Heidelberg, New York, Springer.

GRAY Jeremy, 1987, « The Riemann-Roch theorem : the acceptance and rejection of geometric ideas », *Cahiers d'histoire et de philosophie des sciences*, 20, p. 139-151.

GRAY Jeremy, 1998, « The Riemann-Roch theorem and geometry, 1854-1914 », dans *Proceedings of the International Congress of Mathematicians, Berlin 1998*. Documenta Mathematica, volume 3, p. 511-522.

HAFFNER Emmylou, 2017a, « Insights into Dedekind and Weber's edition of Riemann's *Gesammelte Werke* », *Math. Semesterber.*, 64(2), p. 169-177.

HAFFNER Emmylou, 2017b, « Strategical use(s) of arithmetic in Richard Dedekind and Heinrich Weber's *Theorie der algebraischen Funktionen einer Veränderlichen* », *Historia Mathematica*, 44(1), p. 31-69.

HAFFNER Emmylou, 2018, « L'édition des œuvres mathématiques au XIXe siècle en Allemagne. L'exemple des *Gesammelte Werke und wissenschaftlicher Nachlass* de Bernhard Riemann », *Philosophia Scientiæ*, 22(2), p. 115-135.

HAFFNER Emmylou et SCHLIMM Dirk, à paraître, « Dedekind et la création du continu arithmétique », dans HAFFNER Emmylou et RABOUIN David (éds.), *L'épistémologie du dedans. Mélanges en l'honneur d'Hourya Benis-Sinaceur*, Paris, Classiques Garnier.

HAWKINS Thomas, 2013, *The Mathematics of Frobenius in Context : A Journey Through 18th to 20th Century Mathematics*, Sources and Studies in the History of Mathematics and Physical Sciences. Springer London, Limited.

HENSEL Kurt W. S. et LANDSBERG Georg, 1902, *Theorie der algebraischen Funktionen einer Variabeln und ihre Anwendung auf algebraische Kurven und Abelsche Integrale*. Leipzig, B.G. Teubner.

HILBERT David, 1897, « Die Theorie der algebraischen Zahlkörper », *Jahresbericht der Deutschen Mathematiker Vereinigung (JDMV)*, (4), p. 175-546. Repr dans Hilbert (1932-1935), volume I, p. 63-363.

HILBERT David, 1932-1935, *Gesammelte Abhandlungen*, 3 volumes. Berlin, Julius Springer.

HOUZEL Christian, 2002, *La géométrie algébrique : recherches historiques*. Paris, A. Blanchard.

JAHNKE Hans Niels et OTTE Michael, 1981, « Origin of the program of "arithmetization of mathematics" », dans BOS H. J. M., MEHRTENS H., et SCHNEIDER I. (eds.), *Social History of Nineteenth Century Mathematics*, p. 21-49, New York, Springer.

JAHNKE Hans Niels (ed.), 2003, *A History of Analysis*, volume 24 de *History of mathematics*. Providence, American Mathematical Society.

KIMBERLING Clark H., 1972, « Emmy Noether », *The American Mathematical Monthly*, 79(2), p. 136-149.

KIMBERLING Clark H., 1996, « Dedekind letters. ».   (Visité le 25/08/2016.) http ://faculty.evansville.edu/ck6/bstud/dedek.html.

KLEIMAN Stephen L., 2002, « What is Abel's Theorem Anyway ? », dans LAUDAL Olav Arnfinn et PIENE Ragni (eds.), *The Legacy of Niels Henrik Abel*, p. 395-440, Berlin, Heidelberg, New York, Springer.

KLEIN Felix, 1895, « Über Arithmetisierung der Mathematik », *NG, Geschäftliche Mitteilungen.*, *NG, Geschäftliche Mitteilungen.*, p. 965-971. Trad. fr. dans *Nouvelles annales de mathématiques*, 16 (1897), 114-128.

KRONECKER Leopold, 1881, « Über die Discriminante algebraischer Functionen einer Variabeln », *Journal für die reine und angewandte Mathematik*, 91, p. 301-334. Repr. dans Kronecker (1899), p. 193-236.

KRONECKER Leopold, 1882, « Grundzüge einer arithmetischen Theorie der algebraischen Grössen », *Journal für die reine und angewandte Mathematik*, 92, p. 1-222. Repr. dans Kronecker (1899), p. 237-388.

KRONECKER Leopold, 1887, « Über den Zahlbegriff », *Journal für die reine und angewandte Mathematik*, CL(4), p. 337-355. Repr. dans Kronecker (1899), p. 249-274.

KRONECKER Leopold, 1899, *Werke,* 3 volumes. HENSEL Kurt, (ed.). Leipzig, Teubner. Re-éd. (1968) Chelsea, New York.

KUMMER Ernst Eduard, 1846, « Über die Zerlegung der aus Wurzeln der Einheit gebildeten complexen Zahlen in ihre Primfactoren », *Journal für die reine und angewandte Mathematik,* 35, p. 327-367. Repr. dans Kummer (1975), p. 211-251.

KUMMER Ernst Eduard, 1851, « Mémoire sur la théorie des nombres complexes composés de racines de l'unité et de nombres entiers », *Journal de mathématiques pures et appliquées.* Repr. dans Kummer (1975), XVI, p. 363-484.

KUMMER Ernst Eduard, 1856, « Theorie der idealen Primfactoren der complexen Zahlen, welche aus den Wurzeln der Gleichung von $\omega^n = 1$ gebildet sind, wenn n eine zusammengesetzte Zahl ist », *Math. Abh. köngl Akad. Wiss., Math. Abh. köngl Akad. Wiss.,* p. 1-47. Repr. dans Kummer (1975), p. 583-629.

KUMMER Ernst Eduard, 1859, « Über die allgemeinen Reciprocitätsgesetze unter den Resten und Nichtresten der Potenzen, deren Grad eine Primzahl ist », *Math. Abh. köngl. Akad. Wiss., Math. Abh. köngl. Akad. Wiss.,* p. 19-159. Repr. dans Kummer (1975), p. 699-839.

KUMMER Ernst Eduard, 1975, *Collected Papers, vol. 1, Contributions to Number Theory.* A. WEIL, (ed.). Berlin, Heidelberg, New York, Springer.

LAUGWITZ Detlef, 2009, *Bernhard Riemann 1826-1866 : Turning Points in the Conception of Mathematics,* Modern Birkhäuser Classics. New York, Springer.

LEJEUNE-DIRICHLET Johann Peter Gustav, 1839-1840, « Recherches de diverses applications de l'analyse infinitésimale à la théorie des nombres », *Journal für die reine und angewandte Mathematik,* 19 (1839) et 21 (1840). Repr. dans Lejeune-Dirichlet (1889-1897), p. 411-496.

LEJEUNE-DIRICHLET Johann Peter Gustav, 1842, « Recherches sur les formes quadratiques à coefficients et à indéterminées complexes », *Journal fur die reine und angewandte Mathematik,* 23-24, p. 291-371.

LEJEUNE-DIRICHLET Johann Peter Gustav, 1863, [2e éd. 1871, 3e éd. 1879, 4e éd. 1894], *Vorlesungen über Zahlentheorie.* DEDEKIND Richard (ed.). Braunschweig, Vieweg und Sohn.

LEJEUNE-DIRICHLET Johann Peter Gustav, 1889-1897, *G. Lejeune-Dirichlet's Werke.* 2 vols. Berlin, Druck und Verlag von Georg Reimer.

LIPSCHITZ Rudolf, 1986, *Rudolf Lipschitz : Briefwechsel mit Cantor, Dedekind, Helmholtz, Kronecker, Weierstrass und anderen.* SCHARLAU Winfried (ed.), Dokumente zur Geschichte der Mathematik. Braunschweig, Wiesbaden, Deutsche Mathematiker Vereinigung, Vieweg.

LOTZE Hermann, 1856, *Mikrokosmus : Ideen zur Naturgeschichte und Geschichte der Menschheit.* Leipzig, S. Hirzel.

MÜLLER Felix, 1900, *Vocabulaire Mathématique français-allemand et allemand-français contenant les termes techniques employés dans les mathématiques pures et appliqueés.* Leipzig, B. G. Teubner.

NOETHER Emmy, 1919, *Die arithmetische Theorie der algebraischen Funktionen einer Veränderlichen, in ihrer Beziehung zu den übrigen Theorien und zur Zahlkörpertheorie,* Jahresbericht der Deutschen Mathematiker-Vereinigung. Berlin, Heidelberg, Springer.

PEANO Giuseppe, 1891, « Sul Concetto di Numero », *Rivista di Mathematica,* 1, p. 87-102, 256-267.

POPESCU-PAMPU Patrick, 2012, « Qu'est-ce que le genre ? », *Histoires de Mathématiques. Actes des Journées X-UPS 2011,* Éd. Ecole Polytechnique, Palaiseau, *Histoires de Mathématiques. Actes des Journées X-UPS 2011,* Éd. Ecole Polytechnique, Palaiseau, p. 55-198.

POPESCU-PAMPU Patrick, 2016, *What is the genus?,* numéro 2162 dans History of Mathematics subseries. Lecture Notes in Mathematics. Cham, Switzerland, Springer.

RECK Erich, 2003, « Dedekind's structuralism : an interpretation and partial defense », *Synthese,* 137, p. 369-419.

RECK Erich, 2009, « Dedekind, Structural Reasoning and Mathematical Understanding », dans Bart van KERKHOVE (ed.), *New perspectives on mathematical practices,* p. 150-173. WSPC.

REID Constance, 1996, *Hilbert,* Copernicus Series. New York, Springer Science & Business Media.

RIEMANN Bernhard, 1851, « Grundlagen für eine allgemeine Theorie der Functionen einer veränderlichen complexen Grösse (Inauguraldissertation) », dans Riemann (1876), 1e éd. (1876), p. 3-45 ; 2e éd. (1892), p. 3-45 ; trad. fr. (1898), p. 1-60.

RIEMANN Bernhard, 1854, « Über die Hypothesen, welche der Geometrie zu Grunde liegen (Habilitationsvotrag) », dans Riemann (1876), 1e éd. (1876), p. 254-269 ; 2e éd. (1892), p. 272-287 ; trad. fr. (1898), p. 280-299.

RIEMANN Bernhard, 1857, « Beiträge zur Theorie der durch die Gauss'sche Reihe $F(\alpha,\beta,y,x)$ darstellbaren Functionen », dans Riemann (1876), 1e éd. (1876), p. 62-79 ; 2e éd. (1892), p. 67-83 ; trad. fr. (1898), p. 61-86.

RIEMANN Bernhard, 1876, *Gesammelte mathematische Werke und wissenschaftlicher Nachlass*. Berlin, Éd. H. Weber en collaboration avec R. Dedekind. Teubner, Leipzig. Références à cette éd. Repr. 1892. Repr. avec *Nachträge* (1902), éd. M. Noether et W. Wirtinger, Teubner, Leipzig. Reéd. (1953), Dover, New York. Reéd. (1990), Springer/Teubner. Trad. fr. *Oeuvres mathematiques de Riemann*, Paris, Gauthier-Villars.

SCHAPPACHER Norbert et PETRI Birgit, 2007, « On Arithmetization », dans Goldstein *et al.* (2007), p. 343-374.

SCHARLAU Winfried (ed.), 1981, *Richard Dedekind, 1831-1981. Eine Würdigung zu seinem 150. Geburtstag*. Braunschweig, Friedr. Vieweg & Sohn.

SCHEEL Katrin, 2014, *Der Briefwechsel Richard Dedekind - Heinrich Weber*, Abhandlungen der Akademie der Wissenschaften in Hamburg (5). Hamburg, De Gruyter Oldenbourg.

SCHOLZ Erhard, 1992, « Riemann's Vision of a New Approach to Geometry », dans BOI L., FLAMENT D., et J.-M. SALANSKIS (eds.), *1830-1930 : A Century of Geometry. Epistemology, History and Mathematics*, p. 22-34, New York, Springer.

SIEG Wilfried et MORRIS Rebecca, 2018, « Dedekind's Structuralism : creating concepts and making derivations », dans ERICH RECK (ed.), *Logic, Philosophy of Mathematics, and their History : Essays in Honor of W.W. Tait.*, p. 251-303.

SIEG Wilfried et SCHLIMM Dirk, 2005, « Dedekind's Analysis of Number : Systems and Axioms », *Synthese*, 147, p. 121-170.

SIEG Wilfried et SCHLIMM Dirk, 2014, « Dedekind's Abstract Concepts : Models and Mappings », *Philosophia Mathematica*, 25(3), p. 292-317.

SINACEUR Mohammed Allal, 1990, « Dedekind et le programme de Riemann. Suivi de la traduction de *Analytische Untersuchungen zu Bernhard Riemann's Abhandlung über die Hypothesen, welche der Geometrie zu Grunde liegen* par R. Dedekind », *Revue d'histoire des sciences*, 43(2-3), p. 221-296.

STILLWELL John, 2012, *Theory of Algebraic Functions of One Variable*. Traduction anglaise de Dedekind et Weber (1882), History of mathematics. Providence, American Mathematical Society.

STROBL Walter, 1982, « Über die Beziehung zwischen der Dedekindschen Zahlentheorie und der Theorie der algebraischen Funktionen von Dedekind und Weber », *Abhandlungen der Braunschweigischen Wissenschaftlichen Gesellschaft*, 33, p. 225-246.

VERGNERIE Cédric, 2017, *La théorie des caractéristiques dans les Vorlesungen über die Theorie der algebraischen Gleichungen de Kronecker : la fin du cycle d'idées sturmiennes*. Thèse de doctorat, Université Paris Diderot.

VLĂDUT S. G., 1991, *Kronecker's* Jugendtraum *and modular functions*. New York, Studies in the Development of Modern Mathematics, 2. Gordon and Breach Science Publishers.

WEBER Heinrich, 1870, « Note zu Riemann's Beweis des Dirichlet'schen Prinzips », *J. Reine Angew. Math*, 71, p. 29-39.

WEBER Heinrich, 1877, « Anzeige von Bernhard Riemann's Gesammelte mathematische Werke und wissenschaftlicher Nachlass », *Repertorium der literarischen Arbeiten aus dem gebiete der reinen und angewandten Mathematik.*, I, p. 145-154. Trad. fr. (1877) dans le *Bulletin des sciences mathématiques et astronomiques,* 2e série, vol. 1(1).

WEBER Heinrich, 1895-1896, *Lehrbuch der Algebra*. 2 vols. 2nd edition, vol. I (1898), vol. II (1899). vol. III (1908). Vieweg und Sohn, Braunschweig.

YAP Audrey, 2009, « Predicativity and Structuralism in Dedekind's Construction of the Reals », *Erkenntnis*, 71, p. 157-173.

INDEX

Abel, 63, 186, 209
Avigad, 26, 209

Benis-Sinaceur, 49, 50, 54, 209
Benis-Sinaceur et Džamonja, 209
Bolzano, 45
Boniface, 45, 46, 65, 209
Bottazzini et Gray, 11, 13, 71, 189, 210
Bourbaki, 145, 210
Brill, 13, 14, 66
Brill et Noether, 13, 66, 210
Briot, 35, 210

Cantor, 45–47, 56
Cauchy, 45, 46, 49, 201, 210
Chorlay, 13, 210
Clebsch, 13, 14, 71, 177, 181, 210
Clebsch et Gordan, 13, 210
Corry, 40, 46, 210

Dedekind, 5–8, 12, 14–24, 26–31, 33,
    35–37, 39–41, 43–45, 47–67, 71–
    73, 75, 79, 80, 82–84, 87, 90–92,
    94, 96, 97, 99, 108, 111, 115, 116,
    120, 125, 129, 130, 133, 137, 144–
    146, 148, 150, 151, 153, 155, 158,
    160, 161, 168, 171, 173, 177, 182,
    184, 188, 189, 193, 195, 197, 210–
    212
Dedekind et Weber, 212, 217
Detlefsen, 50, 212
Dieudonné, 5, 58, 212

Dirichlet, 7, 10, 16, 17, 20, 43, 44, 46,
    47, 50, 72, 79, 167
Dugac, 46, 56, 212

Edwards, 21, 65, 212
Edwards *et al.*, 48, 212
Epple, 46, 212
Epstein, 6

Ferreirós, 42, 50, 212
Ferreirós et Gray, 209, 212
Frege, 50

Gauss, 9, 42–44, 46, 47, 50, 53, 57, 81,
    87, 96, 213
Geyer, 5, 41, 58, 67, 72, 111, 167, 168,
    213
Goldstein *et al.*, 213, 217
Goldstein et Schappacher, 42, 44, 213
Gordan, 13, 14, 71, 81
Gray, 189, 213

Haffner, 5, 14, 213
Haffner et Schlimm, 213
Hawkins, 82, 213
Hensel et Landsberg, 41, 67, 214
Hilbert, 67, 214
Houzel, 5, 11, 13, 58, 214

Jahnke, 212, 214
Jahnke et Otte, 46, 214

Kimberling, 6, 214
Kleiman, 186, 214

TABLE DES MATIÈRES

RICHARD DEDEKIND ET HEINRICH WEBER
THÉORIE DES FONCTIONS ALGÉBRIQUES D'UNE VARIABLE

Achevé d'imprimer le 20 décembre 2019 par *La Manufacture - Imprimeur* – 52200 Langres
Imprimé en France – N° d'imprimeur : 191831 – Dépôt légal : janvier 2020